Lambacher Schweizer 5

Mathematik für Gymnasien

Ausgabe A

bearbeitet von
Christina Drüke-Noe
Harald Eisfeld
Edmund Herd
Andreas König
Michael Stanzel
Andrea Stühler

Ernst Klett Schulbuchverlage
Stuttgart · Leipzig

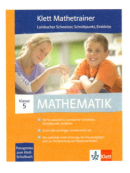

Lambacher Schweizer 5, Mathematik für Gymnasien, Allgemeine Ausgabe

Begleitmaterial:
– Lösungsheft (ISBN 978-3-12-734853-8)
– interaktiver Mathetrainer auf CD-ROM, Einzellizenz (ISBN 978-3-12-114822-6)
– Kompakt, Klasse 5/6, die wichtigsten Formeln und Merksätze mit Beispielen (ISBN 978-3-12-734355-7)
– Trainingsheft für Klassenarbeiten (ISBN 978-3-12-734055-6)
– Kompetenztest 1, Klasse 5/6, Arbeitsheft zur Vorbereitung auf zentrale Prüfungen (ISBN 978-3-12-740467-8)

1. Auflage   1 5 4 3 2 | 2010 09 08 07

Alle Drucke dieser Auflage sind unverändert und können im Unterricht nebeneinander verwendet werden. Die letzten Zahlen bezeichnen jeweils die Auflage und das Jahr des Druckes.

Das Werk und seine Teile sind urheberrechtlich geschützt. Jede Nutzung in anderen als den gesetzlich zugelassenen Fällen bedarf der vorherigen schriftlichen Einwilligung des Verlags. Hinweis zu § 52 a UrhG: Weder das Werk noch seine Teile dürfen ohne eine solche Einwilligung eingescannt und in ein Netzwerk eingestellt werden. Dies gilt auch für Intranets von Schulen und sonstigen Bildungseinrichtungen. Fotomechanische oder andere Wiedergabeverfahren nur mit Genehmigung des Verlags.

© Ernst Klett Verlag GmbH, Stuttgart 2006.
Alle Rechte vorbehalten
Internetadresse: www.klett.de

Autoren: Manfred Baum; Martin Bellstedt; Heidi Buck; Christina Drüke-Noe; Prof. Rolf Dürr; Harald Eisfeld; Hans Freudigmann; Dr. Frieder Haug; Edmund Herd; Andrea Stühler
Berater: Andreas König; Michael Stanzel
Redaktion: Kerstin Leonhardt-Botzet, Heike Thümmler
Gestaltung: Claudia Rupp, Stuttgart; Andreas Staiger, Stuttgart
Zeichnungen/Illustrationen: Uwe Alfer, Waldbreitbach; Jochen Ehmann, Stuttgart; Christine Lackner-Hawighorst, Ittlingen; Helmut Holtermann, Dannenberg
Bildkonzept Umschlag: Soldankommunikation, Stuttgart
Umschlagfotografie: KD Busch, Stuttgart; Simianer & Blühdorn GmbH, Stuttgart

DTP/Satz: topset Computersatz, Nürtingen
Reproduktion: Meyle + Müller, Medien-Management, Pforzheim
Druck: Stürtz GmbH, Würzburg
Printed in Germany
ISBN-10: 3-12-734851-7

Moderner Mathematikunterricht mit dem Lambacher Schweizer

Mathematik – vielseitig und schülerorientiert

Der heutige Mathematikunterricht soll den Kindern und Jugendlichen neben einer mathematischen Grundbildung auch zahlreiche weitere Fähigkeiten, die sich mit deren Alltag befassen und für die Allgemeinbildung grundlegend sind, vermitteln. Sie lernen, dass die Mathematik eine in vielen Bereichen anwendbare Wissenschaft ist.

Die mathematische Grundbildung zeigt sich im Zusammenspiel von **Kompetenzen**, die sich auf mathematische Prozesse beziehen und solchen, die auf mathematische Inhalte ausgerichtet sind. Um diese Kompetenzen aufzubauen werden Erfahrungsräume zur Verfügung gestellt, in denen die Schüler selbstständig – aber auch angeleitet – die ganze Breite der Mathematik erleben und erkunden können.

Die Schülerinnen und Schüler sollen die Chance erhalten, Zusammenhänge über die einzelnen Kapitel hinaus herzustellen und damit ein größeres Verständnis für die Mathematik zu erlangen. Aus diesem Grund werden die Kapitel insgesamt fünf schülerverständlichen **Leitideen** zugeordnet, die über die gesamte Schulzeit hin Bestand haben: Zahl, Messen, Raum und Form, Funktionaler Zusammenhang, Daten und Zufall.

Strukturierter Aufbau

Die Abfolge der Kapitel und der Lerneinheiten ist an mathematischen Leitideen ausgerichtet. Die Einheiten bauen aufeinander auf. Innerhalb der Lerneinheiten werden Begriffe und Zusammenhänge schülergerecht hergeleitet, in Merkkästen zusammengefasst, an Beispielen konkretisiert und mit entsprechenden Aufgaben gesichert, geübt und vertieft.

Vernetztes Wissen

Am Ende eines Kapitels werden unter „Wiederholen – Vertiefen – Vernetzen" Aufgaben gestellt, welche die Themen des jeweiligen Kapitels aber auch der zurückliegenden Kapitel integriert und vernetzt behandeln.

In den Sachthemen werden darüber hinaus interessante und spannende Bezüge zu außermathematischen Themen geschaffen. Sie behandeln unter dem Oberthema „Ferien am Bodensee" oder „Rund ums Pferd" Inhalte aus allen Kapiteln. Sie lassen sich sowohl nutzen, um in die Kapitel einzusteigen, als auch als Wiederholung und Festigung im Anschluss an die Kapitel.

Basiswissen

Um grundlegende Fertigkeiten zu überprüfen und zu sichern, werden unter der Überschrift „Kannst du das noch?" immer wieder Aufgaben zu bereits behandelten Themen eingestreut. Außerdem ist mit den Aufgaben zu „Bist du sicher?" und am Ende des Kapitels in den „Trainingsrunden" die Möglichkeit zu selbst kontrolliertem Üben gegeben.

Tabellenkalkulation

Ein moderner Mathematikunterricht beinhaltet auch den Einsatz von elektronischen Medien. Die Schülerinnen und Schüler werden kontinuierlich in die Nutzung von Computern und Anwenderprogrammen eingeführt.

In Klasse 5 wird die Tabellenkalkulation und deren Einsatz an ersten Beispielen im Mathematikunterricht eingeführt. Die Schülerinnen und Schüler lernen, einfache Berechnungen durchzuführen und Daten in Diagrammen darzustellen.

Aufgaben, die mit dem Computer bearbeitet werden müssen, werden mit 🖥 gekennzeichnet, Aufgaben, bei denen speziell die Tabellenkalkulation verwendet wird, mit 🖥 markiert.

Durch die Behandlung der Tabellenkalkulation in verschiedenen Abschnitten des Buches wird ein kontinuierlich aufbauendes Lernen gefördert.

Inhaltsverzeichnis

	Lernen mit dem Lambacher Schweizer	6
I	**Natürliche Zahlen**	**8**
1	Zählen und darstellen	10
2	Große Zahlen	14
3	Sinnvolles Runden	16
4	Rechnen mit natürlichen Zahlen	18
5	Größen messen und schätzen	22
6	Mit Größen rechnen	25
7	Größen mit Komma	29
8	Stellenwertsysteme	32
9	Römische Zahlzeichen	34
10	Diagramme mit Tabellenkalkulation	36
	Wiederholen – Vertiefen – Vernetzen	42
	Exkursion	
	Horizonte Von Kerbhölzern, Hieroglyphen und Ziffern	44
	Horizonte Unsere Erde im Weltraum	47
	Rückblick	48
	Training	49

II	**Figuren und Winkel**	**50**
1	Achsensymmetrische Figuren	52
2	Orthogonale und parallele Geraden	56
3	Abstände	60
4	Figuren	63
5	Koordinatensysteme	67
6	Winkel	70
7	Größe eines Winkels	72
8	Messen und Zeichnen von Winkeln	74
	Wiederholen – Vertiefen – Vernetzen	79
	Exkursion	
	Entdeckungen Das Geheimnis der Billardkugel	81
	Entdeckungen Tangram	82
	Geschichten Die alte Villa	84
	Rückblick	86
	Training	87

III	**Rechnen**	**88**
1	Rechenausdrücke	90
2	Rechenvorteile	94
3	Schriftliches Addieren	96
4	Schriftliches Subtrahieren	99
5	Schriftliches Multiplizieren	102
6	Schriftliches Dividieren	105
7	Anwendungen	108
8	Variable	112
9	Gleichungen	114
10	Rechnen mit Tabellenkalkulation	116
	Wiederholen – Vertiefen – Vernetzen	120

Exkursion
    Horizonte Vom Linienbrett zur Rechenmaschine — 122
    Horizonte Multiplizieren mit den Fingern — 123
Rückblick — 124
Training — 125

IV Flächen — 126
1 Welche Fläche ist größer? — 128
2 Flächeneinheiten — 131
3 Flächeninhalt eines Rechtecks — 134
4 Flächeninhalte verschiedener Figuren — 137
5 Flächeninhalte veranschaulichen — 140
6 Umfang einer Fläche — 142
7 Maßstäbliches Darstellen — 144
Wiederholen – Vertiefen – Vernetzen — 146
Exkursion
    Entdeckungen Sportplätze sind auch Flächen — 148
Rückblick — 150
Training — 151

V Körper — 152
1 Körper und Netze — 154
2 Quader — 158
3 Schrägbilder — 161
4 Rauminhalt eines Quaders — 163
5 Rechnen mit Rauminhalten — 167
6 Tabellenkalkulation für Fortgeschrittene — 171
Wiederholen – Vertiefen – Vernetzen — 175
Exkursion
    Geschichten Mein Tisch, mein Körper und ich — 177
    Entdeckungen Somawürfel — 178
Rückblick — 180
Training — 181

Sachthema
Ferien am Bodensee — 182

Sachthema
Rund ums Pferd — 192

Lösungen — 200

    Rechentraining — 212

Register — 220
Bildquellen — 223

Lernen mit dem Lambacher Schweizer

Liebe Schülerinnen und Schüler,

auf diesen zwei Seiten stellen wir euer neues Mathematikbuch vor, das euch im Mathematikunterricht begleiten und unterstützen soll.

Wie ihr im Inhaltsverzeichnis sehen könnt, besteht das Buch aus fünf **Kapiteln** und zwei **Sachthemen**. In den Kapiteln lernt ihr nacheinander neue mathematische Inhalte kennen. In den Sachthemen trefft ihr wieder auf die Inhalte aller Kapitel, allerdings versteckt in Geschichten, die ihr in eurem Alltag erleben könnt. Ihr seht also, der Mathematik begegnet man nicht nur im Mathematikunterricht.

In den Kapiteln geht es darum, neue Inhalte kennen zu lernen, zu verstehen, zu üben und zu vertiefen.
Sie beginnen mit einer **Auftaktseite**, auf der ihr entdecken und lesen könnt, was euch in dem Kapitel erwartet.

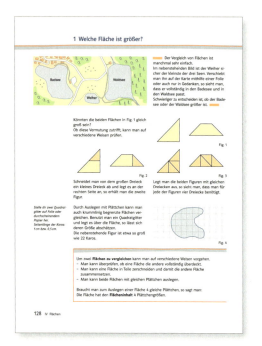

Die Kapitel sind in **Lerneinheiten** unterteilt, die euch immer einen mathematischen Schritt voranbringen. Zum **Einstieg** findet ihr stets eine Anregung oder eine Frage zu dem Thema. Ihr könnt euch dazu alleine Gedanken machen, es in der Gruppe besprechen oder mit der ganzen Klasse gemeinsam mit eurer Lehrerin oder eurem Lehrer diskutieren.

Im **Merkkasten** findet ihr die wichtigsten Inhalte der Lerneinheit zusammengefasst. Ihr solltet ihn deshalb sehr aufmerksam lesen.

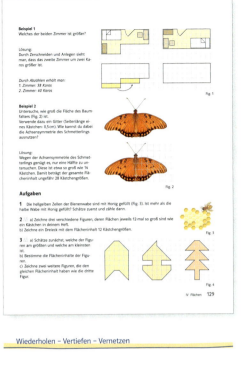

Vor den Aufgaben findet ihr **Beispiel**aufgaben. Sie führen euch vor, wie ihr die nachfolgenden Aufgaben lösen sollt. Hilfreiche Hinweise sind in kursiver Schrift ergänzt.

Mit den **Kannst-du-das-noch?**-Aufgaben könnt ihr altes Wissen wiederholen. Oft bereitet es euch auf das nächste Kapitel vor. Die Lösungen zu diesen Aufgaben stehen hinten im Buch.

Immer wieder gibt es Aufgaben, die mit 👥 oder 👥👥 gekennzeichnet sind. Hier bietet es sich besonders an, mit einem Partner oder einer Gruppe zu arbeiten.

In dem Aufgabenblock **Bist du sicher?** könnt ihr alleine testen, ob ihr die grundlegenden Aufgaben zu dem neu gelernten Stoff lösen könnt. Die Lösungen dazu findet ihr hinten im Buch.

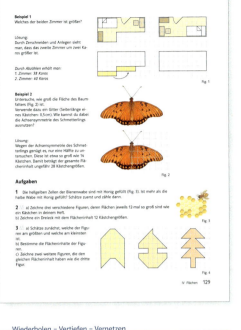

Auf den Seiten **Wiederholen – Vertiefen – Vernetzen** findet ihr Aufgaben, die den Lernstoff verschiedener Lerneinheiten und manchmal auch der Kapitel miteinander verbinden.

Am Ende des Kapitels findet ihr jeweils zwei Seiten, die euch helfen, das Gelernte abzusichern. Auf den **Rückblick**seiten sind die wichtigsten Inhalte des Kapitels zusammengefasst. Und in den **Trainingsrunden** könnt ihr noch einmal üben, was ihr im Kapitel gelernt habt. Sie eignen sich auch gut als Vorbereitung für Klassenarbeiten. Die Lösungen dazu findet ihr auf den hinteren Seiten des Buches.

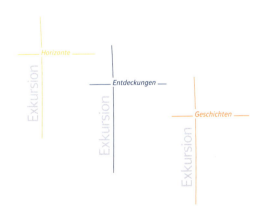

Besonders viel Spaß wünschen wir euch bei den **Exkursionen**: Horizonte, Entdeckungen, Geschichten am Ende der Kapitel.
Auf den **Horizonte**-Seiten könnt ihr interessante Dinge erfahren, z. B., wie Menschen im Laufe der Zeit unser Zahlensystem entwickelt haben. Auf den **Entdeckungen**-Seiten könnt ihr selbst aktiv werden und z. B. herausfinden, wie Billard funktioniert.
Die **Geschichten** schließlich könnt ihr vor allem einfach lesen. Vielleicht werdet ihr manchmal staunen, wie alltäglich Mathematik sein kann. Hin und wieder gibt es auch Aufgaben zu lösen und den Krimi in Kapitel II könnt ihr aufklären, wenn ihr bedenkt, was ihr in dem Kapitel gelernt habt.

Ihr könnt euch also auf euer Mathematikbuch verlassen. Es gibt euch viele Hilfestellungen für den Unterricht und die Klassenarbeiten und vor allem möchte es euch zeigen: Mathematik ist sinnvoll und kann Freude machen.

Wir wünschen euch viel Erfolg!
Das Autorenteam und der Verlag

Das kannst du schon

- Addieren
- Subtrahieren
- Multiplizieren
- Dividieren
- Mit Euro rechnen

bir iki üç ...  uno due tre ...  one two three ...

een twee drie ...   un deux trois ...   uno dos tres ...

 Zahl   Messen   Raum und Form   Funktionaler Zusammenhang   Daten und Zufall

8 I Natürliche Zahlen

I Natürliche Zahlen

Zahlen, Zahlen, überall Zahlen

Und du bist weg
1, 2, 3, 4, 5 Millionen, Billionen, Trillionen,
meine Mutter, die kocht Bohnen.
22 Quadrillionen kostet das Pfund,
und ohne Speck bist du weg.

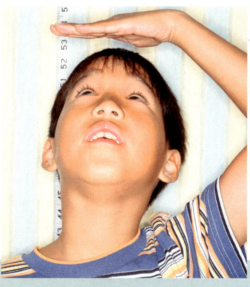

1 一
10 十
100 百
1000 千
10 000 萬

Das kannst du bald

- Große Zahlen schreiben und darstellen
- Mit Längen, Gewichten und Uhrzeiten rechnen
- Diagramme zeichnen und lesen

1 Zählen und darstellen

Der kalte Winter ist vorbei und die Seehunde vor Helgoland wärmen sich in der Sonne. Naturschützer zählen die kleinen Seehunde regelmäßig. So kann man beurteilen, ob die Schutzmaßnahmen Erfolg haben.
Auch in anderen Bereichen wird gezählt.

Foto 1   Foto 2

Beim Schulfest war ein Preis für das lustigste Foto ausgesetzt. Für die Auswahl unter den Fotos soll jede Schülerin und jeder Schüler für eines der Bilder stimmen. Zu diesem Zweck wird neben die Bilder eine Strichliste gehängt. Jeder fünfte Strich wird quer gesetzt.

Foto Nr. 1 |||| |||| |||| |||| |||

Foto Nr. 2 |||| |||| |||| ||||

Fig. 1

Das Ergebnis der Wahl kann man in einer **Tabelle** und in einem **Diagramm** darstellen.

Foto	1	2
Anzahl	23	20

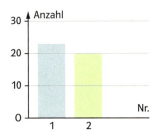

Fig. 2

*Wenn man die Säulen waagerecht legt, erhält man ein **Balkendiagramm** (siehe Seite 48).*

Bei einer Tabelle kann man die Zahlen genau ablesen.

Bei einem **Säulendiagramm** kann man auf einen Blick der Größe nach vergleichen.

Strichlisten helfen beim **Zählen**.
Tabellen und Diagramme helfen beim **Darstellen** und **Vergleichen von Zahlen**.

---

10 | I Natürliche Zahlen

Beispiel 1 Tabelle und Diagramm erstellen
a) Eine Woche vor dem Jahresfest des Vereins will der Wirt des Sportheims von der Jugendtrainerin die Zahl der Essen wissen. Die Trainerin lässt eine Liste herumgehen. Wie soll die Trainerin die Bestellung weitergeben?
b) Auf einem Blatt hat die Jugendtrainerin die Mitgliederzahlen zusammengestellt. Sie will sie auf dem Jahresfest vorstellen.
1999: 24   2000: 23   2001: 35
2002: 34   2003: 49   2004: 64
Wie soll die Trainerin die Entwicklung der Mitgliederzahl vorstellen?
Lösung:
a)
Aus einer Tabelle kann der Wirt die genauen Zahlen schnell ablesen.

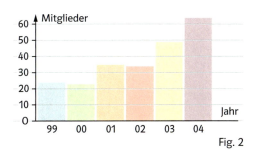
Fig. 1

Essen beim Jahresfest			
Spaghetti	Pizza	Milchreis	Würstchen
23	25	2	13

b)
Eine Zunahme oder Abnahme kann man gut bei einem Säulendiagramm erkennen. Die genauen Zahlen lassen sich schlecht ablesen. Deshalb kann man noch eine Tabelle anfügen.

Jahr	1999	2000	2001	2002	2003	2004
Mitgl.	24	23	35	34	49	64

Fig. 2

Beispiel 2 Eine Umfrage durchführen
In der Waldstraße neben der Schule gibt es keinen Fahrradweg. Am Montag soll nach Schulschluss zwischen 12 Uhr und 12.15 Uhr der Verkehr gezählt werden.
Erstelle die Vorlage für eine Strichliste. Gib zwei Möglichkeiten an.
Lösung:

Autos	Laster	Mopeds	Fahrräder	Sonstige

oder

Kraftfahrzeuge	Fahrräder	Sonstige

Beispiel 3 Die folgende Tabelle zeigt, wie sich die Weltbevölkerung im Laufe der Jahrhunderte geändert hat (Angaben in Millionen Menschen).

Jahr	1750	1800	1850	1900	1950	2000
Anzahl	700	900	1300	1600	2500	6300

Wie kann man diese Entwicklung darstellen?
Lösung:
Eine Zunahme oder Abnahme kann man gut bei einem Säulendiagramm erkennen. Die genauen Zahlen lassen sich aber oft nur schlecht ablesen. Deshalb kann man noch eine Tabelle anfügen.

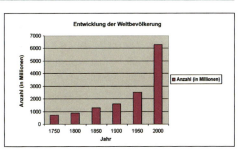

Tabellenkalkulationsprogramme sind Computerprogramme, mit deren Hilfe Tabellen erstellt und Diagramme gezeichnet werden können.

calculare (lat.): rechnen

I Natürliche Zahlen

Aufgaben

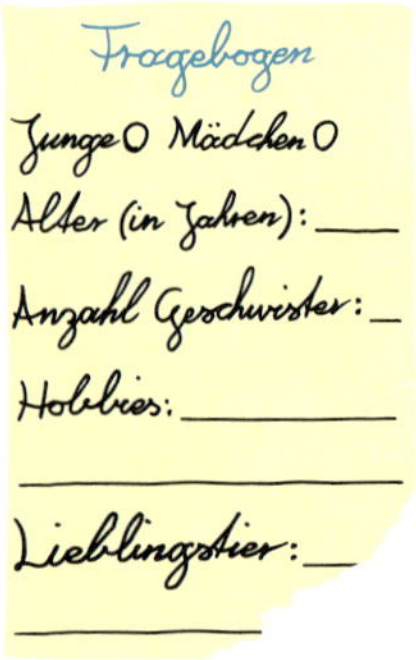

1 Die Schülerinnen und Schüler einer 5. Klasse wollen mehr über sich erfahren, sie haben dazu einen Fragebogen (siehe Fig. 1) für eine Umfrage entwickelt.
Ein Teil der Fragen wurde bereits mit Strichlisten (siehe Fig. 2 und 3) ausgewertet.
a) Erstelle jeweils eine Tabelle und ein Säulendiagramm für das Alter und für die Anzahl der Geschwister.

9 Jahre: || 10 Jahre: ||||| ||||| Keine: ||||| | ||||| ||||| ||||| Ein: ||||| ||| Zwei: |||||

11 Jahre: ||||| ||||| ||||| 12 Jahre: | Drei: ||| Mehr: |

Fig. 1   Fig. 2 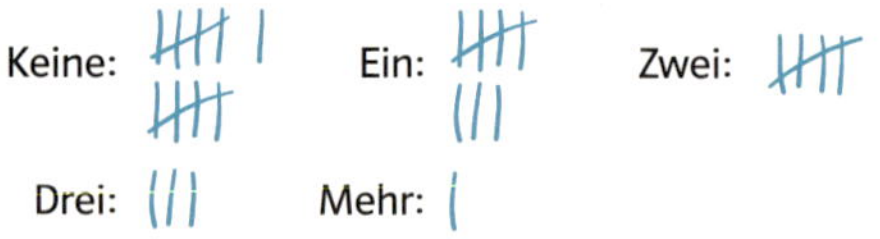   Fig. 3

b) Führe selbst in deiner Klasse eine Umfrage durch und vergleiche die Ergebnisse mit denen aus Teilaufgabe a).

- D Deutschland
- F Frankreich
- I Italien
- TR Türkei
- E Spanien
- GB Großbritannien

2 In anderen Ländern sind die Schulferien nicht genau so lang wie in Deutschland (siehe Fig. 4).
a) Welches Land hat die meisten, welches die wenigsten Ferientage?
b) Lies die Anzahl der Ferientage in den einzelnen Ländern ab und schreibe sie in eine Tabelle.
c) Jemand sagt: Aus dem Diagramm kann man entnehmen, dass die Kinder in Spanien und Deutschland am meisten Zeit in der Schule verbringen. Kann man das ohne weiteres sagen? Begründe.

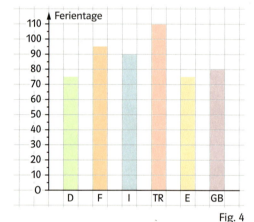

Fig. 4

3 a) Lies aus dem Balkendiagramm in Fig. 5 ab, wie alt die einzelnen Tierarten werden können. Stelle die Zahlen in einer Tabelle dar.
b) Zeichne ein entsprechendes Balkendiagramm für die folgenden Tierarten.

Krokodil	40 Jahre
Flusskrebs	30 Jahre
Vogelspinne	15 Jahre
Regenwurm	10 Jahre
Hering	2 Jahre

Umfrage in der Klasse und in der Schule

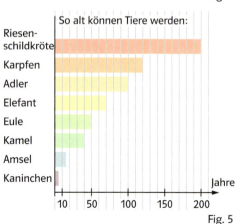

Fig. 5

4 Oft wird behauptet, dass Mädchen eher Katzen mögen, Jungen eher Hunde. Trifft diese Behauptung auf eure Klasse oder auf euren Jahrgang zu?
a) Führt in eurer Klasse und den Parallelklassen eine Umfrage durch. Überlegt zunächst geeignete Fragen. Stellt die Ergebnisse auf einem Blatt übersichtlich dar und vergleicht sie.
b) Welche weiteren Schlussfolgerungen kann man aus den Umfrageergebnissen ziehen, welche nicht?
c) Schreibe einen Artikel für die Schülerzeitung. Stelle darin deinen Jahrgang vor.

5 Die Klasse 5b möchte die Fahrräder auf Verkehrssicherheit untersuchen. Jeweils eine Gruppe untersucht:
- Vorderlicht, Rücklicht
- Klingel
- Vorderbremse und Hinterbremse
- Kettenschutz
- Reflektoren
- Bereifung.

Haltet die Ergebnisse auf einer Liste fest und stellt das Endergebnis in einem Diagramm dar.

Fahrrad-Hauptuntersuchung in Klasse 5b
Mängel bei:

Name	Licht	Klingel	Bremse	Kettenschutz	Reflektoren	Reifen
Susanne	X				X	
Ali			X			X
Jan		X		X	X	

Fig. 1

6 Würfel

Es wird mit zwei Würfeln geworfen. Legt zwei Strichlisten an, eine mit den (möglichen) Augenzahlen 1 bis 6 der Würfel, eine weitere mit der Summe der gewürfelten Zahlen.
a) Welche Häufigkeiten erwartet ihr bei 100maligem Würfeln?
b) Würfelt 100 Mal und tragt die Ergebnisse in beide Strichlisten ein.
c) Vergleicht euer Ergebnis mit dem eurer Nachbarn. Was stellt ihr fest?
d) Spiele mit deinem Nachbarn das Spiel ‚Die Uhr füllen'. Dabei schreibt jeder die Zahlen 1 bis 12 auf ein Blatt und würfelt mit zwei Würfeln. Würfelst du zum Beispiel eine 3 und eine 5, so kannst du entweder die 3 streichen oder die 5 oder die Summe 8. Gewonnen hat, wer zuerst alle 12 Zahlen weggestrichen hat.
e) Schreibe einen kleinen Bericht, in dem du darstellst, wie man bei dem Spiel klug vorgeht.

Spiel für 2–4 Spieler. Man braucht: Zwei Würfel und für jeden Spieler ein Blatt Papier.

7 Geheimschrift

In unserer Klasse haben wir uns Briefchen in Geheimschrift geschrieben. Die Sätze mit den vertauschten Buchstaben sahen lustig aus. Wenn man die Sätze laut vorlas, mussten alle lachen. Die Geheimschrift haben wir mithilfe von zwei Papierscheiben gefunden, die man gegeneinander verdrehen konnte.
Die Lehrer konnten unsere Briefe nicht lesen. Sie wussten nicht, welche Buchstaben auf den Scheiben gegenüberstanden. Bis eines Tages unsere Mathelehrerin alles lesen konnte. Sie erklärte uns ihren Trick:
Ich habe mir von verschiedenen Texten die ersten 100 Buchstaben vorgenommen. Mit Strichlisten habe ich gezählt, welcher Buchstabe am häufigsten vorkommt. Dabei habe ich gemerkt, dass es fast immer der gleiche Buchstabe ist.
Dann habe ich bei einem Geheimtext wie zum Beispiel

ZCG BCP BPCFQAFCGZC QRCFCL C SLB A ECECLSCZCP

ebenfalls gezählt, welcher Buchstabe am häufigsten vorkommt. Jetzt habe ich gewusst, welche Buchstaben auf den Scheiben gegenüberstehen müssen.

Die Papierscheiben in Fig. 2 sind so verdreht, dass die Buchstaben A und B gegenüberstehen.
Jetzt lautet zum Beispiel der Satz
          EDE HAT DAS GELD.
in Geheimschrift: FEF IBU EBT HFME.

Fig. 2

I Natürliche Zahlen 13

2 Große Zahlen

Der Stern Alpha Centauri ist nach der Sonne der nächstgelegene Stern. Seine Entfernung von der Erde beträgt etwa 10^{13} km.

Am Samstag sind **12 000 000 €** im Jackpot

Auf der Erde leben über sechs Milliarden Menschen.

In vielen Bereichen des Lebens spielen große Zahlen eine Rolle. Für große Zahlen gibt es eigene Namen und in manchen Fällen auch eine besondere Schreibweise.

Das Zehnersystem hat die zehn Ziffern 0, 1, 2, 3, 4, 5, 6, 7, 8, 9.

Bei unseren Zahlen hängt die Bedeutung einer **Ziffer** davon ab, an welcher Stelle sie steht.
4107 bedeutet: 4 Tausender,   1 Hunderter,   0 Zehner,   7 Einer.
1074 bedeutet: 1 Tausender,   0 Hunderter,   7 Zehner,   4 Einer.
Der Wert einer Stelle ist das **Zehnfache** der rechts davon stehenden Stelle. Man sagt:
Unsere Zahlen sind im **Zehnersystem** geschrieben.
Für Zahlen wie 10, 100, 1000, 10000 … gibt es eine besondere Schreibweise:
Zum Beispiel ist 1000 = 10 · 10 · 10. Dafür schreibt man kurz: 10^3 (sprich: zehn hoch drei).
Entsprechend gilt: $10^1 = 10$, $10^2 = 100$, $10^3 = 1000$, …, 10^6 = 1 Million, 10^9 = 1 Milliarde.

10^6
= 1 mit 6 Nullen

Über die Billion hinaus gibt es noch weitere Namen:
Billiarde
Trillion
Trilliarde
…

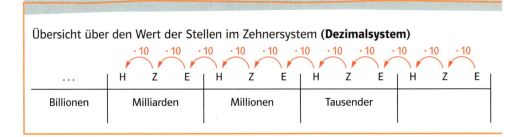

Zum Zählen verwendet man die **natürlichen Zahlen**. Sie fangen bei Null an und folgen der Größe nach geordnet aufeinander. Man kann immer um eins weiter zählen, kommt aber nie an ein Ende. Am **Zahlenstrahl** werden die natürlichen Zahlen in dieser Reihenfolge mit gleichem Abstand eingetragen.

Durch geschicktes Ausprobieren erreicht man, dass der Zahlenstrahl noch ins Heft passt.

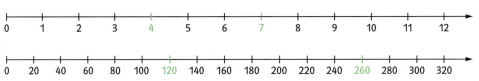

Am Zahlenstrahl ist die weiter links liegende Zahl die kleinere.
4 ist um drei kleiner als 7   260 ist um 140 größer als 120
Man schreibt: 4 < 7   Man schreibt: 260 > 120

14 | Natürliche Zahlen

Beispiel 1 Lesen und Schreiben großer Zahlen
a) Lies die Zahl 11 176 003 154 laut vor.
b) Wie viele Nullen hat die Zahl vier Milliarden? Schreibe die Zahl in Ziffern.
c) Ist 9900 größer als 10^4?
Lösung:
a) Elf Milliarden einhundertsechsundsiebzig Millionen dreitausendeinhundertvierundfünfzig.
b) Die Zahl ist 4 000 000 000. Sie hat neun Nullen.
c) 10^4 = 10 000. 9900 ist kleiner als 10 000, also ist 9900 kleiner als 10^4.

Man kann große Zahlen leichter lesen, wenn man die Ziffern von rechts her in Dreierpäckchen einteilt: 7 354 055 780.

Beispiel 2 Große Zahlen darstellen
Dies sind die acht längsten Flüsse der Erde:

Amazonas (Südamerika)	6513 km	Wolga (Europa)	3694 km
Nil (Afrika)	6324 km	Donau (Europa)	2850 km
Mississippi (Nordamerika)	6051 km	Murray (Australien)	2570 km
Jangtsekiang (Asien)	5632 km	Rhein (Europa)	1360 km

Stelle die Längen von Donau und Murray auf einem Zahlenstrahl dar. Ist der Murray länger?
Lösung:

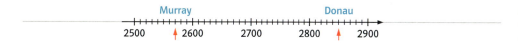

Die Donau ist länger als der Murray, denn 2850 liegt weiter rechts auf dem Zahlenstrahl als 2570. Man schreibt: 2570 < 2850 oder 2850 > 2570.

Manchmal stellt man nur einen Ausschnitt des Zahlenstrahls dar.

Aufgaben

1 Welche Zahl ist größer? Schreibe mit dem Größerzeichen.
a) 102; 222   b) 103; 3000   c) 10^5; 4109   d) 10^4; 14 000   e) 10^6; 6 000 000

2 Lies die Zahl laut vor und gib jeweils die Zahl vor und nach der angegebenen Zahl an.
a) 456 789   b) 99 999   c) 750 000   d) 7 000 000
   5 000 999   8 099 000   100 100   909 909

12   13   14
Vorgänger   Nachfolger
von 13   von 13

3 a) Schreibe auf, zu welchen Zahlen die roten Striche gehören.

|⊢⊢⊢⊢⊢⊢⊢⊢⊢⊢⊢⊢⊢⊢⊢⊢⊢⊢⊢⊢⊢⊢⊢⊢⊢⊢▶   ⊢⊢⊢⊢⊢⊢⊢⊢⊢⊢⊢⊢⊢⊢⊢⊢⊢⊢⊢⊢⊢⊢⊢⊢⊢⊢▶
0   10   20   30   40   50   60   0   100   200   300   400   500   600

b) Trage die Zahlen 999; 1001; 1005; 1011 am Zahlenstrahl ein. Überlege zuerst, welcher Ausschnitt dafür geeignet ist.

4 Die folgende Tabelle enthält für die wichtigsten Sportarten die Zahl der Vereinsmitglieder (in Tausend Mitglieder). Stelle diese Angaben in einem Diagramm dar.

Fußball	Handball	Leichtathletik	Reiten	Schwimmen	Tennis	Tischtennis	Turnen
5246	827	849	602	611	2250	769	4245

Welche Zahl ist 1000 Millionen?

I Natürliche Zahlen

3 Sinnvolles Runden

Im niederländischen Leuwarden fand im November 2004 der Domino Day statt, den rund 9 200 000 Fernsehzuschauer live verfolgten. Robin Paul Weijers verbesserte seinen 2002 aufgestellten Weltrekord mit 3 847 295 umgefallenen Steinen auf 3 992 397 umgefallene Steine und sicherte sich so 2004 erneut die Eintragung ins Guinness Buch der Rekorde.

Bei großen Zahlen ist manchmal der ganz genaue Wert nicht wichtig. In einem solchen Fall kann man die Zahl **runden**. Vor dem Runden muss man sich entscheiden, auf welche Stelle man runden möchte. Beim Runden auf Zehner sucht man die nächstgelegene Zehnerzahl: 67 348 gerundet auf Zehner ergibt 67 350. Beim Runden auf Hunderter sucht man die nächstgelegene Hunderterzahl: 67 348 gerundet auf Hunderter ergibt 67 300.

Geeignetes Runden bedeutet, dass wichtige Bedeutungen einer Zahl nicht verloren gehen. Oft rundet man z. B. Entfernungen, um einen Überblick zu bekommen. Die Zeit für den Weltrekord im 100 m-Lauf darf nicht gerundet werden, da der Weltrekord genau festgestellt wird.

Für gerundete Zahlen verwendet man das Zeichen ≈.
Man liest: Ist ungefähr.

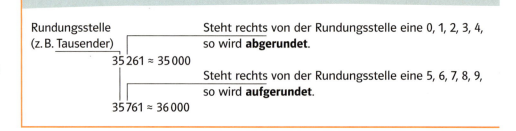

Beispiel 1 Zahlen runden
a) Runde 6472 auf Zehner.
Lösung:
a) 6472 ≈ 6470 (abgerundet)

b) Runde 14 507 auf Tausender.

b) 14 507 ≈ 15 000 (aufgerundet)

Beispiel 2
Gib an, ob die Beispiele sinnvoll gerundet wurden:
a) Postleitzahl 60 529 ≈ 60 500
b) Spendeneinnahmen: 518 623,78 € ≈ 520 000 €
Lösung:
a) Mathematisch wurde zwar richtig auf Hunderter gerundet, aber Postleitzahlen dürfen beim Adressieren eines Briefes nicht gerundet werden, da die Briefzustellung sonst länger dauert.
b) Um die Höhe der Spendeneinnahmen einschätzen zu können, genügt die Angabe des ungefähren Betrags. Überwiesen wird aber der genaue Betrag.

Aufgaben

1 Lies die Zahlen laut vor. Runde die Zahlen auf Hunderter.
4677; 104 512; 287 052; 3 700 449; 19 501; 100 100; 6 999 960; 34 409; 222 222

2 Schreibe die Zahl in Ziffern. Schreibe sie dann gerundet auf Tausender.
a) Dreiundvierzigtausendsechshundertsiebenundachtzig
b) Drei Millionen sechshundertvierzigtausendneunhundertdreiundachtzig
c) Neunhundertneunundvierzigtausendfünfhundert

3 Runde die Zahl 3 455 093 auf
a) Zehner,   b) Hunderter,   c) Tausender,   d) Zehntausender,   e) Hunderttausender.

4 a) Runde auf 1 €: 2,46 €; 8,50 €; 11,93 €; 101,11 €; 99,39 €.
b) Runde auf 10 €: 34,80 €; 88,12 €; 140,50 €; 396 €; 2005,40 €.
c) Runde auf 100 €: 423 €; 649,50 €; 2900,99 €; 43 999 €; 9960,75 €.

*Auf Hunderter gerundete Beispiele:
Teilnehmer: 1976, gerundet auf 2000.
Spendenbetrag: 72 735 €, gerundet auf 72 700 €.*

Bist du sicher?

1 Wie viele Stellen hat die Zahl drei Millionen vierundachtzigtausendneunhundertacht? Schreibe die Zahl in Ziffern und runde sie auf Tausender.

2 Nenne den kleinsten und den größten Geldbetrag, der auf 10 € gerundet 340 € ergibt.

3 Wie lautet die kleinste achtstellige Zahl, die gleich viele Ziffern 7 und 8 enthält?

5 Charlotte hat die Erbsen im halb vollen Glas (Fig. 1) genau gezählt. Sie verrät das Ergebnis nur auf Hunderter gerundet: 2200 Erbsen. Wie viele Erbsen sind mindestens (höchstens) im vollen Glas?

6 Runde die Einwohnerzahlen in Fig. 2 geeignet und stelle sie in einem Diagramm dar.

7 a) Das Bilddiagramm in Fig. 3 zeigt die Einwohnerzahlen der angegebenen Länder. Schreibe die Zahlen in dein Heft.
b) Zeichne ein Bilddiagramm für die folgenden Länder. Runde geeignet.

Norwegen	4 345 000 Einwohner
Finnland	4 975 000 Einwohner
Schweden	8 444 000 Einwohner
Dänemark	4 780 000 Einwohner

Die acht größten Städte Deutschlands

Berlin	3 578 000 Einwohner
Hamburg	1 712 000 Einwohner
München	1 249 000 Einwohner
Köln	964 000 Einwohner
Frankfurt	652 000 Einwohner
Essen	618 000 Einwohner
Dortmund	601 000 Einwohner
Stuttgart	588 000 Einwohner

Fig. 2

Fig. 1

Bevölkerung (2004)
† = 5 Millionen

Dänemark	†
Portugal	††
Belgien	††
Griechenland	††
Niederlande	†††
Spanien	†††††††
Frankreich	††††††††††
Großbritannien	†††††††††††
Italien	†††††††††††
Deutschland	††††††††††††††††

Fig. 3

8 **Eine Diskussion über das Runden**
Nico und Paul haben 847 auf Hunderter gerundet und vergleichen ihre Vorgehensweisen.
Nico: „Erst habe ich 847 auf Zehner gerundet, das ergibt 850. Die 850 habe ich dann auf Hunderter gerundet und 900 erhalten."
Paul: „Ich habe 847 auf Hunderter gerundet und 900 erhalten."
Nimm Stellung zu beiden Vorgehensweisen.

I Natürliche Zahlen **17**

4 Rechnen mit natürlichen Zahlen

Maren darf an ihrem Geburtstag mit ihren Freundinnen und Freunden eine Bootsfahrt unternehmen. Sie sind zusammen 19 Personen.
Michael behauptet: „Ganz egal, mit wie vielen Personen man fährt, es ist immer am günstigsten, so viele 10-Personen-Blockkarten zu kaufen wie möglich, dann so viele 5-Personen-Blockkarten wie möglich und dann für den Rest Einzelkarten."

Diese Begriffe stammen aus dem Lateinischen:

addere: hinzufügen
subtrahere: entfernen
multiplicare: vervielfachen
dividere: teilen

Bei vielen Fragestellungen im Alltag benötigt man die vier Grundrechenarten:

Addieren	**Subtrahieren**	**Multiplizieren**	**Dividieren**
23 + 15	43 − 9	8 · 12	42 : 6

Sprich:

| 23 plus 15 | 43 minus 9 | 8 mal 12 | 42 geteilt durch 6. |

Um bei der Additionsaufgabe ☐ + 17 = 38 die Zahl im Kästchen zu finden, führt man die Subtraktion 38 − 17 = 21 aus.

Um bei der Multiplikationsaufgabe ☐ · 11 = 77 die Zahl im Kästchen zu finden, führt man die Division 77 : 11 = 7 aus.

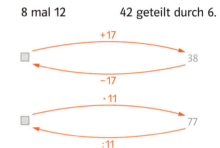

Addieren: 13   +   24   =   37
            1. Summand   2. Summand   Berechnete Summe
            Summe

Subtrahieren: 41   −   19   =   22
            Differenz   Berechnete Differenz

Anstelle der Summe 16 + 16 + 16 + 16 schreibt man auch 4 · 16 (oder 16 · 4). Die Multiplikation ist also eine Abkürzung für eine Summe mit mehreren gleichen Summanden.

Mit der Null muss man aufpassen:
$5 \cdot 0 = 0$,
$0 \cdot 7 = 0$,
$0 : 4 = 0$.

6 : 0 kann man nicht rechnen.

Multiplizieren: 16   ·   4   =   64
             1. Faktor   2. Faktor   Berechnetes Produkt
             Produkt

Dividieren: 36   :   12   =   3
            Quotient   Berechneter Quotient

I Natürliche Zahlen

Beispiel 1
a) Berechne das Produkt aus 8 und 13.
b) Berechne die Differenz von 154 und 132.
c) Dividiere 125 durch 5.
Lösung: a) 8 · 13 = 104   b) 154 − 132 = 22   c) 125 : 5 = 25

Beispiel 2
Wie lautet die Zahl im Kästchen?   a) ☐ − 34 = 71   b) 96 : ☐ = 8
Lösung:
a) 71 + 34 = 105. Die Zahl lautet 105.   b) 96 : 8 = 12. Die Zahl lautet 12.

Aufgaben

1 Rechne im Kopf.
a) 25 + 15
   34 + 9
   103 + 35
   220 + 45
   806 + 205
b) 34 − 7
   56 − 18
   99 − 60
   360 − 180
   751 − 91
c) 8 · 11
   9 · 7
   12 · 10
   30 · 7
   13 · 12
d) 24 : 6
   36 : 9
   100 : 25
   180 : 6
   144 : 6

Jetzt ist Kopfrechnen angesagt.

2
a) 500 + 250
   150 : 3
   67 − 29
   14 · 7
b) 20 · 10
   8000 − 2000
   56 + 89
   72 : 3
c) 600 − 120
   3 · 42
   42 : 7
   27 + 207
d) 800 : 200
   78 + 88
   345 − 55
   19 · 5

3 Bei der Zahlenmauer entsteht jede Zahl aus den beiden darunter stehenden Zahlen.
Übertrage die Mauer in dein Heft und ergänze die fehlenden Zahlen.
a) Multiplikation   b) Addition   c) Division

Selbst bauen macht Spaß!

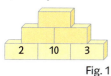
Fig. 1
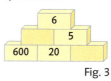
Fig. 2

Fig. 3

4 Die Division 96 : 12 = 8 kann man in die Multiplikation 8 · 12 = 96 umwandeln.
Schreibe entsprechend um.
a) 80 : 20 = 4
   78 − 29 = 49
b) 67 − 33 = 34
   108 : 12 = 9
c) 8 · 14 = 112
   177 − 88 = 89
d) 67 + 17 = 84
   16 · 6 = 96

5 Wie heißt die fehlende Zahl?
a) 34 − ☐ = 12
   ☐ : 8 = 7
b) ☐ · 13 = 104
   301 − ☐ = 198
c) ☐ + 234 = 324
   ☐ : 15 = 120
d) 120 : ☐ = 5
   ☐ − 77 = 29

6 Übertrage in dein Heft und berechne die fehlenden Zahlen.
a)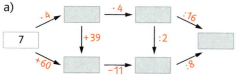
b)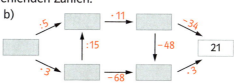

7 Wie lauten die nächsten fünf Zahlen?
a) 7; 16; 25; 34 …   b) 2; 4; 8; 16 …   c) 3; 4; 6; 9; 13 …   d) 2; 4; 3; 6; 5; 10 …

8 Schreibe auf, wie du rechnest.
a) Wie viel fehlt von 47 bis 111?
b) Wie viel ist 7 + 7 + 7 + 7 + 7 + 7 + 7 + 7 + 7 + 7 + 7 + 7 ?
c) Multipliziere die Zahl 14 mit sich selbst.
d) Um wie viel ist 87 größer als 39?
e) Wie oft ist 7 in 91 enthalten?

9 Bei der Rechenrallye beginnt die nächste Aufgabe mit der Lösung der vorhergehenden Aufgabe. Beginne mit „F". Wie lautet das Lösungswort?

10 a) Wie groß ist die Differenz von 156 und 92?
b) Welche Zahl erhält man, wenn man die Summe von 17 und 12 verdoppelt?
c) Mit welcher Zahl muss man 9 multiplizieren, um die größte dreistellige Zahl zu erhalten?
d) Berechne das Produkt von 16 und 11.
e) Wie oft geht 17 in 102?

11 a) Addiere alle Augenzahlen eines Würfels.
b) Multipliziere alle Augenzahlen eines Würfels.

12 Eine Klasse von 29 Schülerinnen und Schülern soll in Gruppen von 3 oder 4 Schülern aufgeteilt werden. Wie viele Vierergruppen können vorkommen?

13 Julia geht mit einem 10-€-Schein einkaufen. Sie gibt zwei Pfandflaschen zurück und erhält für jede 50 Cent. Kann sie noch Wurst für 6,50 € und Brot für 3,80 € kaufen?

Bist du sicher?

1 Wie heißt die fehlende Zahl?
a) ☐ − 34 = 152   b) 105 : 7 = ☐   c) 240 : ☐ = 12

2 a) Um wie viel ist 117 größer als 89?   b) Berechne die Differenz von 99 und 35.
c) Durch welche Zahl muss man 180 dividieren, um 36 zu erhalten?

3 Was ist größer: Die Summe von 28 und 13 oder das Produkt von 18 und 3?

14 Im Jahr 1934 gab es in Deutschland noch 9000 Weißstorchpaare. Bis 1985 ging ihre Anzahl auf 3000 zurück. Durch Schutzmaßnahmen konnte der Bestand bis 2004 auf 2400 Paare aufgestockt werden.
a) Um wie viel änderte sich die Zahl der Störche in den angegebenen Zeiträumen? Wie viele Störche gibt es heute im Vergleich zum Jahr 1934?
b) Kennst du Schutzmaßnahmen, die zum Überleben der Störche beitragen?

20 | Natürliche Zahlen

15 Ein Bauer hat zwei Schafe, drei Kühe und zwölf Hühner. Wie viele Tierbeine laufen auf seinem Hof?

16 Eine Zeitschrift erscheint monatlich und kostet im Jahresabonnement 42 €. Am Kiosk kostet ein Heft 4 €. Wie viel spart man im Abonnement?

17 Zwei Erwachsene und drei Kinder fahren mit der Bahn. Die Fahrt kostet insgesamt 84 €. Kinder zahlen die Hälfte. Wie viel kostet die Fahrt für jeden?

18 Der Filmsaal einer Schule hat 93 Sitzplätze. Für die 5. und 6. Klassen soll ein Film gezeigt werden.

Klasse	5a	5b	5c	6a	6b	6c
Schüler	32	31	29	30	33	31

Wie kann man die Klassen auf zwei Vorführungen verteilen?

19 a) Wie ändert sich eine Summe mit vier Summanden, wenn man jeden Summanden verdoppelt?
b) Wie ändert sich eine Differenz, wenn man beide Zahlen jeweils um 8 vergrößert?
c) Wie ändert sich ein Produkt, wenn man den ersten Faktor verdoppelt und den zweiten Faktor verdreifacht?

20 Streit vor dem Abendessen
Die beiden Kinder von Herrn und Frau Meier streiten sich öfter um die Plätze beim Abendessen. Frau Meier schlägt vor: Wir vier wollen uns jeden Tag in einer anderen Sitzordnung hinsetzen. An keinem Tag dieser Woche soll die Platzverteilung die gleiche sein wie an einem anderen Tag.
Wie viele Tage kann die Familie wechseln?

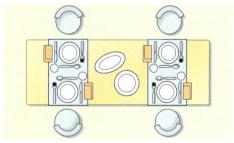

Fig. 1

Zum Knobeln

21 In einer Familie sind vier Jungen. Jeder sagt: Ich habe eine Schwester. Wie viele Kinder sind in der Familie?

22 An einem Tisch sitzen zwei Mütter und zwei Töchter, aber doch nur drei Personen. Wie ist das möglich?

23 Beginne mit einer natürlichen Zahl und bilde aus ihr nach der folgenden Regel weitere Zahlen:
Ist die Zahl gerade, dann nimm als nächste Zahl die Hälfte der Zahl. Ist die Zahl ungerade, dann multipliziere mit 3 und addiere 1. Welche Zahlen entstehen dabei immer?

Anfangszahl 2:
2 — 1 — 4 — 2 — 1 — 4 — 2 — 1 — ...
Anfangszahl 3:
3 — 10 — 5 — 16 — 8 — 4 — 2 — 1 — ...
Anfangszahl 6:
6 — 3 — 10 — 5 — 16 — 8 — 4 — 2 — ...

Man weiß bis heute noch nicht, ob bei jeder Anfangszahl dieselben Zahlen entstehen.

I Natürliche Zahlen   21

5 Größen messen und schätzen

Steckbrief: Mensch

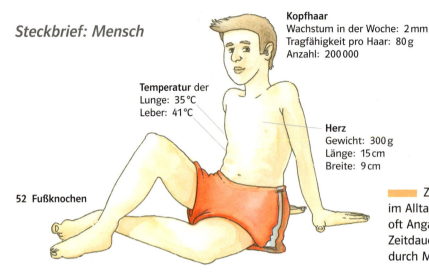

Kopfhaar
Wachstum in der Woche: 2 mm
Tragfähigkeit pro Haar: 80 g
Anzahl: 200 000

Temperatur der
Lunge: 35 °C
Leber: 41 °C

Herz
Gewicht: 300 g
Länge: 15 cm
Breite: 9 cm

Lebensdauer der Blutkörperchen
Rote Blutkörperchen: 120 d
Weiße Blutkörperchen: 2 d

Gesamtlänge
der **Blutgefäße**: 1200 km

52 Fußknochen

Zur Beschreibung von Situationen im Alltag und in der Natur benötigt man oft Angaben über Längen, Gewichte und Zeitdauern. Diese Angaben erhält man durch Messen oder durch Schätzen.

Angaben wie 51 cm nennt man eine **Größenangabe**.
Weitere Größenangaben sind zum Beispiel:
3400 g, 2 h, 2 km 300 m.

Eine Größenangabe besteht aus einer **Maßzahl** und einer **Maßeinheit**.

3400 g   51 cm
Maßzahl Maßeinheit   Maßzahl Maßeinheit

Ein Neugeborenes ist durchschnittlich 3400 g schwer und 51 cm lang. Es trinkt etwa alle 2 h.

---

*Im Alltag ist der Begriff „Gewicht" üblich. In der Physik verwendet man den Begriff „**Masse**".*

Für **Längen** gibt es die Maßeinheiten:
1 km (Kilometer), 1 m (Meter), 1 dm (Dezimeter), 1 cm (Zentimeter) und 1 mm (Millimeter).
Für **Gewichte** gibt es die Maßeinheiten:
1 t (Tonne), 1 kg (Kilogramm), 1 g (Gramm) und 1 mg (Milligramm).
Für **Zeitdauern** gibt es die Maßeinheiten:
1 d (Tag), 1 h (Stunde), 1 min (Minute) und 1 s (Sekunde).

DIN bedeutet: Deutsche Industrienorm.
Das ist eine riesige Sammlung von Vorschriften, z. B. müssen DIN-A4-Blätter 210 mm breit und 297 mm lang sein.

Blätter im Format DIN A4 sind alle gleich lang und gleich breit. Um die Breite zu **messen** benötigt man einen **Maßstab**. In diesem Fall sollte der Maßstab eine Millimetereinteilung haben. Wenn verschiedene Leute die Breite messen, kommen manchmal verschiedene **Messergebnisse** vor. In der Klasse 5 c gab es folgende Messergebnisse:

Name	Jens	Maria	Carmen	Enver	Sandra	John
Breite	20 cm 9 mm	21 cm	20 cm 9 mm	21 cm 1 mm	20 cm 9 mm	210 mm

Aufgrund dieser Ergebnisse kann man sagen, dass die Breite eines Blattes im DIN-A4-Format zwischen 20 cm 9 mm und 21 cm 1 mm liegt.

22   I   Natürliche Zahlen

Oft kann man eine Größe gar nicht messen oder man braucht den genauen Wert nicht. Dann genügt das Schätzen. Dazu benötigt man Übung und möglichst einen Vergleichsgegenstand.
Wenn man die Länge der Brücke schätzen möchte, kann man die Länge des Autos als Vergleichsmaßstab nehmen:
Die Brücke ist etwa dreimal so lang wie das Auto. Ein Kleinwagen ist etwa 4 m lang. Für die Brücke ergibt sich eine geschätzte Breite von 3 · 4 m = 12 m.

Vergleichsgegenstände für Längen und Gewichte

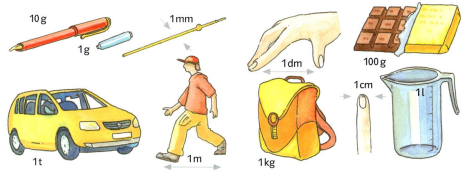

Fig. 1

Vergleichsmöglichkeiten für Zeitdauern:
– Für jede laut gesagte Zahl 21, 22, 23 ... braucht man etwa 1s.
– Die Luft anhalten kann man etwa 1 min.

Beim **Messen** erhält man eine genaue Vorstellung von einer Länge, einem Gewicht oder einer Zeitdauer.
Beim **Schätzen** erhält man eine ungefähre Vorstellung von einer Länge, einem Gewicht oder einer Zeitdauer.
Das Schätzen fällt genauer aus, wenn man einen Vergleichsgegenstand benutzt.

Beispiel
Wie viel wiegt eine Sprudelkiste mit 12 vollen 1 l Plastikflaschen Sprudel?
a) Schätze das Gewicht der Kiste.
b) Bestimme das Gewicht der Kiste durch Messen und vergleiche die Ergebnisse.
Lösung:
a) Da 1 l Sprudel etwa 1 kg wiegt, wiegen 12 l Sprudel ohne Flaschen etwa 12 kg. Der leere Kasten wiegt etwa soviel wie eine volle Flasche Sprudel, etwa 1 kg. Vernachlässigt man das Gewicht der leeren Flaschen, wiegt alles zusammen etwa 12 kg + 1 kg = 13 kg.
b) Wiegt man die volle Sprudelkiste mit einer Personenwaage, so zeigt diese etwa 14,5 kg an. Dieser Wert weicht von der Schätzung um ca. 1500 g ab. Die Abweichung ist gering, da sie nur etwa dem Gewicht von anderthalb Sprudelflaschen entspricht.

Aufgaben

1 Schätze zunächst und miss anschließend nach. Vergleiche beide Werte und beurteile die Abweichung.
a) Die Länge deines Schultisches
b) Das Gewicht deines Mäppchens
c) Das Gewicht deiner Schultasche
d) Die Länge deines Klassenzimmers
e) Die Zeit, die ein Spielzeugauto braucht, um einen schräg gestellten Tisch hinunter zu rollen.

Schätzergebnisse weichen oft stark voneinander ab, sollten aber innerhalb einer sinnvollen Spanne liegen.

I Natürliche Zahlen

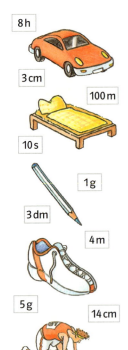

Fig. 1

2 Zu jedem Bild aus Fig. 1 gehören zwei Größenangaben. Ordne zu.

3 Beim Fliegen wird die Höhe eines Flugzeugs in „feet" angegeben. Miss bei einigen Erwachsenen die Fußlänge nach und stelle die Ergebnisse in einer Tabelle zusammen. Stimmen deine Werte mit dem amtlichen Wert von 30 cm 5 mm für 1 foot überein?

4 a) Wie groß ist deine Schrittlänge?
b) Wie weit kommst du im Gehen in 10 s (in 1 min, in 1 h)?

5 Wie weit kommst du in 1 min, wenn du dich in „Hühnerschritten" bewegst, das heißt einen Fuß direkt vor den anderen setzt? Schätze zuerst und miss dann.

6 In der Klasse bis 75 kg erzielte die Russin Natalia Sabolotnaja 2004 bei den Olympischen Spielen in Athen mit 125 kg im Reißen den Weltrekord im Gewichtheben. Wie viele Fünftklässler könnten sich an die Stange hängen, um die Gewichte zu ersetzen?

7 Schätze.
a) Wie hoch ist deine Schule?
b) Wie oft nimmst du am Tag eine Türklinke in die Hand?
c) Wie viele Schülerinnen und Schüler sind in deiner Schule?
d) Wie viel wiegt dein rechter Arm?

8 a) Was ist länger: dein Gürtel oder der Umfang von drei Saftflaschen?
b) Was ist schwerer: einhundert Blätter Papier oder eine Tafel Schokolade?
c) Was dauert länger: in „Hühnerschritten", das heißt einen Fuß vor den anderen gesetzt, das Klassenzimmer zu durchqueren oder hintereinander die Zahlen 21, 22 bis 29 laut und deutlich aufzusagen?

9 Male auf den Schulhof mit Kreide einen Kreis. Nimm dazu eine Schnur von 2 m Länge. Jetzt sollen sich Schülerinnen und Schüler an den Händen fassen und sich entlang des Kreises rundum mit gestreckten Armen aufstellen. Wie viele Schüler sind dazu nötig?

10 Lexikon und Internet
In dieser Aufgabe sollst du zunächst schätzen. Anschließend sollst du deinen Schätzwert in einem Lexikon oder im Internet überprüfen oder, sofern möglich, nachmessen.
Übertrage die Tabelle in dein Heft und trage die Größenangaben ein.
Bestimme jeweils die Abweichung und beurteile sie.

	Größtes Gewicht			Höchste Schnelligkeit		
	Geschätzt	Lexikon/Internet	Abweichung	Geschätzt	Lexikon/Internet	Abweichung
Blauwal						
Pferd						
Brieftaube						
Dackel						

6 Mit Größen rechnen

▬ Du hast verschiedene Maßeinheiten für die gleiche Größe kennen gelernt. Sie sind wichtig, denn wenn du Gegenstände oder Situationen beschreiben willst, gibt es sinnvolle und weniger sinnvolle Angaben. ▬

Wenn man zwei **Größen** wie die Reichweiten eines Air-Jets und eines Bussards **vergleichen** will, dann muss man sie zunächst in dieselbe Maßeinheit umrechnen:

Reichweite Air-Jet: 2100 km
Reichweite Bussard: 8000 m = 8 km.
Da 8 km < 2100 km ist, hat ein Air-Jet die größere Reichweite.

	Air-Jet – D 3	Bussard
Spannweite	31 m	42 cm
Gewicht	53 t	640 g
Max. Flugdauer	4 h	240 min
Reichweite	2100 km	8000 m
Passagiere	61	0

Wenn zwei Längen, zwei Gewichte oder zwei Zeitdauern in verschiedenen Maßeinheiten gegeben sind, dann muss man sie vor dem Vergleichen und vor dem Rechnen in derselben Maßeinheit schreiben.

Für **Längen** gilt:
1 km = 1000 m, 1 m = 10 dm, 1 dm = 10 cm, 1 cm = 10 mm.

Für **Gewichte** gilt:
1 t = 1000 kg, 1 kg = 1000 g, 1 g = 1000 mg.

Für **Zeitdauern** gilt:
1 d = 24 h, 1 h = 60 min, 1 min = 60 s.

Die Umrechnung von Euro in Cent kennst du schon:
1 € = 100 ct.

Beispiel 1
Schreibe in der angegebenen Einheit.
a) 6 km (in m)   b) 8000 g (in kg)   c) 3 h (in min)   d) 2 m (in cm)
e) 4 t (in kg)   f) 2 m 40 cm (in cm)   g) 10 kg 580 g (in g)
Lösung:
a) 6 km = 6000 m   b) 8000 g = 8 kg   c) 3 h = 180 min   d) 2 m = 200 cm
e) 4 t = 4000 kg   f) 2 m 40 cm = 240 cm   g) 10 kg 580 g = 10 580 g

I Natürliche Zahlen

Beispiel 2
Berechne:
a) 2300 g + 4 kg   b) 5 dm 1 cm − 20 mm   c) 200 s − 2 min
Lösung:
a) 2300 g + 4 kg   b) 5 dm 1 cm − 20 mm   c) 200 s − 2 min
  = 2300 g + 4000 g   = 51 cm − 2 cm   = 200 s − 120 s
  = 6300 g   = 49 cm   = 80 s

Beispiel 3
Vergleiche mit dem Größerzeichen oder dem Kleinerzeichen.
a) 3976 g; 4 kg   b) 7090 cm; 31 m   c) 3 h; 111 min
Lösung:
a) 4 kg = 4000 g   b) 31 m = 310 dm = 3100 cm   c) 3 h = 180 min
   3976 g < 4 kg   7090 cm > 31 m   3 h > 111 min

Beispiel 4
Verenas Zug fährt um 20.16 Uhr. Jetzt ist es 17.40 Uhr. Wie viel Zeit hat Verena noch?
Lösung:
Von 17.40 Uhr bis 18 Uhr: 20 min
Von 18 Uhr bis 20 Uhr: 2 h
Von 20 Uhr bis 20.16 Uhr: 16 min
Verena hat noch 2 h 36 min Zeit.

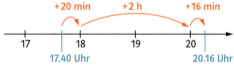

Fig. 1

Aufgaben

1 Gib in der darüber stehenden Einheit an.

a) in m:	b) in kg:	c) in cm:	d) in min:	e) in g:
2 km	3 t	5 m	1 h	7 kg
400 cm	8000 g	70 mm	120 s	10 kg
60 dm	10 t	2 dm	3 h	1000 mg
10 km	10 000 g	10 m	600 s	10 000 mg

2 Schreibe in der angegebenen Einheit.
a) 6 m (in dm)   b) 51 kg (in g)   c) 4 d (in h)   d) 350 mm (in cm)
   3 € (in ct)   50 mm (in cm)   6000 kg (in t)   300 s (in min)
   12 000 kg (in t)   240 min (in h)   300 dm (in m)   300 dm (in cm)
   11 min (in s)   3 g (in mg)   16 000 m (in km)   5 kg (in g)

3 a) Ein ICE fährt um 8.12 Uhr in Kiel los und kommt um 10.38 Uhr in Hannover an. Wie lange dauert die Fahrt?
b) Ein IC fährt um 11.36 Uhr weiter und benötigt 1 h 23 min. Wann erreicht er Magdeburg?

4 Schreibe in dein Heft ab und setze für das ☐ eines der Zeichen < oder > .
a) 3400 g ☐ 40 kg   b) 30 dm ☐ 294 cm   c) 1 d ☐ 21 h   d) 50 mm ☐ 6 cm
   40 dm ☐ 305 cm   2 h ☐ 115 min   488 mg ☐ 1 g   1 dm ☐ 234 mm
   70 min ☐ 3 h   20 000 g ☐ 1 t   4 km ☐ 20 000 m   11 mg ☐ 1 g
   805 cm ☐ 70 dm   2400 h ☐ 7 d   4 min ☐ 83 s   1 h ☐ 6000 s

5 Schreibe gleiche Größenangaben (Fig. 2) nebeneinander in dein Heft.

1 Pfund = 500 g

Fig. 2

26 | I Natürliche Zahlen

6 Schreibe in der nächstkleineren Einheit.
a) 90 dm
   7 kg
   2 d
   50 km
b) 5 kg
   10 km
   3 min
   18 €
c) 12 t
   2 h
   4 m
   29 kg
d) 10 min
   30 kg
   40 m
   5 d
e) 8 €
   7 t
   30 cm
   10 g

7 Schreibe in der nächstgrößeren Einheit.
a) 40 cm
   300 ct
   2000 kg
   120 h
b) 300 min
   40 dm
   1000 ct
   200 cm
c) 20 000 kg
   4000 m
   30 mm
   660 s
d) 400 ct
   17 000 kg
   34 000 m
   180 min
e) 80 mm
   4000 mg
   72 h
   30 000 g

Manchmal wird noch „Zentner" benutzt. Weißt du in welcher Situation?

8 Es ist 4180 m = 4 km 180 m. Schreibe entsprechend.
a) 3100 g
   6008 m
   80 min
   117 cm
b) 41 dm
   2400 g
   60 h
   3407 m
c) 84 mm
   6800 kg
   100 h
   10 040 m
d) 80 s
   12 cm
   1250 g
   53 h
e) 3400 mg
   90 s
   307 cm
   110 s

9 Berechne.
a) 34 cm + 4 dm
   4 t – 1950 kg
   1 dm 2 cm + 11 cm
   23 kg – 2500 g
b) 6 kg – 2400 g
   25 mm + 18 cm
   6 kg 70 g – 700 g
   2 km – 720 m
c) 12 km – 8500 m
   200 mg + 3 g
   5 m 20 cm – 90 cm
   340 kg + 10 000 g

10 Wie lange ist es von
a) 7.40 Uhr bis 16.50 Uhr,
b) 22.10 Uhr bis 6.00 Uhr,
c) 11.21 Uhr bis 22.19 Uhr?

11 Auf einen Waggon passen acht Autos von 4 m 50 cm Länge. Wie lang ist der Waggon mindestens?

12 Übertrage die Figur in dein Heft und ergänze.
a)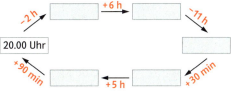
b)

Bist du sicher?

1 Schreibe in der angegebenen Einheit.
a) 6 m (in cm)
b) 7 kg (in g)
c) 6 d (in h)
d) 12 t (in kg)
e) 17 km (in m)

2 Berechne.
a) 6 kg – 1400 g
b) 4 km 500 m – 900 m
c) 4 d – 80 h
d) 2 m 8 cm + 11 dm

3 a) Wie lange ist es von Montag 23 Uhr bis Dienstag 8.15 Uhr?
b) Ein Terrier kann 1 m 30 cm hoch springen. Das ist das Fünffache seiner Körperhöhe. Wie groß ist er?

I Natürliche Zahlen

13 Micha soll einen Steckbrief seines Lieblingsspielzeugs oder seines Lieblingstieres schreiben. Er darf zur Beschreibung nur Größen benutzen, also keine Farben oder andere Eigenschaften. Rechts ist Michas Steckbrief.
Findest du Michas Lieblingsspielzeug heraus? Schreibe einen Steckbrief deines Lieblingsspielzeugs.

Mein Lieblingsspielzeug ist 19 cm dick und wiegt 440 g. Ich spiele mit ihm 90 min. Ich kann es auch fliegen lassen, vielleicht 10 m hoch und 30 m weit. Wenn ich nicht auf mein Lieblingsspielzeug achte, nimmt es ab, aber es bleibt gleich schwer.

Hier kannst du ein Rechenspiel für zwei Spieler herstellen.

14 Schreibe auf zehn Kärtchen wie in Fig. 1 jeweils zwei Aufgaben. Die Lösung der einen Aufgabe steht dabei auf demselben Kärtchen auf dem Kopf.
Die Kärtchen werden in der Mitte gefaltet und kommen auf einen Stapel.
Ein Spieler hebt ein Kärtchen ab und hält dem Mitspieler eine Seite hin. Sagt dieser die richtige Lösung, darf er das Kärtchen behalten. Sonst kommt es unter den Stapel. Jetzt darf der andere Spieler ziehen. Wer die meisten Kärtchen erhält, der gewinnt.

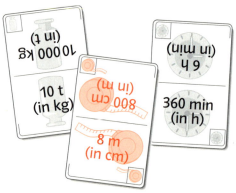

Fig. 1

15 Normalerweise dürfen auf einem Motorrad nur zwei Erwachsene mit einem durchschnittlichen Gewicht von 75 kg fahren. Um wie viel ist das Motorrad bei dieser Schauvorführung überladen?

16 Der Halleysche Komet (benannt nach dem englischen Astronomen Halley) erscheint in regelmäßigen Abständen bei uns am Himmel. Zuletzt war er 1834, 1910 und 1986 zu sehen.
Wann wird er die beiden nächsten Male zu beobachten sein?

17 Andere Länder, andere Sitten
In welchen Ländern gibt es diese Maßeinheiten (siehe Fig. 2)? Was bedeuten sie? Informiere dich in einem Lexikon oder im Internet.

 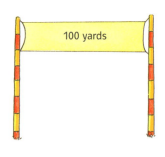  

Fig. 2

28 | Natürliche Zahlen

7 Größen mit Komma

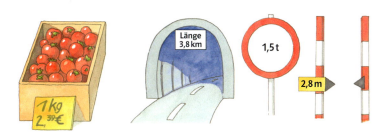

▬ Preise in Kommaschreibweise kennst du schon. Im Alltag sieht man die Kommaschreibweise außerdem auch oft bei Längen und Gewichten. ▬

Bei dem Fahrrad sind alle Größen in **Kommaschreibweise** angegeben.
1,48 m bedeutet: 1 m 48 cm
0,71 m bedeutet: 71 cm
0,630 kg bedeutet: 630 g
15,450 kg bedeutet: 15 kg 450 g

Die verwendete Maßeinheit bezieht sich immer auf die Stelle vor dem Komma:
2,5 km = 2 km 500 m
34,5 km = 34 km 500 m.
Die Maßeinheit für die Stellen nach dem Komma erhält man mit einer Stellenwerttafel.

Gesamtgewicht 15,450 kg

Gewicht eines Rades 0,630 kg

Federweg 7,4 cm

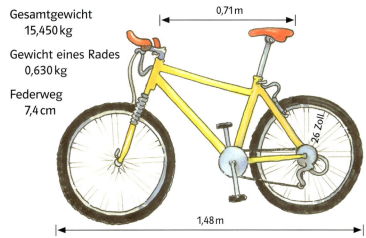

Fig. 1

Längen und **Gewichte** kann man auch in Kommaschreibweise angeben.

km			m			dm	cm	mm
H	Z	E	H	Z	E	E	E	E
					5	8	2	
		1	6	7	0			
					1	7	4	

5,82 m = 5 m 82 cm = 582 cm
1,670 km = 1 km 670 m = 1670 m
17,4 cm = 17 cm 4 mm = 174 mm

t			kg			g			mg		
H	Z	E	H	Z	E	H	Z	E	H	Z	E
					4	6	7	0			
	1	1	4	5	6						
								1	0	2	8

4,670 kg = 4 kg 670 g = 4670 g
11,456 t = 11 t 456 kg = 11456 kg
1,028 g = 1 g 28 mg = 1028 mg

> 1200 m
> = 1,200 km
> = 1,20 km
> = 1,2 km

Wenn man mit Größen rechnet, dann schreibt man sie zunächst ohne Komma in der gleichen Einheit. Das Ergebnis kann man wieder mit Komma schreiben.
Man addiert und multipliziert also so:
2,4 m + 5,5 m
= 24 dm + 55 dm = 79 dm = 7,9 m.

3 · 4,6 kg
= 3 · 4600 g = 13 800 g = 13,8 kg.

I Natürliche Zahlen   29

Beispiel 1
Schreibe ohne Komma.
a) 6,4 km   b) 2,7 kg   c) 6,8 cm   d) 3,7 m   e) 1,05 kg   f) 11,500 t
Lösung:
a) 6,4 km = 6400 m   b) 2,7 kg = 2700 g   c) 6,8 cm = 68 mm
d) 3,7 m = 37 dm   e) 1,05 kg = 1050 g   f) 11,500 t = 11 500 kg

Beispiel 2   Rechnen mit Größen
a) Wie lang sind drei aneinandergelegte Stäbe von 2,6 m Länge?
b) Wie viel fehlt von 39,4 kg bis 43,8 kg?
Lösung:
a) 2,6 m = 26 dm, 3 · 26 dm = 78 dm.
Ergebnis: Die Stäbe sind zusammen 7,8 m lang.
b) 39,4 kg = 39 400 g; 43,8 kg = 43 800 g
Von 39 400 g bis 40 000 g: 600 g
Von 40 000 g bis 43 000 g: 3 kg
Von 43 000 g bis 43 800 g: 800 g
600 g + 3 kg + 800 g = 4400 g
Ergebnis: Es fehlen 4,400 kg.

Fig. 1

Aufgaben

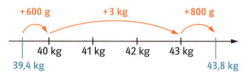

1 Schreibe in eine Tabelle alle Längen der Fische in cm und m und alle Gewichte in kg und t.

Walhai	15,2 m 10,5 t
Manta	4,4 m 1,6 t
Wels	2,5 m 0,3 t
Karpfen	0,4 m 3 kg

Gibt es bei Angaben von Zeitdauern keine Kommaschreibweise? Doch, es gibt sie, z. B.: 1,5 h = 90 min, 0,5 d = 12 h. Die Kommaschreibweise bei Zeitdauern wird aber selten verwendet. Hast du eine Erklärung dafür?

2   Schreibe ohne Komma.
a) 1,2 m   b) 4,5 kg   c) 3,700 kg   d) 4,700 km   e) 2,1 cm
   1,2 kg   7,8 m   23,74 €   12,2 kg   8,900 kg
   20,5 cm   34,7 km   3,5 t   4,6 dm   5,2 km
   15,050 km   2,004 t   2,090 km   20,050 t   10,01 m

3   Es ist 1250 m = 1 km 250 m = 1,250 km. Schreibe entsprechend.
a) 3680 g   b) 3700 m   c) 34 cm   d) 4500 kg   e) 134 cm
   11 400 m   1250 g   6600 kg   560 cm   24 mm
   230 mm   450 cm   34 100 m   2050 m   3560 g
   7060 kg   1405 kg   10 010 m   10 100 m   2091 kg

4   Schreibe in der Einheit, die in der Klammer steht.
a) (in cm)   b) (in g)   c) (in kg)   d) (in km)
   2,5 m   2,1 kg   9,5 t   4500 m
   2,05 m   2,100 kg   600 000 g   100 000 m
   12 mm   2,010 kg   100 t   700 m
   102 mm   2,001 kg   10,09 t   850 m

5 Drei Angaben sind gleich, eine Angabe gehört nicht dazu. Welche?
a) 6 kg 450 g
   6450 g
   6,450 kg
   645 g

b) 378 cm
   37,8 dm
   37 m 8 cm
   3 m 78 cm

c) 105 mm
   10 cm 5 mm
   1 dm 5 cm
   1 dm 5 mm

d) 150 m
   15 000 dm
   1500 dm
   0,15 km

6 Berechne.
a) 2,3 m + 5,1 m
   4,7 kg − 900 g
   3,4 cm + 11 mm
   18,8 km − 9,2 km

b) 5,2 kg + 1,8 kg
   2,7 m − 6 dm
   120 mm − 7,5 cm
   1,5 t + 2 350 kg

c) 2,5 km + 380 m
   450 g + 1,2 kg
   4,8 t − 4,05 t
   30,2 cm − 3,4 cm

d) 2,5 t − 1,2 t
   5,5 m − 120 cm
   45,6 g − 2000 mg
   45 km − 19,8 km

7
a) 5 · 2,6 cm
   14,3 km · 3
   3,6 m : 4

b) 6 · 1,2 kg
   3,3 dm · 5
   1,8 g : 2

c) 10 · 0,5 g
   22,5 cm · 4
   10,2 km : 5

d) 8 · 1,1 m
   4,7 kg · 3
   2 kg : 5

8 Übertrage in dein Heft und ergänze.

Bist du sicher?

1 Gib in der Einheit an, die in der Klammer steht.
a) 3,5 m (in cm)   b) 4,2 kg (in g)   c) 12,6 cm (in mm)   d) 10,400 km (in m)

2 Berechne.   a) 2,5 t + 4,3 t   b) 4 · 1,7 m   c) 4,8 km − 1,9 km

3 Gib in m an.   a) 10,200 km   b) 10,020 km   c) 10,002 km

Rekorde

9 Jana kann mit dem kleinen Finger 12 kg 300 g halten. Wie viel fehlt ihr noch zum Weltrekord von 89,6 kg?

10 In der Tabelle sind einige Weltrekorde zusammengestellt. Darunter stehen die Ergebnisse, die beim Zehnkampf-Weltrekord erzielt wurden. Berechne die Unterschiede.

	Weitsprung	Kugelstoßen	Speerwurf	1500-m-Lauf
Einzeldisziplin	8,95 m	23,12 m	98,48 m	3 min 26 s
Zehnkampf	8,11 m	15,33 m	70,16 m	4 min 23 s

11 Bei der folgenden Disziplin für Paare gibt es noch keinen Weltrekord. Ihr könnt in eurer Klasse also ein Weltmeisterpaar küren. Ein Partner sagt dem anderen zehn vorgegebene sechsstellige Zahlen, die er aufschreibt. Wer die kürzeste Zeit benötigt, hat gewonnen. Die Zahlen müssen gut lesbar sein. Ist eine Zahl falsch, zählt der Versuch nicht.

I Natürliche Zahlen

8 Stellenwertsysteme

Conny sitzt in der ersten Reihe. Sie hat eine unauffällige Methode, Telefonnummern oder Geheimzahlen weiterzugeben. Dazu zeigt sie an einem Handrücken nacheinander verschieden viele Finger. Die Ziffernfolge 120 483 sieht dann so aus:

1   2   0   4   8   3

Wenn wir Zahlen im Zehnersystem schreiben, benötigen wir zehn Ziffern.

Dem **Zehnersystem (Dezimalsystem)** liegt eine Stellentafel mit den Stellenwerten 1; 10; 10 · 10 = 100; 10 · 10 · 10 = 1000; 10 · 10 · 10 · 10 = 10 000; … zugrunde. Sie bauen auf der Grundzahl 10 auf. Die Zahl 57 034 in der Stellentafel

$10^0 = 1$
$10^1 = 10$
$10^2 = 100$
$10^3 = 1000$
…

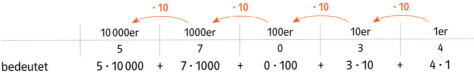

	10 000er	1000er	100er	10er	1er
	5	7	0	3	4
bedeutet	5 · 10 000 +	7 · 1000 +	0 · 100 +	3 · 10 +	4 · 1

Man kann alle natürlichen Zahlen aber auch in anderen Stellenwertsystemen mit anderen Grundzahlen, u.a. im Zweiersystem oder im Fünfersystem darstellen:

Zweiersystem (Dualsystem). Es baut auf der Grundzahl 2 auf.
Als Stellenwerte benutzt man 1; 2; 2 · 2 = 4; 2 · 2 · 2 = 8; 2 · 2 · 2 · 2 = 16; …

$2^0 = 1$
$2^1 = 2$
$2^2 = 4$
$2^3 = 8$
$2^4 = 16$
…

Stellentafel:	16er	8er	4er	2er	1er
	1	0	1	1	0
bedeutet	1 · 16 +	0 · 8 +	1 · 4 +	1 · 2 +	0 · 1

Dafür schreibt man zur Unterscheidung vom Zehnersystem $(10110)_2$.

Fünfersystem. Es baut auf der Grundzahl 5 auf.
Als Stellenwerte benutzt man 1; 5; 5 · 5 = 25; 5 · 5 · 5 = 125; 5 · 5 · 5 · 5 = 625; …

$5^0 = 1$
$5^1 = 5$
$5^2 = 25$
$5^3 = 125$
…

Stellentafel:	625er	125er	25er	5er	1er
	2	3	1	0	4
bedeutet	2 · 625 +	3 · 125 +	1 · 25 +	0 · 5 +	4 · 1.

Dafür schreibt man $(23104)_5$.

Beispiel 1
a) Welche Zahl ist $(11011)_2$? b) Welche Zahl ist $(3042)_5$?
Lösung:
a) $(11011)_2 = 1 · 16 + 1 · 8 + 0 · 4 + 1 · 2 + 1 · 1 = 27$. $(11011)_2$ ist die Zahl 27.
b) $(3042)_5 = 3 · 125 + 0 · 25 + 4 · 5 + 2 · 1 = 397$.

Beispiel 2
a) Schreibe die Zahl 29 im Zweiersystem
b) Schreibe die Zahl 29 im Fünfersystem und vergleiche das Ergebnis mit dem aus a).
Lösung
a) $29 = 1 \cdot 16 + 1 \cdot 8 + 1 \cdot 4 + 0 \cdot 2 + 1 \cdot 1 = (11101)_2$.
b) $29 = 1 \cdot 25 + 0 \cdot 5 + 4 \cdot 1 = (104)_5$. Um die Zahl 29 im Fünfersystem darzustellen, benötigt man weniger Stellen als im Zweiersystem.

Tipp:
Bestimme zunächst die größte Zahl aus der Reihe 1, 2, 4, 8, ..., die kleiner als die gegebene Zahl ist.
Dafür schreibst du eine 1, danach ergänzt du die restlichen Nullen und Einsen.

Aufgaben

1 Übersetze in das Zehnersystem.
a) $(101)_2$; $(11)_2$; $(100)_2$; $(1101)_2$; $(10110)_2$; $(1010101)_2$; $(11000100)_2$
b) $(4321)_5$; $(2020)_5$; $(2143)_5$; $(231)_5$; $(40)_5$; $(200)_5$

2 Schreibe im Zweiersystem.
a) 29; 27; 12; 10; 5
b) 30; 16; 7; 23; 18
c) 40; 52; 72; 63; 49
d) 35; 81; 103; 120; 127

3 Zähle ohne abzulesen laut im Zweiersystem von eins bis zwanzig (oder noch weiter):
eins, eins null, eins eins, eins null null ...

4 Schreibe im Fünfersystem.
a) 500; 64; 125; 343; 555
b) 17; 231; 100; 325; 255

5 Schreibe die nächstkleinere und die nächstgrößere Zahl im Zweiersystem.
a) $(11)_2$ b) $(111)_2$ c) $(10)_2$ d) $(100)_2$ e) $(1010)_2$

6 Notiere im Fünfersystem.
a) die Nachfolger von $(1324)_5$; $(444)_5$
b) die Vorgänger von $(1010)_5$; $(1400)_5$.

7 Computer speichern Zahlen im Zweiersystem. Dabei wandelt der Computer die Zahlen beim Eintippen automatisch um. Früher musste man dem Computer die Zahlen im Zweiersystem eingeben. Dazu stanzte man Löcher in eine Karte. Wann ist Robert geboren?

8 a) Wie viele Zahlen kann man im Zweiersystem mit höchstens sechs Stellen schreiben?
b) Wie viele Stellen braucht man im Zweiersystem für die Zahl 100?

9 Beate sagt: „Mir genügen diese fünf Holzstücke (siehe Fig. 1), um alle vollen Zentimeterlängen von 1 cm bis 31 cm abzumessen." Kann das stimmen? Begründe.

10 Zum Erforschen
a) Wie ändert sich eine Zahl, wenn man im Zweiersystem eine Null anhängt?
b) Woran erkennt man im Zweiersystem, ob eine Zahl gerade oder ungerade ist?
c) Beantworte die Fragen aus a) und b) auch für das Fünfersystem.

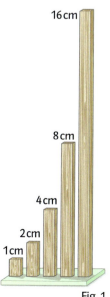

Fig. 1

I Natürliche Zahlen

9 Römische Zahlzeichen

An alten Gebäuden ist das Jahr der Erbauung nicht mit unseren Ziffern angeschrieben. Dieselben Zahlzeichen werden auch heute noch auf Zifferblättern von Uhren verwendet.

Fig. 1

Vor etwa 2000 Jahren umfasste das römische Weltreich große Teile des heutigen Europas. Die Römer haben damals vieles, was sie aus ihrer Heimat gewohnt waren, in die eroberten Gebiete mitgebracht. Manches davon wird bis heute gepflegt, z. B. der Weinanbau. Anders erging es den Zahlzeichen, mit denen die Römer Zahlen geschrieben haben. Vor etwa 500 Jahren wurden die **römischen Zahlzeichen** durch unsere heute gebräuchliche Ziffernschreibweise ersetzt. Man findet römische Zahlzeichen heute noch oft in alten Inschriften.

Die römischen Zahlzeichen sind:
I = 1, V = 5, X = 10, L = 50, C = 100, D = 500, M = 1000.

Weitere Zahlen schreibt man durch Aneinandersetzen dieser Zeichen:

VI = V + I = 6
XII = X + I + I = 12
Hier steht I rechts von V und X.
Es wird addiert.

IV = V – I = 4
IX = X – I = 9
Hier steht I links von V und X.
Es wird subtrahiert.

Stellenwertsystem:
7 · 100
*7**5**7*
7 · 1

Die römischen Zahlzeichen haben immer den gleichen Wert, unabhängig von der Stelle, an der sie stehen. Das ist ein bedeutender Unterschied zu unseren Ziffern, die im Stellenwertsystem geschrieben sind. Römische Zahlzeichen bilden also kein Stellenwertsystem.

Kein Stellenwertsystem:
5
VII
XV
5

Regeln für die römische Zahlschreibweise:
Steht ein Zahlzeichen rechts neben einem gleichen oder höheren, so werden ihre Werte addiert.
Steht ein Zahlzeichen links neben einem höheren, so wird sein Wert subtrahiert.

Mit diesen Regeln kann man manche Zahlen auf verschiedene Weise schreiben:
9 = IX oder 9 = VIIII. Meistens wurde die erste Schreibweise benutzt, weil die zusätzliche Regel beachtet wurde: Ein Zahlzeichen kommt hintereinander höchstens dreimal vor.

Beispiel
a) Schreibe MCCXII im Zehnersystem.
Lösung: MCCXII = M + C + C + X + I + I
= 1000 + 100 + 100 + 10 + 1 + 1 = 1212

b) Schreibe 96 mit römischen Zahlzeichen.
96 = 100 – 10 + 5 + 1
= C – X + V + I = XCVI

34 | I Natürliche Zahlen

Aufgaben

1 Schreibe im Zehnersystem.

a) V	b) XII	c) VII	d) XV	e) CXX
CC	MC	CM	XC	DX
CLII	XCI	MCM	MMCM	CMX
MXCVI	MMDCC	MMXL	MMMDC	MMMDCCX

2 Schreibe mit römischen Zahlzeichen.

a) 8	b) 16	c) 13	d) 9	e) 14
17	22	40	24	25
79	160	190	197	189
788	1450	1600	1379	1677

3 Schreibe mit römischen Zahlzeichen:
a) dein Geburtsdatum,
b) das heutige Datum.

4 Welche Jahreszahl gehört zu welchem Ereignis?

Kolumbus entdeckt Amerika.

Der erste Mensch landet auf dem Mond.

Karl der Große wird zum Kaiser gekrönt.

Der Eiffelturm wird gebaut.

MDCCCLXXXIX

MCMLXIX

DCCC

MXDII

5 Über dem Eingang der Stadthalle Kassel stehen die Jahreszahlen des Zeitraums ihrer Erbauung in römischen Zahlen. Wann wurde damit begonnen und wann wurde die Stadthalle fertiggestellt?

6 Streichholzrechnen
Wenn man ein einziges Streichholz umlegt, wird die falsche Rechnung richtig.

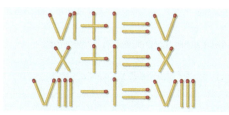

Fig. 1

Vorgesagt wird nicht!

Fig. 2

7 Eine Lügengeschichte
Lange Zeit war umstritten, an welchem Ort Cäsar den Heerkönig Ariovist besiegt hat. Bis eines Tages ein Hobbyforscher behauptete, eine Steintafel mit folgender Inschrift gefunden zu haben (übersetzt):
In diesem Jahr brachte der große Cäsar an dieser Stelle dem Volke der Sueven den Untergang. Claudius, der die Schlacht überlebte. Anno LVIII v. Chr.
Ein Gelehrter erklärte die Inschrift sofort als Fälschung. Warum?

10 Diagramme mit Tabellenkalkulation

Claudia schreibt einen Artikel für die Schülerzeitung, in dem sie ihre neue Klasse vorstellt. Alle Informationen präsentiert sie in Form von Tabellen und Diagrammen. Als Claudia fast fertig ist, passiert ihr ein Missgeschick: Claudia verschüttet ihren Tee über den Seiten und muss deshalb alle sorgfältig gezeichneten Diagramme noch einmal anfertigen.
„Zum Glück habe ich wenigstens den Text mit dem Computer geschrieben", tröstet sie sich.

Auch beim Erstellen von Diagrammen kann der Computer helfen. Man verwendet hierzu ein Tabellenkalkulationsprogramm.

Die folgende Abbildung zeigt, wie der Bildschirm beim Öffnen eines Tabellenkalkulationsprogramms aussieht.

Durch die Information B7 oder C4 ist eine Zelle eindeutig bestimmt

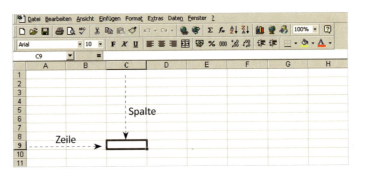

Ein **Tabellenblatt** ist in **Spalten** A, B, C, … und **Zeilen** 1, 2, 3, … eingeteilt. Die einzelnen Felder der Tabelle heißen **Zellen**.
Mit einer Kombination aus einem Buchstaben und einer Zahl, z. B. C9, ist eine Zelle eindeutig bestimmt.

Arbeite gleich am Computer mit!

Beispiel 1 Eingabe der Daten
Die Klasse 5c macht eine Umfrage, wie die einzelnen Schüler morgens zur Schule kommen. Die gesammelten Informationen sollen in einer Tabelle dargestellt werden.
Lösung:
Wenn man in eine Zelle der Tabelle etwas hineinschreiben möchte, klickt man diese Zelle mit der Maus an. Tippt man nun Zahlen oder Wörter ein, erscheinen diese genau in dieser Zelle.

Beförderungsmittel	Anzahl der Schüler
Bus	⊪⊪ ⊪⊪ ⎮
Zug	⊪⊪ ⊪⊪ ⊪⊪ ⎮⎮
Fahrrad	⊪⊪ ⎮

Fig. 1

36 | Natürliche Zahlen

Die Zelle in der man gerade arbeitet, ist mit einem dicken schwarzen Rahmen versehen.

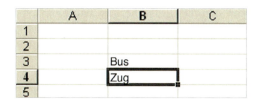

Zwischendurch das Abspeichern nicht vergessen!

Manchmal kommt es vor, dass ein Wort nicht in die Zelle passt. Es verschwindet dann hinter der nächsten Spalte, sobald man dort etwas einträgt.

speichern

Man kann dann die Breite der Spalte verändern, so dass das Wort hineinpasst. Dazu schiebt man den Mauszeiger auf die Trennlinie zwischen dieser und der nächsten Spalte, hält die linke Maustaste gedrückt und zieht die Spalte so breit, wie man sie braucht.

Die Tabelle kann auch mit einem Rahmen versehen werden. Alle Zellen, die man einrahmen möchte, müssen vorher markiert werden.
Dazu platziert man den Mauszeiger in der linken oberen Ecke der Tabelle, hält die linke Maustaste gedrückt und zieht die Maus über die ganze Tabelle. Alle markierten Zellen erscheinen jetzt hinterlegt.

Rahmen

Schrift fett

Schriftfarbe

Durch Auswählen des Symbols „Rahmen" kann man nun die Tabelle einrahmen. Außerdem kann man die Zellen der Tabelle farbig gestalten oder die Schrift verändern. Natürlich sollte man jetzt auch noch die übrigen Zahlen eintragen!

Füllfarbe

Info

Wenn man eine Zelle markiert und losschreibt, wird der dort zuvor eingetragene Text überschrieben. Der Inhalt jeder Zelle erscheint aber in der Eingabezeile oben noch einmal.
Dort kann man mit der Maus klicken und Änderungen vornehmen.

I Natürliche Zahlen 37

Auf Seite 11 wurden bereits Diagramme verwendet. Bisher wurden Säulen- und Balkendiagramme mit Stift und Lineal gezeichnet. Solche Zeichnungen kann man schnell und genau mit dem Computer anfertigen.

Ein Tabellenkalkulationsprogramm kann die Daten aus einer Tabelle in verschiedenen Diagrammtypen darstellen.
Zum Erstellen eines Diagramms wird der **Diagramm-Assistent** verwendet.

Beispiel 2   Diagramm erstellen
Die Tabelle, aus der man entnehmen kann, wie die Schüler der Klasse 5c jeden Morgen zur Schule kommen, soll in einem Diagramm dargestellt werden.
Lösung:
Die gesamte Tabelle muss dazu markiert werden.
Anschließend wählt man aus der Symbolleiste das Symbol für den Diagramm-Assistenten aus. Dieser hilft in vier Schritten dabei, die Tabelle in ein Diagramm zu übertragen:

Diagramm-Assistent

Säulendiagramm

Balkendiagramm

Kreisdiagramm

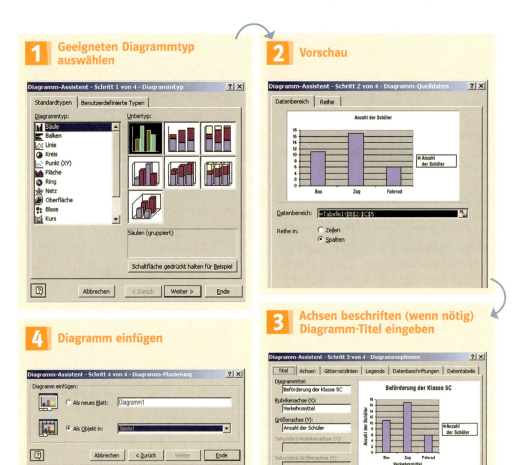

38 | I Natürliche Zahlen

So sieht das fertige Diagramm aus:

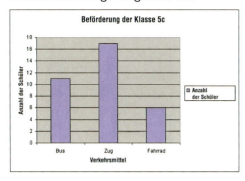

Das Diagramm erscheint zusammen mit der Tabelle auf dem Tabellenblatt:

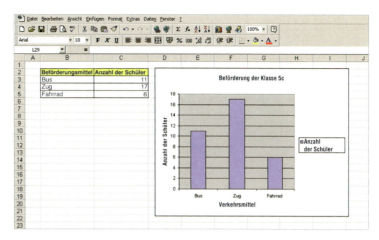

Das Diagramm kann man auf dem Bildschirm verschieben.
Durch Ziehen an einer Ecke wird das Diagramm größer oder kleiner

Aufgaben

1 a) Die Klasse 5f der Richard-Wagner-Schule ist eine Klasse für besonders musikbegeisterte Kinder; jeder Schüler spielt ein Musikinstrument. 9 Schüler spielen Klavier, 12 spielen Blockflöte, zwei Schüler spielen Trompete und ein Mädchen besitzt ein Cello. Der Rest der Klasse hat mit Geigenunterricht begonnen. In der Klasse sind 28 Schüler. Stelle die Informationen in einer Tabelle zusammen und stelle sie in einem geeigneten Diagramm dar.
b) Erstelle eine ähnliche Tabelle für deine eigene Klasse. Berücksichtige auch diejenigen Schüler, die kein Instrument spielen.

2 Stelle das Gewicht folgender Tiere in einem Diagramm dar:
Riesenschildkröte: 250 kg,
Strauß: 150 kg,
Walross: 1500 kg,
Eisbär: 450 kg,
Flusspferd: 3000 kg,
Nashorn: 2000 kg,
Elefant: 3500 kg

3 Stelle die größte Länge bzw. Höhe der folgenden Tiere in einem Diagramm dar:
Elefant: 3 m
Giraffe: 6 m
Walross: 4,5 m
Seehund: 2 m
Blauwal: 30 m
Delphin: 9 m
Weißhai: 7 m
Anakonda: 11 m

4 Informiere dich im Lexikon oder im Internet über die Höhe der folgenden Bauwerke und stelle die Informationen in einer Tabelle und einem geeigneten Diagramm dar.
Kölner Dom, Ulmer Münster, Messeturm in Frankfurt/M., Fernsehturm in Berlin, Fernsehturm in Stuttgart, Fernsehturm in München und Eisengitterturm in Campen/Ems.

Info

Manche Diagramme lassen sich nicht ganz so einfach mit einem Tabellenkalkulationsprogramm erstellen.

Bei Tabellen, bei denen beide Spalten aus Zahlen bestehen, werden im Diagramm auch diese beiden Zahlenspalten als Balken oder Säule dargestellt.

Die zusätzlichen Datenreihen kann man im zweiten Schritt des Diagramm-Assistenten löschen. Dazu wählt man den Begriff „Reihe" und entfernt in dem entsprechenden Feld die unerwünschte Datenreihe.

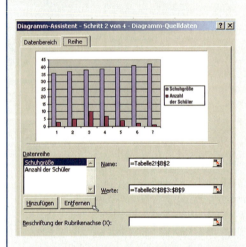 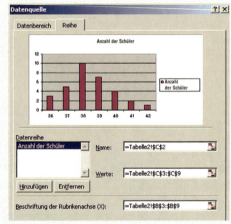

Außerdem muss noch die Beschriftung der ersten Achse korrigiert werden.
Dazu füllt man das Feld „Beschriftung der Rubrikenachse (X)" aus.
Man klickt mit der Maus in dieses Feld und markiert anschließend alle Zellen der Tabelle, in der die Zahlen stehen, mit denen die x-Achse beschriftet werden soll. Diesmal darf die Überschrift nicht mitmarkiert werden.

Stelle die Informationen der folgenden Aufgaben jeweils in einem geeigneten Diagramm dar.

Jahr	verkaufte Digitalkameras
1999	300
2000	580
2001	1200
2002	2400
2003	4900

5 Die Digitalfotografie hat das Fotografieren revolutioniert. 2003 verkauften Händler in Deutschland fast 5 Millionen Digitalkameras. Die nebenstehende Tabelle zeigt die Anzahl der verkauften Digitalkameras (in tausend Stück) in den Jahren 1999 bis 2003.

6 In einer Zeitschrift wurde folgender Vorschlag für das wöchentliche Taschengeld von Kindern und Jugendlichen gemacht:

Alter	Betrag (€)	Alter	Betrag (€)	Alter	Betrag (€)
6	1	10	3	14	5
7	1,50	11	3,50	15	5,50
8	2	12	4	16	6
9	2,50	13	4,50	17	6,50

7 „Für welche Möglichkeiten nutzen Sie Ihr Handy – außer zum Telefonieren?"
Von je 100 befragen Personen gab etwa die folgende Anzahl von Personen an:
SMS (81), Download von Klingeltönen (17), E-Mails (14), Spiele (14), Digitalkamera (13), MMS (6), Infodienste (4), Zahlungsverkehr (1).

8 Jungen und Mädchen erreichen unterschiedliche Durchschnittsgrößen (in cm):

Alter	9	10	11	12	13	14	15	16	17
Jungen	133,3	138,3	142,7	147,0	153,4	160,6	166,8	171,7	174,3
Mädchen	133,2	137,5	141,8	148,5	154,1	158,2	161,1	163,8	163,8

Erstelle ein gemeinsames Diagramm für Mädchen und Jungen.

9 Bei einer Umfrage zum Interesse an Fernsehangeboten gaben die befragten Personen an, sich besonders für folgende Sendungen zu interessieren (von 100):
Nachrichten (64), Talk Shows (38), Große Abend Show (47), Fußball (50), Krimi (62), Autorennen (44), Western (43), Musiksendungen (32), Daily Soaps (25), Boxen/Wrestling (35), Science Fiction (38), Heimatfilme (25), Action (54), Late Night Shows (34), Frühstücks-TV (19), Tennis (39), Oper/Operette (17), Game Shows (34)

10 Rund 75 Milliarden Euro gaben die Bundesbürger im Jahr 2001 für das Essen außer Haus aus. Von je 100 Personen bevorzugten folgenden Anzahlen diese Gelegenheiten, um auswärts zu essen:
Deutsche Restaurants: 17
Ausländische Restaurants: 21
Bäcker, Metzger, Supermärkte: 14
Hotel-Restaurants: 5
Kneipen/Cafés: 13
Imbiss: 7
Kantinen: 10
Fast Food: 4
Bringdienste: 4
Sonstige: 5

11 Deutsche PKWs sind auch im Ausland sehr beliebt. Entnimm der Europakarte in Fig. 1, welcher Anteil des gesamten Exports deutscher Autos in die entsprechenden europäischen Länder ging. Die Zahlen geben jeweils den Anteil von 100 an.

12 Sommerurlaub 2003: Die 10 häufigsten Reiseziele deutscher Urlauber
(Angabe von 100):
Deutschland: 32   Griechenland: 4
Spanien: 12   Türkei: 3
Italien: 11   Dänemark: 2
Österreich: 6   Kroatien: 2
Frankreich: 6   Polen: 2

Fig. 1

13 Im Jahre 1997 wurden 345 Mio. Paar Schuhe nach Deutschland eingeführt. Davon kamen 88 Mio. aus Italien, 52 Mio. aus China, 35 Mio. aus Vietnam, 26 Mio. aus Spanien, 23 Mio. aus Portugal, 13 Mio. aus Indonesion, 12 Mio. aus Taiwan, 10 Mio. aus Frankreich.

14 Ergänze die Dateien zu den Aufgaben 1 bis 13 durch passende Abbildungen.

I Natürliche Zahlen

Wiederholen – Vertiefen – Vernetzen

1 Die Tabelle zeigt, welchen Gehalt 100 g eines Nahrungsmittels an Eiweiß, Fett und Kohlenhydraten haben.
a) Jens isst zum Abendessen 200 g Brot mit ca. 30 g Schmalz. Grete isst 100 g Brot, 50 g Wurst und einen Apfel.
Wie viel Eiweiß, Fett und Kohlenhydrate hat jeder aufgenommen?
b) Stelle aus den aufgeführten Nahrungsmitteln eine gesunde Tagesration zusammen.

Faustregel für gesundes Essen.
Tagesbedarf pro kg Körpergewicht:
Eiweiß etwa 1,5 g
Fett etwa 1 g
Kohlenhydrate etwa 5 g

	Eiweiß	Fett	Kohlenhydrate
	(Gehalt in Gramm)		
Apfel	0,3	0,6	15,0
Erdnüsse	26,2	48,7	20,6
Brot	6,8	0,5	58,0
Honig	0,3	0,0	82,3
Schmalz	0,0	99,0	0,0
Wurst	12,5	27,6	1,8
Käse	27,4	30,5	3,4
Fisch	19,2	12,5	0,0

Fig. 1

2 a) Erstelle zu der Tabelle in Fig. 1 ein Diagramm mit der Überschrift: Eiweißgehalt von verschiedenen Lebensmitteln.
b) Wie könnte man den Eiweißgehalt, den Fettgehalt und den Gehalt an Kohlenhydraten zusammen in einem Diagramm veranschaulichen? Zeichne ein solches Diagramm.

3 Peter macht oft komische Sachen. Beispielsweise hat er die Ergebnisse vom Weitsprung so notiert, wie es Fig. 2 zeigt. Welche Reihenfolge ergibt sich aus den erreichten Weiten?

Name	Weite
Anke	2,63 m
Bernd	24 dm 6 cm
Christa	2620 mm
Torsten	2 m 4 dm 9 cm

Fig. 2

4 a) Welche der abgebildeten Flugzeuge könnte man auf den Pausenhof oder den Sportplatz stellen?
b) Vergleiche den Inhalt der Treibstofftanks mit der Reichweite.
c) Suche weitere Vergleiche.

Airbus A319-100
Passagiere	124–142
Flügelfläche	122,60 m²
Spannweite	34,09 m
Länge	33,80 m
Leergewicht	42,30 t
max. Startgewicht	70,400 t
max. Landegewicht	61 t
Reisegeschwindigkeit	900 km/h
max. Flughöhe	12 500 m
Reichweite	6500 km
Treibstofftankinhalt	26 800 l

Airbus A380-100
Passagiere	656
Flügelfläche	845 m²
Spannweite	79,80 m
Länge	77,40 m
Leergewicht	286 t
max. Startgewicht	538 t
max. Landegewicht	408 t
Reisegeschwindigkeit	870 km/h
max. Flughöhe	12 500 m
Reichweite	14 200 km
Treibstofftankinhalt	307 000 l

Boeing 747SP
Passagiere	280–370
Flügelfläche	510,97 m²
Spannweite	59,64 m
Länge	56,30 m
Leergewicht	150,100 t
max. Startgewicht	317,500 t
max. Landegewicht	204,100 t
Reisegeschwindigkeit	990 km/h
max. Flughöhe	13 700 m
Reichweite	10 200 km
Treibstofftankinhalt	184 660 l

Wiederholen – Vertiefen – Vernetzen

Schätzen und Messen rund ums Fahrrad
Schätze und miss dann die gesuchte Größe. Bei Zeitdauern sollte gleich jemand mit der Stoppuhr messen, damit Rekordzeiten nicht verloren gehen. Du kannst die Ergebnisse mit Komma angeben.

5 a) Wie weit kommt dein Fahrrad bei einer Umdrehung des Rades?
b) Das Vorderrad wird hochgehoben und so schnell wie möglich gedreht. Wie lange läuft das Vorderrad höchstens weiter?

6 Miss auf dem Schulhof eine Strecke von 10 m ab. Die Strecke soll mit dem Fahrrad so langsam wie möglich durchfahren werden. Dabei dürfen die Füße den Boden nicht berühren.
Wie lange dauert die Durchfahrt beim langsamsten Fahrer?

7 Lies die Geschichte laut vor. Verändere den Text so, dass er leicht verständlich wird. Schreibe selbst eine solche Geschichte.

> **Wie ich einen guten Kuchen backe**
> Wenn man wie ich nur 41 000 g wiegt und 1450 mm lang ist, sollte man hin und wieder einen Kuchen essen. Danach muss ich dann meinen Gürtel um die Winzigkeit von 20 mm weiter stellen. Am leichtesten geht Rührkuchen. Dazu nehme ich 500 000 mg Mehl. Das ist gar nicht so viel, wie es auf den ersten Blick aussieht. Dazu 250 000 mg Margarine, ein bisschen Milch und ein paar Eier. Alles in eine Schüssel und gut rühren. Halt, fast hätte ich den Zucker vergessen. Oh je, wir haben nur noch 0,0001 t da, hoffentlich reicht das. Noch mal kräftig gerührt und dann zack in die Form und 1200 s bei 180 °C backen. Während der Kuchen im Ofen ist, spiele ich mit meinem Hund. Ich werfe einen Ball 220 dm in die Wiese hinaus und der Hund muss ihn holen. Wenn der Kuchen fertig ist, kommen alle aus nah und fern, sogar aus dem 4500 mm entfernten Wohnzimmer, um ihn zu essen. So gut ist mein Kuchen!

Tage, Wochen, Monate, Jahre
Bei längeren Zeitspannen rechnet man in Tagen, Wochen, Monaten und Jahren.
Eine Woche hat 7 Tage. Ein Monat hat 30 oder 31 Tage, der Februar 28 Tage und in einem Schaltjahr 29 Tage. Das Jahr hat 365 Tage und ein Schaltjahr 366 Tage.

8 Schreibe für dieses und das nächste Jahr auf, wie viele Tage die Monate haben.

9 Wie viele Tage sind es noch bis zum Jahresende, wenn kein Schaltjahr ist,
a) ab dem 21. Dezember,   b) ab dem 8. September,   c) ab dem 20. Februar?

10 Frieda und Franz sind im gleichen Jahr geboren, Frieda am 8. 9. und Franz am 9. 8.
a) Wer von beiden ist älter?
b) Wie groß ist der Unterschied?

I Natürliche Zahlen

Horizonte — Von Kerbhölzern, Hieroglyphen und Ziffern

Ein Forscher beobachtete einmal, wie ein südafrikanischer Stamm eine große Viehherde zählte. Er erzählt:
„Drei Männer gehen zum Gatter, durch das die Herde getrieben wird. Der erste hebt für jeden an ihm vorüberziehenden Kopf der Herde einen Finger. Sobald er alle zehn Finger erhoben hat, hebt der zweite Mann einen Finger und der erste beginnt von Neuem. Wenn der zweite Mann auch alle Finger erhoben hat, hebt der dritte Mann einen Finger und die beiden ersten Männer beginnen von Neuem.
Sind sie fertig, ritzen sie das Ergebnis in ein Stück Holz, das sie bis zur nächsten Zählung aufheben."

Früher haben die Menschen das Ergebnis einer Zählung oft mit dem Messer in ein Stück Holz geritzt. Ein so beschriebenes Holzstück nennt man **Kerbholz**. Aus dieser Zeit stammen noch einige Sprichwörter:

„Der hat einiges auf dem Kerbholz."
(Der hat viele Schulden oder hat viele Untaten begangen.)

„Das kommt nicht aufs Kerbholz."
(Das braucht nicht bezahlt zu werden.)

Fig. 1

„Ich mache die Rechnung glatt."
(Ich begleiche die Rechnung, d.h., das Kerbholz wird wieder glatt gehobelt.)

Das Bild in Fig. 1 zeigt ein Doppelholz. Nach dem Einritzen hat jeder Geschäftspartner ein Kerbholz mit nach Hause genommen.

Wenn viele Menschen zusammenarbeiten, z.B. beim Bau einer Pyramide, ist es sinnvoll, dass alle Beteiligten die gleichen Zahlzeichen benutzen. Ein bekanntes Beispiel dafür ist die vor mehr als 3000 Jahren in Ägypten entstandene **Hieroglyphenschrift**.
In dieser Schrift haben die Pharaonen von Schreibern alle wichtigen Staatsgeschäfte auf Papyrus- oder Lederrollen festhalten lassen. Auf einer Rolle steht z.B. folgender Text:
Es soll eine Rampe gemacht werden, 730 Ellen lang und 55 Ellen breit, die 120 Kästen enthält und mit Rohr und Balken gefüllt ist, oben 30 Ellen hoch …
Man erkundigt sich nun bei den Generälen nach dem Bedarf an Ziegeln für sie.

Von Kerbhölzern, Hieroglyphen und Ziffern

Horizonte

In der Hieroglyphenschrift gab es jeweils für die Zahlen 1, 10, 100, 1000, 10 000, 100 000 und 1 000 000 ein eigenes Zeichen.

Unsere Zahlzeichen	1	10	100	1000	10 000	100 000	1 000 000
Ägyptische Zahlzeichen	I	∩	⌒	𓆼	𓆽	𓆏	𓁨

Bei einer Zahl wurde dann einfach aufgeschrieben, wie viele Einer, Zehner, Hunderter, Tausender … sie enthielt.

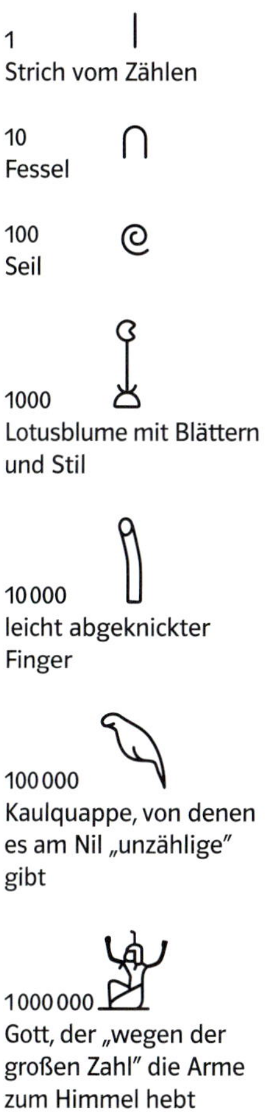

32 = ∩∩∩II   636 = ⌒⌒⌒⌒⌒⌒∩∩∩IIIIII   3581 = 𓆼𓆼𓆼⌒⌒⌒⌒⌒∩∩∩∩ I

Dabei spielte die Anordnung der Zeichen keine Rolle, zum Beispiel bedeutete

∩∩∩ II oder ∩∩∩ I beides 32.

Das **Addieren** wie das **Subtrahieren** in Hieroglyphenschrift ist einfach. Man muss sich nur die folgenden Abkürzungen merken:

∩ = IIIIII IIIIII   ⌒ = ∩∩∩∩∩ ∩∩∩∩∩   𓆼 = ⌒⌒⌒⌒⌒ ⌒⌒⌒⌒⌒   𓆽 = 𓆼𓆼𓆼𓆼𓆼 𓆼𓆼𓆼𓆼𓆼

Dann sieht die Addition in Hieroglyphenschrift so aus:

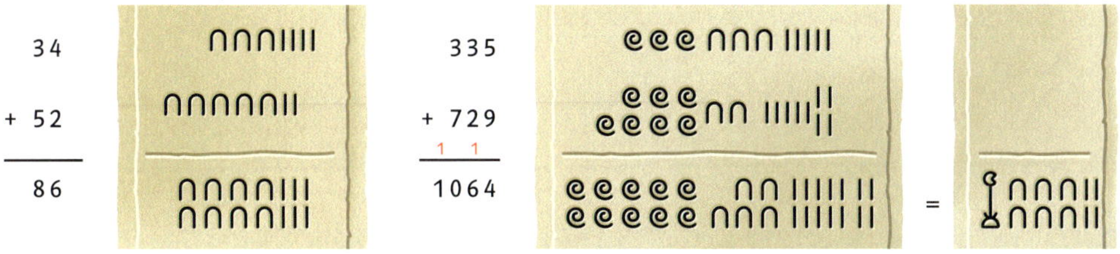

```
  34            ∩∩∩IIII            335              ⌒⌒⌒ ∩∩∩ IIIII
+ 52            ∩∩∩∩∩II          + 729              ⌒⌒⌒ ∩∩ IIIII II
                                   1 1
  86            ∩∩∩∩∩III         1064              ⌒⌒⌒⌒⌒ ∩∩ IIIIII II    =    𓆼 ∩∩ II
                ∩∩∩III                              ⌒⌒⌒⌒⌒ ∩∩∩ IIIIII II         ∩∩∩ II
```

Zahl	Hieroglyphe	Beschreibung
1	I	Strich vom Zählen
10	∩	Fessel
100	⌒	Seil
1000	𓆼	Lotusblume mit Blättern und Stil
10 000	𓆽	leicht abgeknickter Finger
100 000	𓆏	Kaulquappe, von denen es am Nil „unzählige" gibt
1 000 000	𓁨	Gott, der „wegen der großen Zahl" die Arme zum Himmel hebt

Fig. 1

Fig. 2

Etwa im 9. Jahrhundert n. Chr. lernten arabische Kaufleute in Indien eine Zahlschrift kennen, die ganz anders geartet war. Bisher kannten sie nur Zahlzeichen, deren Wert immer derselbe war, unabhängig von der Stelle, an der sie standen. Die Inder benutzten dagegen Zahlzeichen, deren Wert sich veränderte, wenn man sie an eine andere Stelle setzte. Außerdem reichten nur zehn verschiedene Zeichen (die Ziffern), um beliebig große Zahlen zu schreiben. Die Kaufleute brachten diese indischen **Ziffern** und die **Stellenschreibweise** nach Nordafrika und Spanien. Von dort gelangten sie vor etwa 500 Jahren zu uns.

Der Weg unserer Ziffern

I Natürliche Zahlen   45

Horizonte — Von Kerbhölzern, Hieroglyphen und Ziffern

Mit diesen ursprünglich aus Indien stammenden Ziffern schreiben wir heute unsere Zahlen. Damals hatten die Menschen besonders mit der Ziffer Null ihre Schwierigkeiten. Die Gründe dafür sind im linken Kasten geschildert. Im rechten Kasten sieht man, wie sich die Schreibweise unserer Ziffern im Laufe der Zeit verändert hat.

Heutzutage wird die Null in arabischen Ländern meist als ♦ gedruckt. Das ist auf der abgebildeten ägyptischen Briefmarke rechts unten deutlich zu sehen.

> Beim Zählen braucht man keine **Null**. Deshalb hatten die alten Inder zunächst auch kein Zeichen dafür. Als sie dann begannen, die Zahlen in Stellenschreibweise aufzuschreiben, schrieben sie z. B.
> für dreiundzwanzig ? ?,
> für zweihundertdrei ? ?.
> Das konnte man natürlich leicht verwechseln. Und wie sollte man dann zweihundertdrei von zweitausenddrei unterscheiden, etwa so:
>
> ? ?   ? ?   ?
> (zweihundertdrei)   (zweitausenddrei)
>
> Das konnte nicht gut gehen, denn die alten Inder schrieben auch nicht sehr viel sorgfältiger als wir. Wollten sie Klarheit schaffen, dann mussten sie deutlich machen, dass in ? ? eine Stelle, in ? ? dagegen zwei Stellen leer sind.
> Sie schrieben deshalb schon bald
>   ? · ?   oder   ? ⊙ ?
> bzw. ? · · ?   oder   ? ⊙ ⊙ ?
> Später wurde aus · oder ⊙ einfach o.
> So entstand als letzte der Ziffern die Null.

Schreibweise der Ziffern

Indien 800 n. Ch.

Arabien 1100 n. Ch.

Deutschland 1500 n. Ch.

Deutschland 2004 n. Ch.
1 2 3 4 5 6 7 8 9 0

Die folgende Jahreszahl ist am Chorgestühl in der Stiftskirche von Bad Urach zu sehen. Wie schreiben wir sie heute?

Fig. 1

Ein Rätsel

zwi (altdeutsch):
zwei

Die versteckte Zwei

Die Zahlwörter eins, zwei, drei, vier … tauchen in vielen Begriffen unserer Sprache auf. Manchmal sind sie leicht zu erkennen wie im Wort Vierling, manchmal kommen sie auch leicht verändert vor, wie im Wort Zwielicht. Im folgenden Text ist das Zahlwort **zwei** in elf Wörtern versteckt. Findest du die Wörter?

Wenn man nicht weiß, ob man Vanille- oder Erdbeereis nehmen soll, ist man im Zweifel und überlegt lange, bis man sich zwischen den beiden Eissorten entscheidet. Wer so eine Frage sehr ernst nimmt, kann gar in einen Zwiespalt geraten. Dann erscheint ihm jede Entscheidung zweifelhaft. Selbst Zwillinge können sich vor einer Eisdiele entzweien. Statt in trauter Zweisamkeit leben sie jetzt in Zwietracht. Dabei kann es vorkommen, dass sie sich mit Daumen und Zeigefinger zwicken und sie auf diese Weise ihren Zwist austragen. Dann schlägt auf dem Heimweg bei einer Abzweigung jeder eine andere Richtung ein.

Unsere Erde im Weltraum

Horizonte

Seit Urzeiten bewundern die Menschen ehrfürchtig den nächtlichen Sternenhimmel. Für die Griechen war er das Abbild des Kosmos, der wunderbar geordneten Welt im Gegensatz zum Chaos.
Die astronomischen Entfernungen liegen jenseits unserer täglichen Erfahrungswelt und sind für uns kaum vorstellbar.
In Deutschland gibt es Planetenwanderwege, die die Größenverhältnisse in unserem Sonnensystem veranschaulichen sollen. Einer davon befindet sich südlich von Fulda zwischen Neuhof und Kalbach. Auf einer ca. 10 km langen Strecke wird das Sonnensystem im Maßstab 1:1 000 000 000 abgebildet, d.h. 1 m im Modell entspricht 1 Milliarde Meter in der Wirklichkeit.
Das Modell der Sonne hat einen Durchmesser von 1,39 m, in der Realität beträgt dieser ca. 1 390 000 km.
Pluto ist der erdfernste Planet, sein Modell steht ca. 6 km Luftlinie vom Ausgangspunkt entfernt und misst weniger als 3 mm Durchmesser.

Erkläre, warum die darzustellenden Entfernungen bei der Entwicklung des Planetenwanderweges gerundet werden mussten.

Projekt

Im Rahmen eines Projektes könntet ihr ein kleineres Modell auf eurem Schulgelände oder seiner Umgebung errichten. Die erforderlichen Daten stehen in der folgenden Tabelle:

	Durchmesser in km	Entfernung von der Sonne in Mio. km
Sonne	1 392 000	–
Merkur	4 840	58
Venus	12 400	108
Erde	12 757	150
Mars	6 800	228
Jupiter	142 800	778
Saturn	120 000	1 428
Uranus	47 600	2 872
Neptun	44 600	4 498
Pluto	2 400	6 000

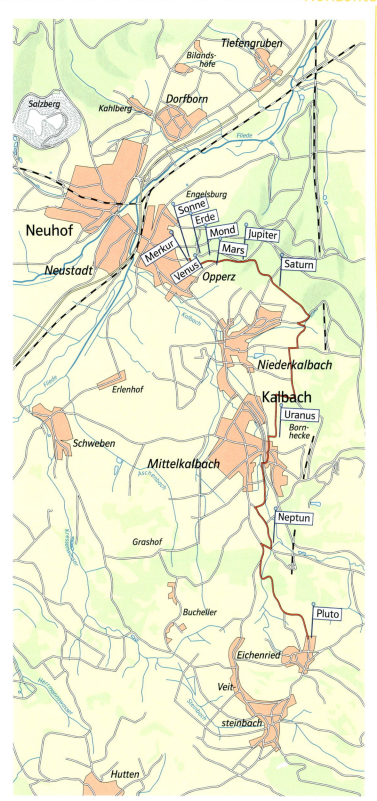

I Natürliche Zahlen 47

Rückblick

Tabellen und Diagramme
Mithilfe von Tabellen, Säulendiagrammen und Balkendiagrammen kann man Zahlen darstellen und vergleichen.

Säulendiagramm   *Balkendiagramm*

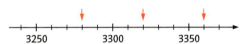

Fig. 1

Große Zahlen
1 Tausend   =   1000 = 10^3
1 Million   =   1 000 000 = 10^6
1 Milliarde = 1 000 000 000 = 10^9

1000 Tausender = 1 Million
1000 Millionen = 1 Milliarde
1000 Milliarden = 1 Billion

Runden
Steht rechts von der Rundungsstelle eine 5, 6, 7, 8 oder 9, so wird aufgerundet, sonst abgerundet.

34 721 ≈ 34 720 (auf Zehner gerundet)
34 761 ≈ 34 800 (auf Hunderter gerundet)

Zahlenstrahl
Die natürlichen Zahlen werden auf dem Zahlenstrahl aufgereiht.
3280 < 3320   Man liest: 3280 ist kleiner als 3320.
3360 > 3320   Man liest: 3360 ist größer als 3320.

Grundrechenarten
Addition: 23 + 12 heißt Summe.
Subtraktion: 65 − 25 heißt Differenz.
Multiplikation: 8 · 11 heißt Produkt.
Division: 32 : 4 heißt Quotient.

23 + 12 = 35
65 − 25 = 40
8 · 11 = 88
32 : 4 = 8

Einheiten für Längen
Längen werden in den Einheiten 1 mm, 1 cm, 1 dm, 1 m und 1 km gemessen.

1 km = 1000 m
1 m = 10 dm = 0,001 km
1 dm = 10 cm = 0,1 m
1 cm = 10 mm = 0,1 dm
1 mm = 0,1 cm

Einheiten für Gewichte
Gewichte werden in den Einheiten 1 mg, 1 g, 1 kg und 1 t gemessen.

1 t = 1000 kg
1 kg = 1000 g = 0,001 t
1 g = 1000 mg = 0,001 kg

Einheiten für Zeitdauern
Zeitdauern werden in den Einheiten 1 s, 1 min, 1 h und 1 d gemessen.

1 d = 24 h
1 h = 60 min
1 min = 60 s

Stellenwertsysteme
Zahlen können in verschiedenen Stellenwertsystemen dargestellt werden.

Zehnersystem: 2 · 10 + 9 · 1 = 29
Zweiersystem:
$(11001)_2$ = 1 · 16 + 1 · 8 + 0 · 4 + 0 · 2 + 1 · 1 = 25

Training

Runde 1

1 Veranschauliche die Länge der Flüsse in einem Balkendiagramm. Runde die Angaben vorher auf 100 km.
Elbe 1165 km, Rhein 1320 km, Donau 2850 km, Oder 854 km, Weser 440 km

2 Wie heißt die fehlende Zahl?
a) 84 : ☐ = 21   b) ☐ · 30 = 270   c) 871 − ☐ = 698   d) ☐ + 105 = 300

3 Gib in der Einheit an, die in der Klammer steht.
a) 3 kg 450 g (in g)   b) 4 m 2 dm (in cm)   c) 300 min (in h)   d) 6,2 km (in m)

4 Schreibe in dein Heft ab und setze das Kleinerzeichen oder das Größerzeichen.
a) 3 Millionen ☐ 10^6 b) 1,7 t ☐ 3010 kg   c) 220 s ☐ 4 min   d) 0,050 km ☐ 500 m

5 Berechne.
a) 7200 g + 2,9 kg   b) 2 min 50 s − 100 s   c) 19 mm + 2,1 cm   d) 23 km − 7800 m

6 a) Wie lange dauert es von 8.40 Uhr bis 16.05 Uhr?
b) Ein Lastwagen darf 1,8 t aufladen. Wie viele Kisten zu je 350 kg darf er transportieren?

7 Bei einer Lotterie kann man zwischen zwei Gewinnen wählen.
Gewinn 1: So viele 1-Cent-Münzen, die so schwer wie ein Kleinwagen mit 850 kg sind.
Gewinn 2: Ein Stapel 1-Cent-Münzen, der so hoch wie ein Hochhaus von 200 m Höhe ist.
Welcher Gewinn ist höher?

Gewicht etwa 1 g
Dicke etwa 1 mm

Runde 2

1 Stelle die höchsten Berge der Erdteile mit ihren Höhen in einem Säulendiagramm dar. Runde die Angaben sinnvoll. Kilimandscharo 5895 m, Mount Kosciuszko 2228 m, Montblanc 4808 m, Mount Everest 8850 m, Aconcagua 6959 m.

2 Stelle die Zahlen am Zahlenstrahl dar. Überlege zuerst, welcher Ausschnitt geeignet ist.
a) 24; 42; 67; 73; 82; 115   b) 1366; 1480; 1615; 1639

3 Gib in der Einheit an, die in der Klammer steht.
a) 12 kg 900 g (in g)   b) 4 km 200 m (in m)   c) 5 h (in min)   d) 3,7 t (in kg)

4 Schreibe im Zehnersystem.
a) CXII   b) $(111)_2$ c) $(10111)_2$ d) $(2400)_5$

5 Berechne.
a) 31 mm + 4 cm   b) 10 t − 4600 kg   c) 1 d + 20 h   d) 9 Millionen − 10^6

6 a) Bei welchem Gewicht ist der Unterschied zu 1450 g kleiner, bei 1 kg 270 g oder bei 1,500 kg?
b) Jennifer kommt bei 10 Schritten 8,8 m weit, Max bei 8 Schritten 7,2 m. Wer von beiden hat die größere Schrittweite?

7 a) Wie ändert sich der Wert eines Produktes, wenn jeder Faktor verdoppelt wird?
b) Wie ändert sich der Wert einer Differenz, wenn man beide Zahlen um 2 verkleinert?

Lösungen auf den Seiten 200 / 201.

Das kannst du schon

- Mit Lineal und Geodreieck umgehen
- Dreiecke und Vierecke zeichnen

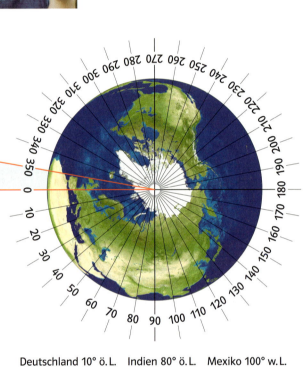

Etwa 150 v. Chr. gingen die Astronomen davon aus, dass die Erde ruht und die Sterne und der Mond sich auf Kreisbahnen um die Erde bewegen. In der Vorstellung bestand die Kreisbahn aus 12 Teilen von je 30 Tagen Länge, etwa der Dauer eines Mondzyklus.

Deutschland 10° ö. L.   Indien 80° ö. L.   Mexiko 100° w. L.

 Zahl
 Messen
 Raum und Form
 Funktionaler Zusammenhang
 Daten und Zufall

50 II Figuren und Winkel

II Figuren und Winkel

So kommt Ordnung in unsere Welt

Die zwei Parallelen

Es gingen zwei Parallelen
ins Endlose hinaus,
zwei kerzengerade Seelen
und aus solidem Haus.

Sie wollten sich nicht schneiden
bis in ihr seliges Grab:
das war nun einmal der beiden
geheimer Stolz und Stab.

Doch als sie zehn Lichtjahre
gewandert neben sich hin,
da ward's dem einsamen Paare
nicht irdisch mehr zu Sinn.

War'n sie noch Parallelen?
Sie wussten's selber nicht,
sie flossen nur wie zwei Seelen
zusammen durch ewiges Licht.

Das ewige Licht durchdrang sie,
da wurden sie eins in ihm;
die Ewigkeit verschlang sie,
als wie zwei Seraphim.

Christian Morgenstern

Das kannst du bald

- Achsensymmetrie erkennen
- Parallelität und Orthogonalität unterscheiden
- Figuren beschreiben
- Abstände ermitteln
- Koordinatensysteme nutzen
- Winkel schätzen, messen und zeichnen

1 Achsensymmetrische Figuren

Viele Dinge in der Natur und in der Technik sind scheinbar aus zwei gleichen Hälften zusammengesetzt. In der Natur haben sich solche Formen im Laufe der Zeit entwickelt. Sie sind teilweise für die Pflanzen und Tiere lebensnotwendig. Der Mensch baut aus technischen Überlegungen viele Gegenstände und Maschinen in dieser Form.

Faltet man ein Blatt Papier einmal (Fig. 1) und schneidet ein Gebilde aus, dann erhält man nach dem Aufklappen eine Figur, die aus zwei gleichen, sich gegenüberliegenden Hälften besteht (Fig. 2).

Fig. 1   Fig. 2

*Das Wort **Symmetrie** kommt aus dem Griechischen und bedeutet Ebenmaß.*

Eine solche Figur nennt man **achsensymmetrisch**. Die Faltlinie, die die Figur teilt, ist die **Symmetrieachse**.
Bei einer achsensymmetrischen Figur findet man zu jedem Punkt auf der einen Seite einen dazugehörigen Punkt auf der anderen Seite.

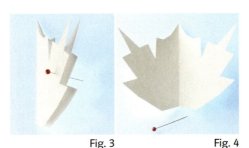

Fig. 3   Fig. 4   Fig. 5

Hat man zwei zueinander gehörende Punkte gefunden, so gilt:
- Die Verbindungslinie zwischen den beiden Punkten steht senkrecht auf der Symmetrieachse.
- Die beiden Punkte haben denselben Abstand zur Symmetrieachse.

Achsensymmetrische Figuren kann man durch Zeichnen herstellen. Diesen Vorgang nennt man **Spiegeln** an der **Spiegelachse**. Dabei geht man folgendermaßen vor:

1. Man legt eine Spiegelachse fest.
2. Dann zeichnet man durch einen Punkt A der Figur eine Hilfslinie, die senkrecht zur Spiegelachse verläuft. Als Hilfslinie kann auch eine Kästchenlinie dienen.
3. Man legt den Spiegelpunkt A' so auf der Hilfslinie fest, dass der Punkt A und der Spiegelpunkt A' den gleichen Abstand von der Spiegelachse haben.
4. Nun wiederholt man die Schritte 2 und 3 für alle Eckpunkte der Figur.
5. Zum Schluss verbindet man die Spiegelpunkte in der richtigen Reihenfolge.

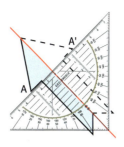
Fig. 1
Spiegeln mit dem Geodreieck

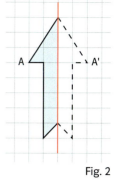
Fig. 2
Spiegeln durch Abzählen auf Kästchenpapier

Eine Figur heißt **achsensymmetrisch**, wenn sie durch eine geeignete Achse in zwei spiegelbildliche Teile zerlegt werden kann. Spiegelt man die Figur an dieser Achse, so erhält man wieder dieselbe Figur. Die Achse heißt **Symmetrieachse** oder **Spiegelachse**.

Beispiel
a) Spiegele die Figur (Fig. 3) an der roten Spiegelachse.
b) Male das Bild aus und zeichne alle Symmetrieachsen ein.
Lösung:

a)
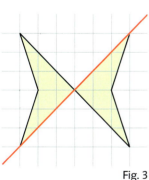

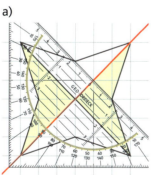

b)
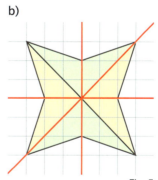

Klecksbild

Fig. 3   Fig. 4   Fig. 5

Aufgaben

1 Übertrage die Würfelbilder in dein Heft und zeichne die Symmetrieachsen ein.

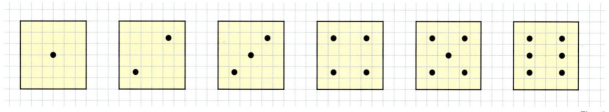

Fig. 6

II Figuren und Winkel   **53**

2 Untersuche die Verkehrszeichen (Fig. 1) auf Achsensymmetrie.

3 Übertrage die Figuren (Fig. 2) in dein Heft und ergänze sie zu achsensymmetrischen Figuren.

4 Übertrage die geometrischen Figuren aus Fig. 3 in dein Heft. Zeichne alle Symmetrieachsen ein.

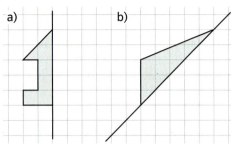

Fig. 2

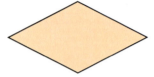

Fig. 3

5 Zeichne das Bild aus Fig. 4 auf ein linienloses Blatt Papier und ergänze es zu einer achsensymmetrischen Figur.

6 Die Namensschilder in Fig. 5 wurden ungeschickt gefaltet. Wie heißt die Dame, wie heißt der Herr?

Fig. 1 Fig. 4 Fig. 5

Bist du sicher?

1 Finde alle Symmetrieachsen.

In allen Figuren von 1 gibt es zusammen acht Symmetrieachsen.

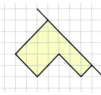

Fig. 7

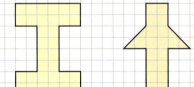

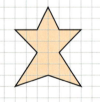
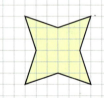

Fig. 6

2 Vervollständige das Bild aus Fig. 7 so, dass eine achsensymmetrische Figur entsteht.

3 Zeichne ein Viereck auf linienloses Papier. Benutze eine Seite des Vierecks als Spiegelachse und ergänze zu einer achsensymmetrischen Figur.

7 a) Falte ein Blatt Papier zweimal wie in (1). Schneide eine Ecke ab. Wie viele Symmetrieachsen hat die ausgeschnittene Figur?
b) Falte und schneide ein Blatt wie in (2). Wie viele Symmetrieachsen hat die Figur?

Fig. 8

54 II Figuren und Winkel

8 a) Ergänze im Heft das Ahornblatt (Fig. 1) zu einem achsensymmetrischen Blatt.
b) Entwirf weitere achsensymmetrische Blätter nach dem Vorbild der Natur.

Kastanie   Eiche   Birke

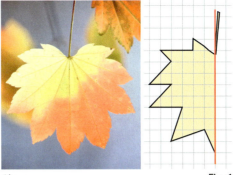

Ahorn   Fig. 1

9 a) Welche Druckbuchstaben haben eine waagerechte bzw. eine senkrechte Symmetrieachse?

ABCDEFGHIJKLMNOPQRSTUVWXYZ

b) Gibt es Buchstaben mit mehreren Symmetrieachsen?
c) Entziffere die Worte, die als Spiegelvorlagen (siehe Fig. 2) geschrieben sind. Um die vollständigen Worte zu sehen, kann man einen Spiegel auf die Achse stellen.
d) Versuche den Satz DIE HEXE ZAUBERT als Spiegelvorlage zu schreiben.
e) Suche nach anderen Wörtern, die Symmetrieachsen besitzen.

10 Übertrage die Zeichnungen aus Fig. 3 in dein Heft. Stelle durch Spiegelung eine Figur mit vier Symmetrieachsen her.

a) 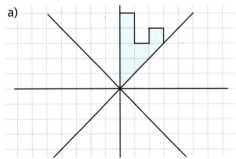   b)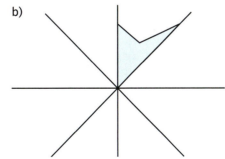

Fig. 2

Fig. 3

11 Das Gartentor in Fig. 4 ist so gezeichnet, wie ein Besucher es von außen sehen würde.
Zeichne das Tor so in dein Heft, wie man es sieht, wenn man von der anderen Seite zum Öffnen des Tores kommt. Wie unterscheiden sich die beiden Bilder voneinander?

Fig. 4

12 Zeichne das Bild aus Fig. 5 in dein Heft. Ergänze alle Symmetrieachsen.
Welcher Buchstabe versteckt sich im Bild? Zeichne eine solche Figur mit dem Buchstaben Z.

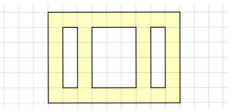

Fig. 5

II Figuren und Winkel   55

2 Orthogonale und parallele Geraden

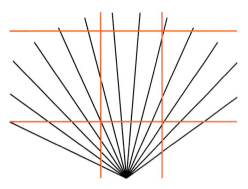
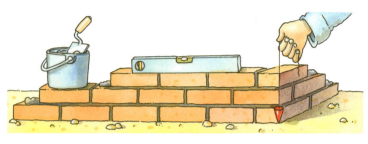

Nicht immer kann man sich auf sein Gefühl verlassen. Nachprüfen ist besser als vertrauen.

Orthos heißt so viel wie recht oder richtig und *gonia* heißt Winkel. Die Begriffe kommen aus dem Griechischen. Auch *parallel* ist griechisch und bedeutet gleichlaufend.

Im Alltag haben gerade Linien meist einen Anfangs- und einen Endpunkt.
Solche Linien nennt man **Strecken**. Verlängert man eine Strecke unbegrenzt über den Anfangs- und den Endpunkt hinaus, so erhält man eine **Gerade**. Eine **Halbgerade** (ein Strahl) hat einen Anfangspunkt, aber keinen Endpunkt.

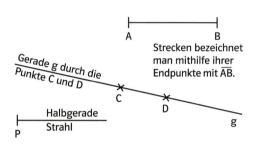

Geraden können besonders angeordnet sein. die Geraden k und l (Bild rechts) sind **parallel** zueinander. Die Gerade o schneidet k rechtwinklig, sie sind **orthogonal** zueinander. Die Gerade m hat keine besondere Lage zu den anderen Geraden.

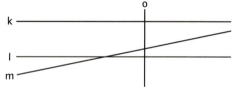

Die Geraden g und h sind **orthogonal** (senkrecht) zueinander. Sie schneiden sich und bilden einen rechten Winkel. Man schreibt dafür g ⊥ h und verdeutlicht dies in der Zeichnung durch das Zeichen ⌐.

Die Geraden k und m sind **parallel** zueinander. Sie haben keinen Schnittpunkt. Man schreibt dafür k ∥ m.

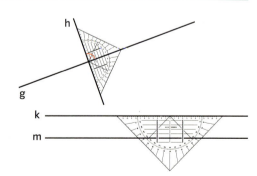

Beispiel 1
Untersuche die Figur auf parallele und orthogonale Geraden.

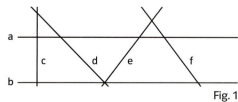

Fig. 1

56 II Figuren und Winkel

Lösung:
- a ∥ b *(a ist parallel zu b.)*
- a ⊥ c *(a ist orthogonal zu c.)*
- b ⊥ c
- e ⊥ f
- d ∦ f und d ⊥̸ e
  (d ist nicht parallel zu f und nicht orthogonal zu e.)

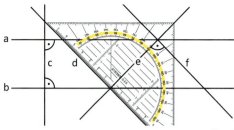

Fig. 1

Vieles ist orthogonal und parallel, aber ist es auch lotrecht und horizontal?

Beispiel 2
Zeichne eine Gerade g und einen Punkt A, der nicht auf der Geraden g liegt.
a) Zeichne die Gerade h durch A, die orthogonal zur Geraden g ist.
b) Zeichne die Gerade l durch A, die parallel zur Geraden g ist.
Lösung:
a)

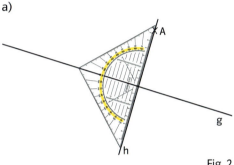

Fig. 2

b)

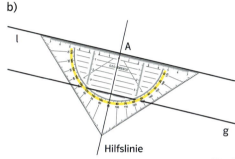

Hilfslinie   Fig. 3

Parallel?

Aufgaben

1 Überlege, wo zueinander parallele bzw. orthogonale Strecken vorkommen. Schau dich im Klassenzimmer um. Betrachte das Geodreieck. Denke auch an Sport, Musik und Verkehr.

Fig. 4

2 Untersuche den in Fig. 5 abgebildeten Ausschnitt aus einem Linienplan des Nahverkehrs auf orthogonale und parallele Strecken.

3 Übertrage die Gerade a und die Punkte P, Q, R (Fig. 6) in dein Heft. Zeichne durch P und Q jeweils eine parallele Gerade zu a. Zeichne durch P und R jeweils eine orthogonale Gerade zu a.

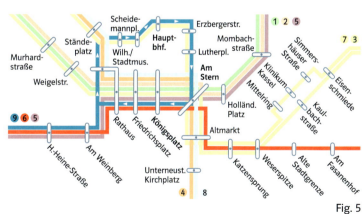

Fig. 5

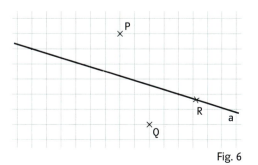

Fig. 6

II Figuren und Winkel   57

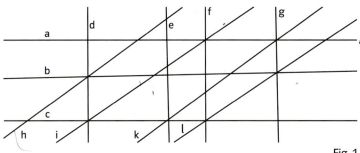

Fig. 1

4 Prüfe in Fig. 1, welche Geraden zueinander parallel bzw. orthogonal sind.

5 Paula sagt: „Beim Zeichnen von drei Geraden entstehen drei Schnittpunkte." Stimmt das?
Experimentiert und haltet neue Erkenntnisse in Bildern fest. Erläutere die Ergebnisse.

6 Wie liegen g und h zueinander, wenn
a) $g \parallel k$ und $k \parallel h$,   b) $g \parallel k$ und $k \perp h$,   c) $g \perp k$ und $k \parallel h$,
d) $g \perp k$ und $k \perp h$,   e) $g \parallel k$ und $k \perp m$ und $m \perp h$,   f) $g \perp k$ und $k \parallel m$ und $m \perp h$?

7 Stelle einen Bilderrahmen her und hänge ihn an einer Wand im Zimmer auf. Achte auf parallele und orthogonale Kanten, damit es ordentlich aussieht.

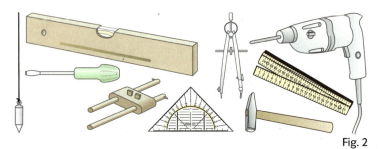

Fig. 2

a) Welche der abgebildeten Werkzeuge in Fig. 2 kannst du bei der Herstellung gebrauchen? Beschreibe, wie der Einsatz der Werkzeuge erfolgt.
b) Nachdem das Bild an der Wand hängt, wird noch einmal alles mit dem Gliedermaßstab geprüft. Wie machst du dies?

Schöne Bilder mit Geometrie

8 Übertrage die Fig. 3 in dein Heft und setze das Muster fort.
Probiere auch andere Anfangsstrecken (Fig. 4) oder andere Knickachsen (Fig. 5) aus.

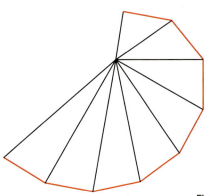

Fig. 3

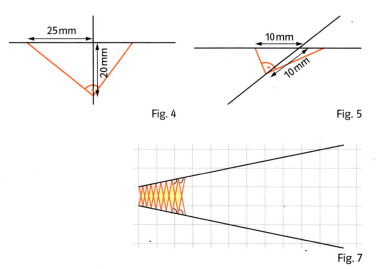

Fig. 4   Fig. 5   Fig. 6   Fig. 7

9 Zeichne Fig. 6 in dein Heft und setze sie fort. Alle roten Strecken sind gleich lang.

10 Setze die Zeichnung (Fig. 7) im Heft fort.

Info

Senkrecht, lotrecht, waagerecht ...

Im täglichen Leben bedeutet „senkrecht" etwas anderes als in der Mathematik. Ein Fahnenmast steht senkrecht, wenn sein unteres Ende genau zum Erdmittelpunkt zeigt. Weil die Erde eine Kugel ist, sind an verschiedenen Orten senkrecht stehende Masten nicht parallel. Statt „senkrecht" in diesem Sinn sagt man auch **lotrecht** oder **vertikal**. Ein Lot ist ein Gewicht, das an einer Schnur nach unten hängt. Linien, die auf einer lotrechten Linie senkrecht stehen, heißen **waagerecht** oder **horizontal**.

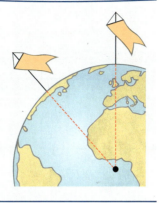

11 Stelle aus einem Geodreieck, einem Faden und einem Gewicht (z. B. Radiergummi) eine Behelfswasserwaage her. Fertige eine Tabelle an, in der du Gegenstände des Klassenraumes notierst, die vermutlich vertikale oder horizontale Kanten oder Teile haben.
a) Überprüfe deine Vermutungen unter Verwendung deiner Behelfswasserwaage.
b) Findest du Gegenstände, die zueinander senkrechte Kanten haben, von denen keine lotrecht verläuft?
c) Hefte ein Blatt an die Tafel und zeige, wie du mithilfe deiner einfachen „Wasserwaage" lotrechte und horizontale Linien zeichnen kannst.

12 Die Wasserwaage eines Maurers ist vom Gerüst gefallen. Jetzt ist er sich nicht mehr sicher, ob sie verformt wurde und möglicherweise nicht mehr richtig anzeigt.
a) Wie kann er überprüfen, ob das Gerät verformt wurde?
b) Wodurch kann er herausbekommen, ob die Wasserwaage noch die lotrechte und die waagerechte Lage anzeigt?

13 Entscheide für jeden Satz, ob dieser sachliche Fehler enthält. Überprüfe zuvor, ob du dich überhaupt entscheiden kannst. Begründe deine Entscheidung.
a) Ein Fallschirmspringer fällt vor dem Öffnen des Fallschirms vertikal nach unten.
b) Ein PKW bewegt sich auf der Autobahn horizontal.
c) Eine Rakete startet horizontal nach oben.
d) Eine Deckenlampe hängt lotrecht nach unten.

14 Schreibe jeweils zwei Sätze, die wahre Aussagen darstellen und die Begriffe „senkrecht", „senkrecht zu", „lotrecht", „waagerecht" und „parallel" enthalten.
Beispiel: „Die gegenüberliegenden Kanten meines Schulbuches sind parallel zueinander."

15 Bestimme unter Verwendung des Tafellineals, eines Gliedermaßstabes oder eines Bandmaßes, wie weit die parallelen Kanten von Gegenständen in deinem Klassenraum voneinander entfernt sind (Kanten der Schultafel, des Klassenschrankes, deines Schultisches usw.).
Fertige zuvor eine Skizze des Gegenstandes an und notiere daran die Messwerte.

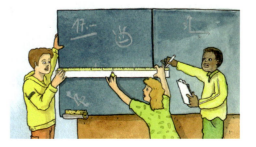

II Figuren und Winkel 59

3 Abstände

▬ Dirk und Claudia planten mithilfe des Internets ihren Winterurlaub in den Alpen. Ein Hotel warb damit, dass es nur 200 m vom Skilift entfernt liegt. Am Urlaubsort angekommen meint Dirk: „Das sind doch viel mehr als 200 m zum Lift". Worauf Claudia sagt: „Ich denke, wir werden bestimmt 20 Minuten zu Fuß laufen, aber falsch ist die Angabe im Hotelprospekt trotzdem nicht." ▬

In der Mathematik untersucht man Abstände zwischen Punkten und Geraden. Die Bilder zeigen, wie man Abstände mit dem Geodreieck bestimmt.

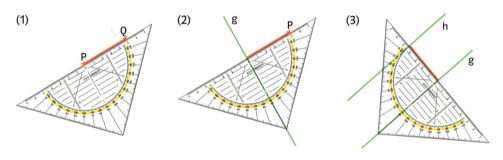

Der **Abstand zweier Punkte** P und Q ist die Länge der Verbindungsstrecke der Punkte P und Q. Der **Abstand von Punkt** P **und Gerade** g ist die kürzeste Entfernung zwischen dem Punkt P und der Geraden g. Er ist die Länge der Strecke, die von P aus senkrecht zu g führt. Der **Abstand paralleler Geraden** g und h ist die Länge der kürzesten Strecke zwischen den Geraden g und h.

Beispiel 1
Bestimme den Abstand des Punktes A zur Geraden f.

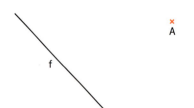

Lösung:
Der Abstand von A zu f beträgt 3 cm.

Beispiel 2
Die Geraden a und b sind parallel zueinander. Wie groß ist ihr Abstand?

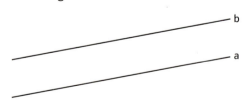

Lösung:
Der Abstand von a und b beträgt 1 cm.

Aufgaben

1 Übernimm die Darstellung (Fig. 1) in dein Heft. Zeichne alle Geraden durch je zwei Punkte ein. Miss alle Abstände zwischen den Punkten und zeige mithilfe deiner Messergebnisse, dass die direkte Entfernung von A nach B kürzer als der Umweg von A nach B über C ist.

2 In der Fig. 2 sind die Punkte P und Q sowie die Geraden g und h gegeben.
a) Bestimme den Abstand des Punktes P vom Punkt Q.
b) Bestimme die Abstände von P zu g, P zu h, Q zu g und Q zu h.
c) Bestimme den Abstand von g und h zueinander.

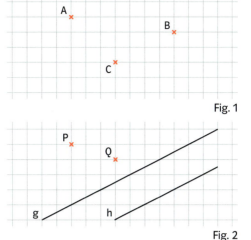

Fig. 1

Fig. 2

Der Abstand der Schienen (Spurweite) der Deutschen Bahn beträgt 1435 mm. Die Spurweite beträgt in Spanien 1676 mm, in Russland 1524 mm.

3 Zeichne zwei Geraden r und s, die sich schneiden.
a) Zeichne alle Parallelen der beiden Geraden, die zu r oder s einen Abstand von jeweils 2 cm haben.
b) Markiere einen beliebigen Punkt auf r. Welchen Abstand hat er zu s?

4 Zeichne zueinander parallele Geraden u und v so, dass sie einen Abstand von 3 cm voneinander haben.
a) Zeichne den Punkt A so, dass er von u und v jeweils einen Abstand von 1,5 cm hat.
b) Zeichne einen Punkt B, der von u den Abstand 4 cm hat. Wie groß ist sein Abstand zu v?

5 Markiere auf einem unlinierten Blatt einen beliebigen Punkt X. Zeichne danach ohne Lineal und Geodreieck (mit einem Bleistift als Linealersatz) zwei parallele Geraden m und n in einem Abstand von 3 cm zu X. Prüfe danach mit dem Geodreieck wie gut dir deine Zeichnung gelungen ist.

6 Zeichne drei Punkte so, dass sie die Eckpunkte eines Dreiecks bilden. Bestimme dann jeweils den Abstand eines Punktes von der Geraden durch die beiden anderen Punkte.

7 Auf der Landkarte (Fig. 3) sind die Schifffahrtslinien Warnemünde – Gedser und Travemünde – Helsinki zu sehen.
a) Wie weit ist es von Warnemünde bis Gedser?
b) In welchem Abstand fahren die Schiffe an dem im roten Kreis erkennbaren Feuerschiff vorbei?

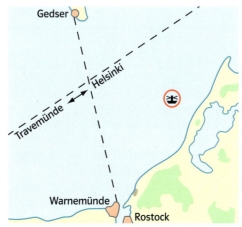

1 cm auf der Karte ≙ 10 km in der Natur

Fig. 3

II Figuren und Winkel **61**

8 Zeichne das Bild aus Fig. 1 in dein Heft. Zeichne einen Punkt, der von der Geraden g den Abstand 2 cm und zugleich von der Geraden h den Abstand 3 cm hat.
Gibt es mehr als einen solchen Punkt?

9 Zeichne eine Gerade s. Zeichne dazu alle Punkte, die von s einen Abstand von 2 cm haben. Beschreibe dein Ergebnis in Worten.

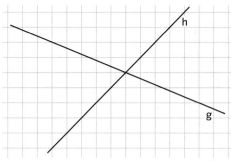

Fig. 1

10 Alex misst den Abstand zwischen der Geraden g und dem Punkt P in Fig. 2 längs der roten Strecke.
a) Warum ist das falsch? Sabine misst den Abstand richtig und braucht dabei nicht über das Blatt hinaus zeichnen. Wie geht das?
b) Alex hat schnell gelernt. Er misst den Abstand der beiden Geraden in Fig. 3 ohne über den Rand zu zeichnen. Wie hat er das gemacht?

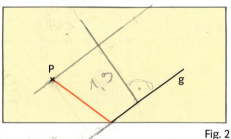

Fig. 2   Fig. 3

11 Übertrage Figur 4 in dein Heft.
a) Miss die Abstände der Punkte P, Q, R und S von der Geraden g. Was fällt dir auf?
b) Setze die Punktreihe durch einen Punkt T fort. Wie groß ist sein Abstand von g?
c) Welchen Abstand von g hätte der zehnte Punkt in dieser Reihe?

Logisch gedacht...

Fig. 4

12 a) Wie weit ist es Luftlinie von Ortsmitte Talhausen bis Ortsmitte Bergdorf?
b) Wie weit ist es auf der Straße von einem Ort zum anderen? Schätze erst und miss dann. Wie groß ist der Umweg gegenüber der Luftlinien-Entfernung?
c) Wie weit ist es von Talhausen zur Straße L 111, wenn man geradeaus quer über die Felder und durch den Wald geht?

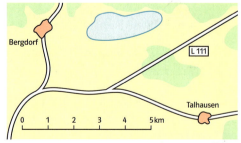

Fig. 5

4 Figuren

In der Umwelt und in der Technik gibt es verschiedene Flächen. Manche davon haben besondere Namen.

Ebene geometrische Flächen werden in der Mathematik auch als Figuren bezeichnet. Wichtige mathematische **Figuren** sind:

Dreieck	Viereck	Fünfeck	Sechseck	Kreis

Bei Figuren verwendet man folgende Bezeichnungen:

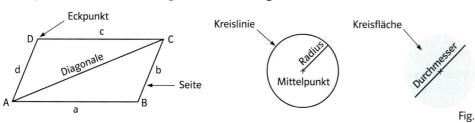

Fig. 1

Betrachtet man nur Vierecke (Fig. 2), so fällt auf, dass unterschiedliche Formen auftreten. Es gibt Vierecke mit gleich langen Seiten, oder mit vier rechten Winkeln, oder mit gegenüberliegenden parallelen Seiten.

Ein Viereck mit vier gleich langen Seiten und vier rechten Winkeln heißt **Quadrat**.

Ein Viereck mit vier rechten Winkeln heißt **Rechteck**.

Ein Viereck, in dem gegenüberliegende Seiten parallel sind, heißt **Parallelogramm**.

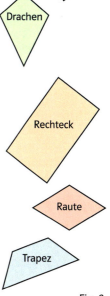

Fig. 2

II Figuren und Winkel 63

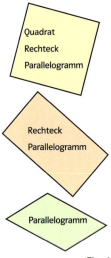

Fig. 1

Vergleicht man Quadrat, Rechteck und Parallelogramm miteinander, so stellt man fest:
1. Ein Quadrat ist immer ein Rechteck, weil die Winkel im Quadrat immer rechte Winkel sind.
2. Ein Rechteck ist immer ein Parallelogramm, weil im Rechteck die gegenüberliegenden Seiten immer parallel zueinander sind.

Beispiel 1
Zeichne ein Parallelogramm mit den Seitenlängen 3 cm und 5 cm.
Lösung:
Überlegungen zur Schrittfolge:

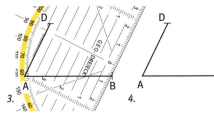

Fig. 2

Zeichnung:

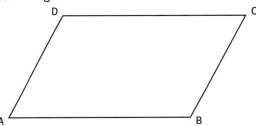

Fig. 3

Beispiel 2
Zeichne ein Quadrat mit der Seitenlänge 1,5 cm.
Zeichne um jeden Eckpunkt einen Kreis mit dem Radius 1,5 cm.

Beispiel 3
Zeichne ein Rechteck mit seinen Diagonalen. Zeichne um den Diagonalenschnittpunkt einen Kreis, sodass ein Eckpunkt des Rechtecks auf dem Kreis liegt.
Was stellst du fest?

Lösung:

Fig. 4

1. Alle Eckpunkte des Rechteckes liegen auf dem Kreis.
2. Die Diagonalen im Rechteck sind gleich lang (Durchmesser im Kreis).
3. Die Diagonalen im Rechteck halbieren einander.
4. Die Figur besitzt zwei Symmetrieachsen.
5. …

Lösung:

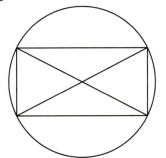

Fig. 5

64 II Figuren und Winkel

Aufgaben

1 Übertrage die Strecken aus Fig. 1 ins Heft. Ergänze jeweils so, dass ein Parallelogramm entsteht. Sind besondere Parallelogramme dabei?

2 Zeichne mithilfe des Geodreiecks folgende Parallelogramme. Welche besonderen Parallelogramme entstehen, wenn man rechte Winkel zeichnet?
a) $\overline{AB}$ = 4 cm; $\overline{BC}$ = 3 cm
b) $\overline{AB}$ = 6,5 cm; $\overline{BC}$ = 4,5 cm
c) $\overline{AB}$ = 4 cm; $\overline{BC}$ = 4 cm

3 Zeichne vier Kreise, die alle den gleichen Mittelpunkt haben und deren Radien sich jeweils um 5 mm unterscheiden.

4 Zeichne das Kreismuster von Fig. 2 ins Heft. Benutze einen Durchmesser von 6 cm. Beschreibe dein Vorgehen. Entwirf eigene Kreismuster. Beispiele siehst du in Fig. 3.

5 Zeichne auf linienloses Papier ein Quadrat mit der Seitenlänge 3 cm und ein Parallelogramm mit den Seitenlängen 5 cm und 3 cm.

6 Für jedes Quadrat gilt:
– Die vier Seiten sind gleich lang.
– Gegenüberliegende Seiten sind parallel.
– Benachbarte Seiten sind zueinander orthogonal.
– Die Diagonalen sind gleich lang.
– Die Diagonalen halbieren sich.
– Die Diagonalen sind orthogonal zueinander.

a) Welche der Eigenschaften der Quadrate gelten auch für alle Rechtecke?
b) Welche der Eigenschaften der Quadrate gelten auch für alle Parallelogramme?

7 Welche besonderen Vierecke können entstehen, wenn sich zwei Eisenbahngleise kreuzen?

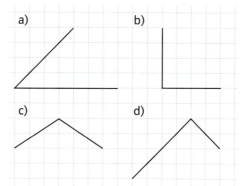
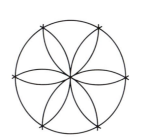

Fig. 1

Fig. 2

Die Länge der Strecke $\overline{AB}$ bezeichnet man ebenfalls mit $\overline{AB}$.

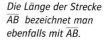

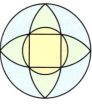

Fig. 3

Bist du sicher?

1 Zeichne ein Parallelogramm mit den Eckpunkten ABCD, das die Seitenlängen $\overline{AB}$ = $\overline{AD}$ = 4 cm hat und bei A einen rechten Winkel besitzt. Welcher Spezialfall des Parallelogramms entsteht dadurch?

2 Zeichne ein Quadrat mit der Seitenlänge 6 cm und dazu einen Kreis, sodass alle Ecken des Quadrats auf dem Kreisbogen liegen. Wie findet man den Mittelpunkt des Kreises?

8 Ein Viereck mit vier gleich langen Seiten heißt Raute. Ein Viereck mit je zwei gleich langen benachbarten Seiten heißt Drachenviereck. Welche weiteren Eigenschaften haben das Drachenviereck und die Raute?

II Figuren und Winkel 65

Info

Das Blatt deines Heftes ist eine Rechtecksfläche. Denkt man sich diese Fläche nach allen Seiten endlos ausgedehnt, erhält man eine **Ebene**. Ebenen haben, ähnlich wie Geraden, keinen Anfang und kein Ende. Man kann nur Teile von ihnen zeichnen. Auch Ebenen können parallel zueinander liegen oder sich schneiden.

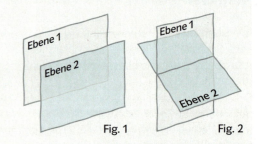

Fig. 1   Fig. 2

9 Die Skizze in Fig. 3 zeigt den Scheibenwischer eines Busses.
a) Zeichne den Scheibenwischer für zwei unterschiedliche Wischstellungen (benutze 1 cm für 10 cm im Original).
b) Worin besteht der Unterschied dieser Scheibenwischanlage zu der bei Pkws sonst üblichen?

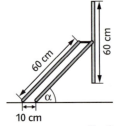

Fig. 3

10 Ines überlegt, wo sie Flächen entdecken könnte, die in zueinander parallelen Ebenen liegen. Sie meint: „In jedem Haus findet man die. Auch Flächen, die in senkrecht zueinander liegenden Ebenen liegen, sind in Häusern leicht zu finden." An welche Flächen hat Ines dabei gedacht? Finde auch eigene Beispiele.

Varignon, Pierre de, franz. Mathematiker (1654–1722)

11 👥 **Wie Varignon Parallelogramme zeichnete**
Um Parallelogramme zu zeichnen braucht man nur ein Lineal. Varignon zeichnete erst ein ganz beliebiges Viereck. Ganz dünn natürlich, damit es später nicht mehr auffalle. Dann maß er die Seitenlängen des Vierecks und markierte von jeder Seite den Mittelpunkt. Durch das Verbinden der Mittelpunkte erhielt er das Parallelogramm. Mit diesem Vorgehen konnte Varignon zu jedem Viereck ein Parallelogramm zeichnen. Versuche es selbst auch einmal.

Kannst du das noch?

12 Schreibe die Zahlen im Wortlaut.
a) 120 000   b) 4 230 126   c) $23 \cdot 10^5$ d) $432 \cdot 10^4$

13 Schreibe mit Ziffern.
a) drei Millionen vierhundertzweiundneunzigtausendzweihundertsiebenundzwanzig
b) achthunderttausendzweiundfünfzig

14 Gib in der in Klammern angegebenen Maßeinheit an.
a) 25 km (m)   b) 15 m (cm)   c) 13 000 cm (m)   d) 4 kg 23 g (g)
e) 120 000 g (kg)   f) 2 t 75 kg (g)   g) 2 h 26 min (min)   h) 5 min 30 s (s)

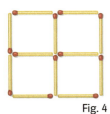

Fig. 4

Zum Knobeln

15 Lege mit zwölf Streichhölzern Figur 4 nach.
a) Nimm zwei Hölzer weg, sodass drei (zwei) Quadrate entstehen.
b) Lege drei der zwölf Hölzer so um, dass drei gleich große Quadrate entstehen.

66   II Figuren und Winkel

5 Koordinatensysteme

▬ Hast du solche oder ähnliche Schilder schon mal am Straßenrand entdeckt? Sie weisen auf eine wichtige Stelle hin und geben dazu die genaue Lage an. In unserem Fall wird auf einen in die Straße eingelassenen Hydranten hingewiesen. Im Brandfall benötigt ihn die Feuerwehr zur Wasserentnahme. Aus zwei Zahlen lässt sich der Entnahmepunkt bestimmen. Zusätzlich steht auf dem Schild die Dicke des Schlauchanschlusses (150 mm). ▬

Mithilfe eines Gitters kann man die Lage von Punkten mit Zahlen beschreiben. Man legt dazu einen Anfangspunkt O (auch Ursprung genannt) fest. Mit zwei Zahlen wird beschrieben, wie man vom Ursprung O zum Punkt P kommt. Die erste Zahl gibt dabei an, wie weit man nach rechts, und die zweite Zahl, wie weit man nach oben gehen muss. Zur Veranschaulichung zeichnet man im Ursprung beginnend einen Strahl nach rechts und einen Strahl nach oben. Auf ihnen wird die Schrittweite (meistens 1 cm oder 1 Kästchen) markiert. Diese Pfeile bezeichnet man als **x-Achse** und **y-Achse**. **Koordinatenursprung**, x-Achse und y-Achse bilden zusammen das **Koordinatensystem**.

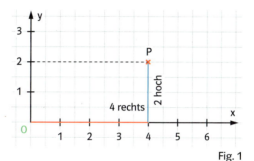

Fig. 1

Hydranten

Abwasserleitungen

Gasleitungen

In einem Koordinatensystem lässt sich ein Punkt durch zwei Zahlen beschreiben. Die erste Zahl heißt **x-Koordinate** und die zweite Zahl **y-Koordinate** des Punktes.

Um vom Koordinatenursprung O aus zum Punkt P zu gelangen, geht man 4 Schritte nach rechts und 2 Schritte nach oben.

Man schreibt dafür:

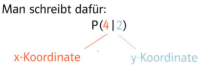

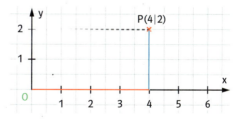

Kabelleitungen

*Die Bezeichnung O für den Koordinatenursprung kommt vom lateinischen Wort **origo**. Es bedeutet Ursprung.*

Beispiel
Zeichne die Punkte A(3|3), B(6|0) und C(7|1) in ein Koordinatensystem. Ergänze einen Punkt D so, dass ein Rechteck entsteht. Gib die Koordinaten an.
Lösung:
Der Punkt D hat die Koordinaten D(4|4).

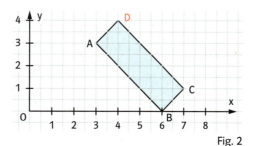

Fig. 2

Im Koordinatensystem beschreiben (3|5) und (5|3) unterschiedliche Punkte. Es kommt also auf die Reihenfolge der Koordinaten an.

II Figuren und Winkel

Aufgaben

1 Zeichne das Viereck in ein Koordinatensystem. Bestimme den Diagonalenschnittpunkt und gib seine Koordinaten an.
a) A(0|4), B(4|0), C(8|4), D(4|8)
b) A(1|1), B(7|1), C(9|5), D(3|5)
c) A(1|4), B(9|0), C(11|4), D(3|8)
d) A(1|3), B(8|1), C(16|6), D(2|10)

2 Trage die Punkte in ein Koordinatensystem ein und verbinde sie der Reihe nach.
A(4|4), B(7|6), C(4|8), D(4|3), E(2|3), F(3|1), G(7|1), H(8|3). Verbinde H mit D.

3 Bestimme die Koordinaten der Eckpunkte. Um welche Figuren handelt es sich?

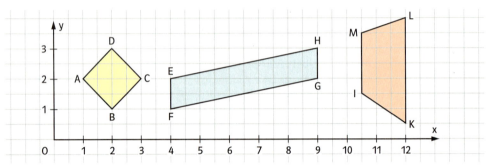

Fig. 1

4 Bestimme zu A, B und C einen Punkt D, sodass ein Rechteck ABCD entsteht.
a) A(1|6), B(3|2), C(13|7)
b) A(11|4), B(5|10), C(1|6)
c) A(5|9), B(3|5), C(11|1)

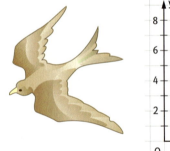

5 Das Vogelbild wurde in ein Koordinatensystem übertragen. Bestimme die Koordinaten der Eckpunkte des Bildes (Fig. 2). Schreibe sie so in einer Reihenfolge auf, dass man das Bild mithilfe dieser Angaben zeichnen kann.

6 Entwirf wie in Fig. 2 ein eigenes Bild und bestimme die Koordinaten der Eckpunkte. Diktiere diese deinem Nachbarn, sodass er das Bild zeichnen kann.

Fig. 2

Bist du sicher?

1 Trage in ein Koordinatensystem folgende Punkte ein und verbinde sie der Reihe nach: A(4|2), B(4|5), C(6|2), D(5|1), E(2|1), F(1|2), G(5|2).

2 Übertrage das Parallelogramm in dein Heft. Zeichne die Diagonalen ein und lies die Koordinaten ihres Schnittpunktes ab.

3 Liegen die drei Punkte A(2|3), B(7|5) und C(12|6) auf einer Geraden?

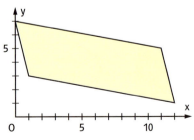

Fig. 3

68 II Figuren und Winkel

7 Zeichne die Strecke $\overline{AB}$ mit A(1|4) und B(7|2) sowie den Punkt P(3|2).
a) Zeichne einen Punkt C auf die y-Achse, sodass die Strecke $\overline{AC}$ orthogonal zu $\overline{AB}$ ist. Gib die Koordinaten des Punktes C an.
b) Zeichne einen Punkt D auf die x-Achse, sodass die Strecke $\overline{PD}$ parallel zu $\overline{AB}$ ist. Gib die Koordinaten des Punktes D an.

8 Übertrage das Dreieck, das Quadrat und das Parallelogramm aus Fig. 1 ins Heft.
a) Gib jeweils die Koordinaten der Eckpunkte an.
b) Zeichne die Mittelpunkte der Parallelogrammseiten ein und gib die Koordinaten dieser Mittelpunkte an.

9 In diesem Spiel soll mit Strecken ein Weg vom Start zum Ziel gesucht werden. Der Weg darf weder den Spielfeldrand noch eine Figur im Spiel berühren. Start und Endpunkt einer Strecke liegt immer auf einem Gitterpunkt des Koordinatensystems. Wer findet den Weg mit den wenigsten Punktangaben? Gib die Koordinaten der Punkte an.

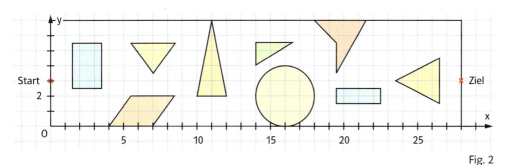

10 Zeichne die Punkte A(3|2), B(5|6) und C(3|4) in ein Koordinatensystem. Ergänze einen Punkt D so, dass ein Parallelogramm entsteht. Gib die Koordinaten des Punktes an. Wie viele unterschiedliche Lösungen gibt es?

11 a) Lies die Koordinaten der Punkte A, B, C, D, E und F in Fig. 3 ab und zeichne die Figur in dein Heft.
b) Spiegele das Rechteck ABCD an der Geraden g. Gib die Koordinaten der Eckpunkte des gespiegelten Rechteckes an.
c) Sage die Koordinaten des Spiegelpunktes von P(4|1) voraus. Prüfe deine Vermutung.

12 Wo liegen alle die Punkte mit
a) den y-Koordinaten 0,   b) den x-Koordinaten 2,
c) gleichen x- und y-Koordinaten?

13 Beim gleichzeitigen Werfen eines orangenen und eines gelben Würfels können wir jedes Ergebnis als Paar von Augenzahlen im Koordinatensystem festhalten, z.B. orange 4 und gelb 2 durch (4|2).
a) Wie viele Punkte des Koordinatensystems kommen in Betracht?
b) Bei wie vielen Ergebnissen ist die Augensumme 10? Markiere entsprechende Punkte im Koordinatensystem.
c) Wie viele Ergebnisse sind möglich, bei denen der gelbe Würfel eine höhere Augenzahl zeigt als der orange? Zeichne die Punkte ins Koordinatensystem.

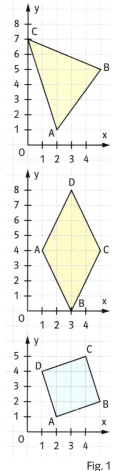

Fig. 1

Fig. 3

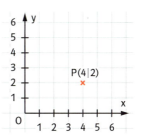

Fig. 4

II Figuren und Winkel   69

6 Winkel

Martin trainiert für die Bundesjugendspiele. Obwohl er recht kräftig ist, ist er mit seinen Wurfweiten nicht zufrieden. Sein Freund Harald rät ihm, besonders auf den Abwurfwinkel zu achten.

Der Begriff Winkel wird in vielen Situationen im Alltag gebraucht.
Ein Flugzeug erreicht seine Flughöhe nach dem Starten mit einem Steigungswinkel.
Ein Deich an der Meeresküste besitzt zwei, oft unterschiedliche, Böschungswinkel.
Das Dach eines Hauses besitzt einen Neigungswinkel.
Beim Fußball erfolgt der Torschuss in einem bestimmten Schusswinkel.

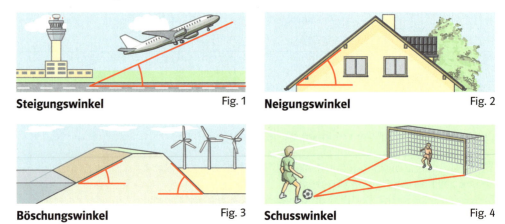

Steigungswinkel Fig. 1   **Neigungswinkel** Fig. 2

Böschungswinkel Fig. 3   **Schusswinkel** Fig. 4

Ein **Winkel** entsteht, wenn sich ein Strahl um seinen Anfangspunkt dreht.
Der Ausgangsstrahl bildet den **ersten Schenkel**, der Strahl am Ende der Drehung den **zweiten Schenkel** des Winkels.
Der Drehpunkt heißt **Scheitelpunkt** des Winkels.

Dies sind die ersten Buchstaben des griechischen Alphabets.

α β
Alpha Beta

γ δ
Gamma Delta

Ein **Winkel** wird von zwei **Schenkeln** mit gemeinsamen Anfangspunkt eingeschlossen.
Der gemeinsame Punkt heißt **Scheitelpunkt** S.

Winkel bezeichnet man mit griechischen Buchstaben
α – Alpha; β – Beta; γ – Gamma; δ – Delta.

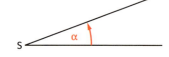

70   II Figuren und Winkel

Beispiel

Laura sieht die Höhe eines Turmes unter einem bestimmten Blickwinkel.
Wie ändert sich dieser Blickwinkel, wenn Laura auf den Turm zugeht, bzw. wenn sie sich vom Turm entfernt?
Lösung:
Wenn Laura auf den Turm zugeht, wird der Blickwinkel größer.
Geht sie vom Turm weg wird er kleiner.

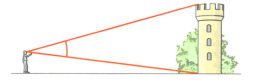

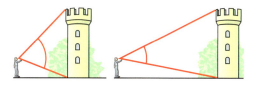

Aufgaben

1 Welche Bedeutung haben die Winkel für die Gegenstände (Fig. 1 bis 3)? Suche nach weiteren Gegenständen des Alltags, bei denen Winkel eine Bedeutung haben.

Fig. 1

2 Der Fahrer eines Autos muss während der Fahrt auf verschiedene Instrumente achten (Tachometer, Drehzahlmesser, Tankanzeige, Motortemperaturanzeige). Dabei spielt der Drehwinkel des Zeigers der Geräte eine wichtige Rolle.
a) Lass dir von deinen Eltern die Messgeräte im Auto zeigen und fertige Skizzen an.
b) Welche Aufgabe haben die Geräte? Welche Rolle spielt dabei der Drehwinkel des Zeigers?

Fig. 2

Fig. 3

3 Der große Zeiger der Uhr (Fig. 4) überstreicht in 20 Minuten den gefärbten Winkel.
a) Welche Zeitspanne vergeht, wenn der große Zeiger folgende Winkel überstreicht?

(1) (2) (3) (4)

Fig. 4

b) Zeichne mehrere Uhr-Ziffernblätter in dein Heft und markiere die Winkel, die der große Zeiger in 10 Minuten, 25 Minuten und in 40 Minuten überstreicht.

4 Bei der Stoppuhr in Fig. 6 überstreicht der Zeiger in einer bestimmten Zeit einen Winkel.
a) Welche Zeiten gehören zu den dargestellten Winkeln in Fig. 5?
b) Zeichne eine Stoppuhr mit einer Zeigerstellung für 20 Sekunden bzw. für 15 Sekunden. Markiere jeweils den eingeschlossenen Winkel.

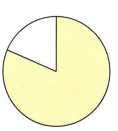 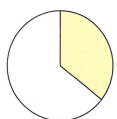 

Fig. 5 Fig. 6

II Figuren und Winkel 71

7 Größe eines Winkels

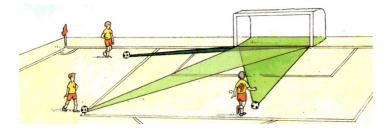

■ **Tor!!!**

Das Tor zu treffen kann einfacher, schwierig oder fast unmöglich sein. ■

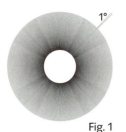
Fig. 1

Zwei Winkel kann man miteinander vergleichen, indem man sie übereinander legt. Beim größeren Winkel sind die beiden Schenkel weiter auseinander gedreht als beim kleineren Winkel. Die Länge der Schenkel hat keinen Einfluss auf die Größe des Winkels.
Um Winkel zu vergleichen, die nicht übereinander gelegt werden können, misst man deren Größe. Dazu wird ein Kreis vom Mittelpunkt aus in 360 gleiche Winkel geteilt. Die Größe eines solchen Winkels wird mit 1 Grad (kurz: 1°) bezeichnet.

Um die Größe eines beliebigen Winkels anzugeben, bestimmt man die Anzahl der kleinen 1°-Winkel die man in den Winkel einzeichnen könnte.

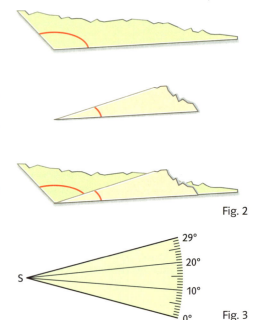
Fig. 2

Fig. 3

Die Größe von Winkeln wird in Grad angegeben.
Ein Winkel von **1 Grad (kurz: 1°)** entsteht, wenn ein Kreis in 360 gleiche Kreisausschnitte geteilt wird.

Beispiel 1 Winkel von Kreisausschnitten bestimmen
a) Wie viele rechte Winkel passen in einen Kreis?
b) Welche Größe hat ein Winkel, der einen achtel Kreis überdeckt?
Lösung:
a) In einen Kreis passen vier rechte Winkel (s. Fig. 4). 360° : 4 = 90°
b) Der Winkel in Fig. 5 überdeckt einen achtel Kreis. Der gesamte Kreis hat 360°. 360° : 8 = 45°

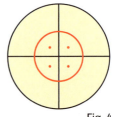
Fig. 4

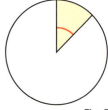
Fig. 5

72 II Figuren und Winkel

Beispiel 2 Zeitspannen als Winkel
Die Uhr in Fig. 1 zeigt die Zeit 4 Uhr an.
a) Es vergeht eine Zeit von 5 Minuten. Welchen Winkel hat der große Zeiger überstrichen?
b) Wie groß ist der Winkel des gefärbten Bereiches zwischen den beiden Zeigern?
Lösung:

Fig. 1

Fig. 2

a) Eine ganze Umdrehung des großen Zeigers sind 60 Minuten.
In einer Minute überstreicht der Zeiger einen Winkel von 360° : 60 = 6°,
in 5 Minuten: 5 · 6° = 30°.

b) Eine ganze Umdrehung des kleinen Zeigers sind 12 Stunden.
In einer Stunde überstreicht der kleine Zeiger einen Winkel von 360° : 12 = 30°.
in 4 Stunden: 4 · 30° = 120°

Aufgaben

1 Die Torte ist in gleiche Teile zerschnitten. Welche Größe hat der Winkel?

a)
Fig. 3

b)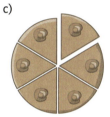
Fig. 4

c)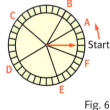
Fig. 5

2 Der abgebildete Kreis in Fig. 6 ist in gleich große Teile unterteilt.
a) Um wie viel Grad dreht sich der Zeiger, wenn er um ein Feld weiterrückt?
b) Der Zeiger soll jeweils von „Start" aus nach A, B … F gedreht werden. Welchen Winkel überstreicht der Zeiger dabei?

3 a) Der Wind kommt von Westen (W). Die Windrichtung dreht über Nord-West (NW) nach Norden (N). Um wie viel Grad hat sich der Wind gedreht?
b) Der Wind dreht sich von Süd (S) über Ost (O) nach Nord-Ost (NO). Um wie viel Grad hat sich der Wind gedreht?
c) Um wie viel Grad dreht der Wind, wenn er von Süd-Ost (SO) über Süd (S) nach West-Süd-West (WSW) dreht?
d) Der Wind kam aus Süd-Süd-West und hat sich um 135° Richtung Westen gedreht. Aus welcher Windrichtung bläst er jetzt?

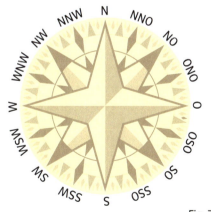
Fig. 7

4 Ein Wanderer wandert von einer Hütte aus 5 km nach Nordosten. Am Rand eines Sees wendet er sich um 120° in westliche Richtung. Nach 8 km muss er einem Sumpf ausweichen.
a) Fertige eine Zeichnung der Route an (1 cm entspricht 1 km in der Natur).
b) Wie weit ist er vom Ausgangspunkt der Wanderung entfernt, wenn er vor dem Sumpf steht?

II Figuren und Winkel

8 Messen und Zeichnen von Winkeln

▬ Da Rollstuhlfahrer keine Treppen steigen können, müssen sie Höhenunterschiede mithilfe von Rampen überwinden. Aus Sicherheitsgründen dürfen diese nicht zu steil sein. Ihre Steigung soll nicht mehr als 3,4° betragen. ▬

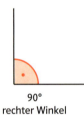

0° bis 90°
spitzer Winkel

Auf dem Geodreieck ist ein Halbkreis, der in 180 gleiche Teile unterteilt ist, aufgetragen. Deshalb kann man mit dem Geodreieck Winkelgrößen messen.

Zum **Messen der Winkelgrößen** wird die Grundseite des Geodreiecks an einen Schenkel des Winkels angelegt, sodass die Nullmarke im Scheitelpunkt liegt. Am zweiten Schenkel wird auf der Skala die Winkelgröße abgelesen. Man benutzt die Skala, bei der vom ersten zum zweiten Schenkel die Werte immer größer werden.

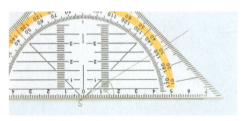

Zum **Zeichnen eines Winkels** mit vorgegebener Weite (30°) wird zuerst ein Schenkel und der Scheitelpunkt des Winkels gezeichnet. Für das Zeichnen des zweiten Schenkels gibt es zwei Möglichkeiten:

90°
rechter Winkel

1. Drehen des Geodreiecks, dabei liegt die 30°-Markierung auf dem ersten Schenkel.

2. Markieren der Größe, dabei liegt die Grundseite auf dem vorhandenen Schenkel.

zwischen 90° und 180°
stumpfer Winkel

180°
gestreckter Winkel

Messen und Zeichnen mit dem Geodreieck
1. Das Dreieck liegt mit der Grundseite auf einem Schenkel des Winkels.
2. Nullmarke und Scheitelpunkt liegen übereinander.
3. Der andere Schenkel verläuft durch den Punkt auf der Skala, der die Winkelgröße angibt.

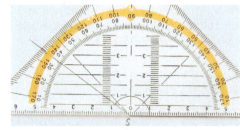

Beispiel 1 Winkel messen
Miss die Größe des Winkels α in Fig. 1.
Lösung:

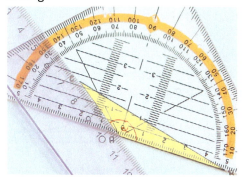

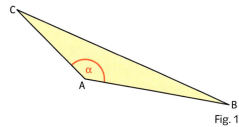
Fig. 1

Zum Messen ist der Schenkel des Winkels zu kurz, deshalb wird er mit dem Lineal verlängert.

Beispiel 2 Winkel zeichnen
Zeichne einen Winkel von 30° mit $\overline{AB}$ als Schenkel und A als Scheitelpunkt: A(1|1), B(5|2).
Lösung:

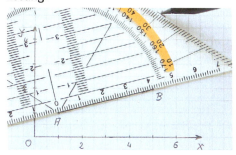

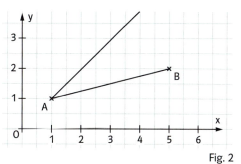
Fig. 2

Aufgaben

1 Schätze die Größe der Winkel und überprüfe durch Messung.

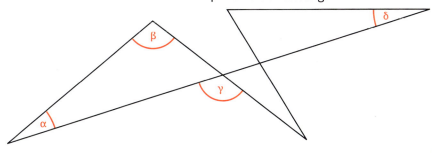
Fig. 3

2 Zeichne Winkel mit den Weiten 15°; 30°; 55°; 76°; 110°; 142° und 178°.

3 Übertrage das Dreieck aus Fig. 4 in dein Heft.
a) Bezeichne die Winkel mit griechischen Buchstaben.
b) Miss die Größe der Winkel.

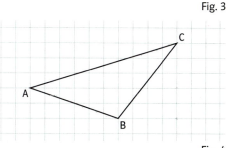
Fig. 4

II Figuren und Winkel   75

4 a) Entscheide nur durch Schätzen, welche der angegebenen Winkelgrößen auf die Winkel in Fig. 1 zutreffen.
16°; 51°; 90°; 42°; 112°; 5°; 27°; 77°; 110°
b) Miss die Größe der Winkel. Vergleiche mit den Schätzungen.

5 Zeichne ohne zu messen nur durch Abschätzen einen Winkel, der ungefähr die angegebene Größe hat. Dein Partner misst die wirkliche Größe des Winkels und berechnet die Abweichung.

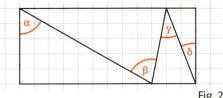
Fig. 1

a)

verlangte Größe	45°	30°	135°	10°	90°
gezeichnete Größe					
Abweichung					

b)

verlangte Größe	56°	120°	7°	153°	98°
gezeichnete Größe					
Abweichung					

6 Trage in ein Koordinatensystem die Punkte S und A ein. Zeichne einen Winkel mit dem Scheitel S und dem Winkel α, bei dem ein Schenkel durch den Punkt A geht.
a) S(3|1); A(7|3); α = 50°
b) S(6|7); A(1|2); α = 175°
c) S(5|5); A(10|1); α = 5°
d) S(5|5); A(0|1); α = 102°

Bist du sicher?

1 Übernimm die Zeichnung aus Fig. 2 ins Heft. Bestimme die Größe der Winkel.

2 Zeichne Winkel der Größe 12°; 33°; 127°; 8° mit gemeinsamem Scheitel aneinander. Welcher Gesamtwinkel entsteht?

Fig. 2

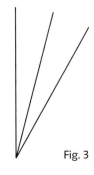
Fig. 3

7 In der angefangenen Figur sind zwei gleiche Winkel vorgegeben. Vervollständige die Figur, sodass neun solcher Winkel aneinander gereiht sind. Miss den Gesamtwinkel.

8 Zeichne die Strecke $\overline{AB}$. Trage im Punkt A den Winkel α und im Punkt B den Winkel β so an, dass ein Dreieck entsteht. Miss den dritten Winkel γ des Dreiecks.
a) $\overline{AB}$ = 6 cm; α = 30°; β = 70°
  $\overline{AB}$ = 6 cm; α = 20°; β = 50°
b) $\overline{AB}$ = 4 cm; α = 25°; β = 125°
  $\overline{AB}$ = 9 cm; α = 12°; β = 62°

9 Übertrage den Winkel ins Heft. Bestimme die Größe des Winkels. Zeichne eine Gerade in den Winkel ein, sodass der Winkel halbiert wird.

a)   b)   c)

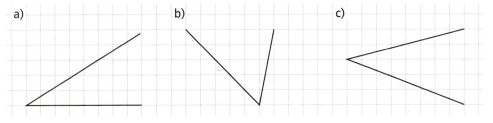

76 II Figuren und Winkel

10 Bestimme die Größe der einzelnen Winkel in Fig. 1. Jeweils benachbarte Winkel können auch zu einem Winkel zusammengefasst werden. Welche Winkel gibt es und welche Größe haben diese Winkel?

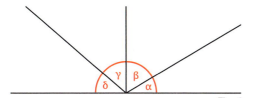
Fig. 1

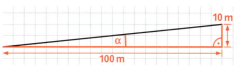
Fig. 2

11 Suche nach Winkeln mit der Größe 26° in dem gezeichneten Fachwerkhaus in Fig. 2. Wie viele Winkel findet man? Wo sind sie alle versteckt?

12 Verkehrsschilder geben die Steigung oder das Gefälle einer Straße an. 10 % bedeutet, dass die Straße auf 100 m einen Höhenunterschied von 10 m hat.
a) Der Steigungswinkel von 10 % soll durch Zeichnen und Messen bestimmt werden. Zeichne dazu ein Dreieck, bei dem 1 cm auf dem Blatt 10 m entsprechen.
b) Eine Gebirgsstraße hat eine Steigung von 16 %. Bestimme den Steigungswinkel.
c) Ein Skihang hat ein Gefälle von 40 %. Bestimme den Abfahrtswinkel für die Skifahrer.

Fig. 3

Steigung

Gefälle
Fig. 4

Kannst du das noch?

13 Berechne im Kopf.
a) 3 · 20   b) 105 + 70   c) 121 − 16   d) 19 · 9   e) 11 · 11
f) 200 : 5   g) 900 − 400   h) 12 · 16   i) 126 + 42   k) 1000 : 10

14 a) Berechne das Produkt aus 13 und 9.
b) Wie groß ist die Summe 159 und 71?
c) Subtrahiere 55 von 110.

15 Runde auf volle Hunderter.
a) 22 375   b) 123 888   c) 43 219   d) 554   e) 762 929

16 Zeichne ein Diagramm.
In der Klasse 5a eines Sportgymnasiums sind alle Schülerinnen und Schüler in verschiedenen Sportarten aktiv.

Sportart	Leichtathletik	Schwimmen	Werfen
Anzahl	9	12	5

II Figuren und Winkel

Info

Auch Winkel größer als 180° können mit dem Geodreieck gemessen und gezeichnet werden. Um einen Winkel mit der Größe 210° zu zeichnen, gibt es zwei Möglichkeiten:

1. Man zeichnet zu einem 180°-Winkel noch einen 30°-Winkel dazu.
180° + 30° = 210°

2. Man zeichnet den Winkel, der den 210°-Winkel zum 360°-Winkel ergänzt.
360° − 210° = 150°

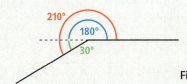
Fig. 1

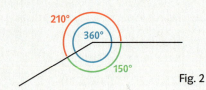
Fig. 2

17 Schätze zuerst und miss dann die Winkel mit dem Geodreieck.

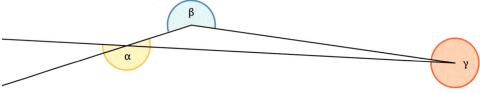
Fig. 3

18 Übertrage die Figuren in dein Heft. Miss die markierten Winkel.

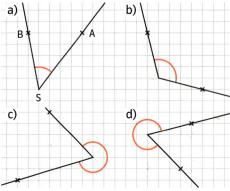
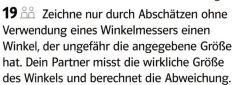
Fig. 4

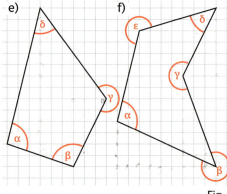
Fig. 5

19 Zeichne nur durch Abschätzen ohne Verwendung eines Winkelmessers einen Winkel, der ungefähr die angegebene Größe hat. Dein Partner misst die wirkliche Größe des Winkels und berechnet die Abweichung.

verlangte Größe	75°	95°	30°	260°	350°
gezeichnete Größe					
Abweichung					

20 Zum Basteln

a) Baue aus zwei Kreisen mit 5 cm Radius eine Winkelscheibe (s. Fig. 6).
Hinweis: Wenn du auf der Rückseite der gelben Scheibe eine Winkelskala in 10°-Schritten abträgst, dann kann man die Größe eines eingestellten blauen Winkels schnell ablesen.
b) Stelle unterschiedlich große Winkel ein. Lass deinen Partner bei zehn Winkeln nacheinander die Winkelgröße schätzen. Dann tauscht ihr die Rollen. Ein Schätzwert kann als richtig gelten, wenn er auf 10° genau angegeben wurde.

Fig. 6

78 II Figuren und Winkel

Wiederholen – Vertiefen – Vernetzen

1 Zeichne in dein Heft ein Dreieck, ein Viereck und ein Fünfeck. Dabei sollen keine parallelen oder orthogonalen Seiten auftreten. Bezeichne alle Innenwinkel und bestimme deren Größe mit dem Geodreieck. Bilde die Summe der Winkel. Was fällt auf?

2 a) Trage die Punkte in ein Koordinatensystem ein und verbinde sie der Reihe nach. Welches Bild entsteht? Male das Bild aus.
A(4|8), B(2|6), C(3|6), D(1|4), E(3|4), F(0|1), G(3|1), H(3|0), K(5|0), L(5|1), M(8|1), N(5|4), P(7|4), Q(5|6), R(6|6). Verbinde R mit A.
b) Entwirf ein eigenes Bild und gib es deinem Partner mit Koordinaten an.

3 Die Strecken $\overline{AB}$, $\overline{AC}$, $\overline{BD}$, $\overline{CF}$, $\overline{DE}$ und $\overline{EG}$ sind durch die Punkte A(1|3), B(5|2), C(3|7), D(8|8), E(12|6), F(11|5) und G(11|2) in einem Koordinatensystem gegeben.
a) Bestimme die Längen der Strecken und gib sie der Größe nach an. Beginne mit der längsten Strecke.
b) Welche Strecken sind zueinander parallel?
c) Welche Strecken sind zueinander orthogonal?

4 Das große Rechteck ABCO in Fig. 1 enthält kleinere Figuren.
a) Welche Figuren sind zu erkennen? Beschreibe die Figuren durch die Koordinaten der wesentlichen Punkte.
b) Zeichne das Bild ins Heft.

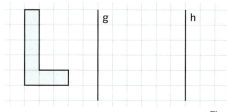

Fig. 2   Fig. 1

5 Zeichne Figur 2 ins Heft.
a) Führe nacheinander eine Geradenspiegelung an der Geraden g und an der Geraden h durch.
b) Beschreibe das Ergebnis der zweimaligen Spiegelung. Kann das Endbild auch mit einer einzigen Spiegelung aus dem Anfangsbild erzeugt werden?

6 In einem Koordinatensystem sind die Punkte A(1|5), B(6|6) und C(5|11) gegeben.
a) Ergänze einen vierten Punkt, sodass ein Parallelogramm entsteht. Gib die Koordinaten des Punktes an. Wie viele Möglichkeiten gibt es?
b) Ergänze einen vierten Punkt, sodass ein Quadrat entsteht. Gib die Koordinaten des Punktes an. Wie viele Möglichkeiten gibt es?

7 Die Strecke $\overline{AC}$ mit A(1|3) und C(7|5) ist die Diagonale eines Quadrates. Zeichne das Quadrat und gib die Koordinaten der Eckpunkte an.

8 Zeichne ein Drachenviereck. Beginne mit den Diagonalen. Bezeichne die Innenwinkel mit α, β, γ und σ und bestimme ihre Größe. Miss auch die Längen der Seiten a, b, c und d.

II Figuren und Winkel   79

Wiederholen – Vertiefen – Vernetzen

9 Der Winkel einer Steigung oder eines Gefälles lässt sich schwer schätzen. Um z. B. den Steigungswinkel α einer Straße selbst zu messen kannst du dir ein einfaches Messgerät bauen.
Beschreibe, worauf du beim Basteln des Messbretts besonders achten musst.
Überprüfe mit einem solchen Messgerät (Fig. 1; Eigenbau) die Steigungswinkel von Rampen an Gebäuden, Straßen, Wegen und Treppen. Fertige einen Bericht über deine Messungen und Erfahrungen an.

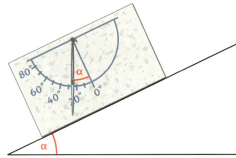

Fig. 1

10 Wenn man ohne den Kopf zu drehen geradeaus schaut, so überblickt man vor sich einen bestimmten Bereich.
Die Größe dieses Sehfeldes wird durch den Sehwinkel beschrieben. Unterschiedliche Lebewesen haben unterschiedlich große Sehwinkel.

Fig. 2

a) Fertige eine Zeichnung an, in der die Sehwinkel miteinander verglichen werden.
b) Bestimme deinen eigenen Sehwinkel. Stelle dich dazu auf einen Punkt und fixiere mit den Augen einen Gegenstand. Bitte eine Mitschülerin oder einen Mitschüler, erst von links und dann von rechts einen Gegenstand in deinen Sehbereich hinein zu bewegen. Markiere jeweils mit einem Punkt die Stelle, an der du den Gegenstand zum ersten Mal erkennen kannst. Miss den Sehwinkel, der durch die Punkte bestimmt wird. Benutze dazu das große Geodreieck von deinem Lehrer.

11 Um Windenergie nutzbar zu machen wird die „geradlinige" Bewegung der Luft in eine Drehbewegung umgewandelt. Dazu nutzt man das Prinzip einer Windmühle, welches bereits im Altertum bei den Römern bekannt war. Durch die regelmäßige kreisförmige Anordnung der Windmühlenflügel wird bei Wind eine gleichmäßige Kreisbewegung erzeugt.

a) In welchem Winkel zueinander stehen jeweils zwei benachbarte Windmühlenflügel bei den abgebildeten Windmühlen?
b) Entwürfe zu möglichen Windmühlenrotoren (Fig. 3) entstehen als Kreisbilder. Zeichne die Windmühlenrotoren in dein Heft.
Entwirf selbst einen möglichen Windmühlenrotor.

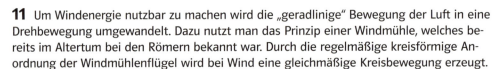

Fig. 3

80 II Figuren und Winkel

Das Geheimnis der Billardkugel

Entdeckungen

Erna und Sven spielen Billard. Sven muss die blaue Kugel (A) in das Loch (B) oben rechts stoßen. Er will es aber nicht auf dem direkten Wege versuchen, sondern über eine so genannte Bande spielen; das bedeutet, dass die Kugel einmal an den Rand des Spieltisches stoßen muss, bevor sie in das Loch fällt.

Sven möchte über die untere Bande spielen. Auf welche Stelle der Bande muss er zielen?

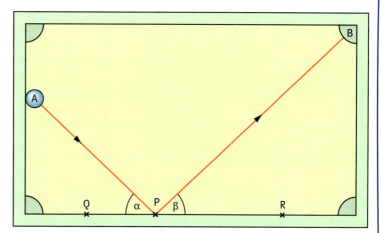

 In einer Spielanleitung steht:

> Der Winkel α, unter dem die Kugel auf die Bande zurollt, ist gleich groß wie der Winkel β, unter dem sie wegrollt.

Übertrage den Billardtisch in dein Heft. (Miss seine Länge und Breite im Buch ab.) Versuche nun, durch Probieren die Stelle an der unteren Bande zu finden, auf die Sven zielen muss.

Zeichne den Weg der Kugel ein, wenn Sven auf den Punkt Q (Punkt R) zielt.

a) Spiegele den Billardtisch an der unteren Bande, B' sei dabei der Bildpunkt von B. Markiere einen beliebigen Punkt S auf der unteren Bande und trage die Strecken $\overline{AS}$, $\overline{SB}$ und $\overline{SB'}$ ein. Wie kannst du an den auftretenden Winkeln erkennen, ob eine auf AS anrollende Kugel nach B weiterrollt?

Welche besondere Form hat der Weg von A über S nach B' in diesem Fall? Wie kann danach Sven den Punkt P finden, auf den er zielen muss? Bestimme P.

b) Vergleiche die Länge des Weges von A über Q nach B' mit dem Weg von A über P nach B'. Was folgt daraus für die Länge des Weges von A über P nach B?

Schon der griechische Mathematiker Euklid (um 300 v.Chr.) kannte das Naturgesetz, wonach beim Stoß einer Kugel gegen eine Wand der Auftreffwinkel α und der Abstoßwinkel β gleich groß sind.

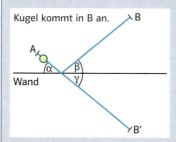
Kugel kommt in B an.

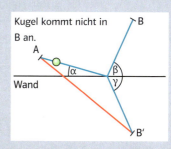
Kugel kommt nicht in B an.

Aber erst Heron von Alexandrien (um 75 n.Chr.) machte noch eine weitere Entdeckung: Wenn die Kugel von A über einen Punkt der Wand nach B gelangt, dann läuft sie auf dem kürzest möglichen Weg, der von A über die Wand nach B führt.

II Figuren und Winkel

Entdeckungen — Tangram

Tangram ist ein jahrtausendaltes, chinesisches Legespiel. Es wird in China „Chi ch'ae pan" genannt, was so viel wie „siebenschlau" oder „Weisheitsbrett" bedeutet. Man weiß heute nicht mehr genau, wann das Spiel entstand und wer es erfunden hat.
Eine Legende berichtet jedoch dazu, dass ein alter Mann eine wertvolle Fliese fallen ließ. Die Fliese zerbrach in sieben Stücke. Während er die Fliese wieder zusammensetzte, sah er in seiner Phantasie viele Bilder Gestalt annehmen – Menschen, Häuser, Tiere …

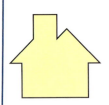 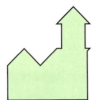 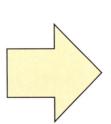 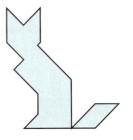 

Um ein Tangram-Spiel zu bauen schneidet man aus Papier oder Pappe ein Quadrat aus. Dann werden die Schnittlinien aufgetragen. Als erstes zeichnet man die Diagonalen ein. Drei Diagonalenhälften muss man nochmals halbieren. Orthogonal zu den Diagonalen bzw. parallel zur Quadratseite werden die fehlenden Schnittlinien eingezeichnet. Achtung! Ein kleiner Teil einer Diagonalen war nur Hilfslinie und wird wieder entfernt. Nun kann das Puzzle ausgeschnitten und farbig gestaltet werden.

 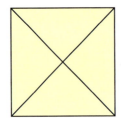 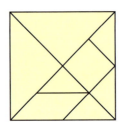 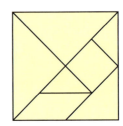 

Die Spielregeln für das Tangram sind ganz einfach. Die Teile werden so zusammengelegt, dass sie Bilder, wie Tiere, Menschen, Gegenstände oder Figuren ergeben. Dazu müssen alle sieben Teile verwendet werden und die Teile dürfen nicht übereinander liegen.

Nun kann es losgehen. Zuerst probiert man, ob sich die Teile wieder zum Quadrat zusammensetzen lassen.

82 II Figuren und Winkel

Tangram

Entdeckungen

Natürlich soll das ohne diese Löcher passieren. Das ist gar nicht so einfach, wie es auf den ersten Blick aussieht. Da scheinen immer Steine zu fehlen. Oder hat es schon jemand geschafft? Mit etwas Geduld klappt es.

Die Figuren:

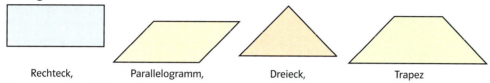

Rechteck, Parallelogramm, Dreieck, Trapez

können auch mit den sieben Steinen gelegt werden.

Tangramfiguren können achsensymmetrisch sein. Einige der bis jetzt erzeugten Figuren sind dafür Beispiele. Es gibt jedoch noch viel mehr Figuren, die diese Eigenschaften haben. Es lohnt sich, direkt nach solchen Figuren zu suchen. Bevor man mit dem eigenen Entdecken beginnt, kann man auch einige Figuren nachlegen.
Hier eine kleine Auswahl:

Achsensymmetrische Figuren:

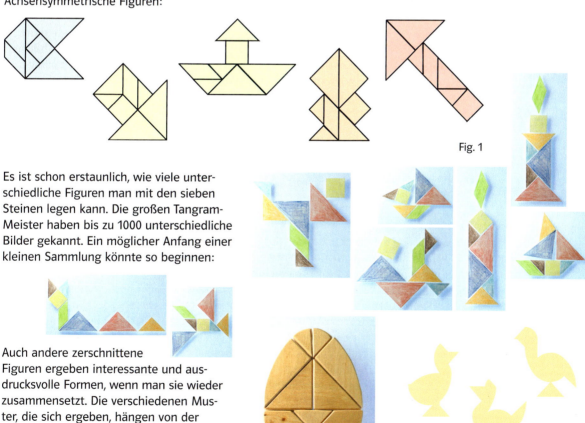

Fig. 1

Es ist schon erstaunlich, wie viele unterschiedliche Figuren man mit den sieben Steinen legen kann. Die großen Tangram-Meister haben bis zu 1000 unterschiedliche Bilder gekannt. Ein möglicher Anfang einer kleinen Sammlung könnte so beginnen:

Auch andere zerschnittene Figuren ergeben interessante und ausdrucksvolle Formen, wenn man sie wieder zusammensetzt. Die verschiedenen Muster, die sich ergeben, hängen von der ursprünglichen Form und der Art der Zerlegung ab. Neben dem Quadrat ist das Ei eine geläufige Grundform für ein Puzzle.

Diese Vögel „schlüpfen" aus dem magischen Ei.

II Figuren und Winkel 83

Die alte Villa

Carmen Korn

Der Satz, den sein Vater da so leicht sagte, traf ihn ins Herz. Dani löffelte gerade die letzte Erdbeere aus den Cornflakes mit Milch. „Im August soll die alte Villa abgerissen werden." Dani beugte sich tiefer über den Teller, als seine Mutter ihn ansah. „Du gehst mir da doch nicht mehr hin, Daniel. Da treibt sich so viel Gesindel herum." War das eine Frage, die einer Antwort bedurfte? Ein Glück, dass seine kleine Schwester die Milchtüte umwarf.

„Die Villa wird abgerissen. Im August", sagte Daniel und sah seinen Freund Nico an. Es war Juli, die großen Ferien hatten gerade begonnen, und nun sollte ihnen ihr liebster Spielplatz genommen werden. Nico und Dani saßen im ersten Stock der Villa und zupften gedankenverloren an den Tapetenfetzen, auf denen noch blasse Rosen erkennbar waren.
„Lass uns noch mal durch alle Zimmer gehen", sagte Nico, als sei dies schon der Abschied. Die vielen leeren Zimmer. Das große mit den vier Lyren aus Gips in allen vier Ecken der Decke. Die zwei kleinen, die vielleicht Kinderzimmer gewesen waren. Das Zimmer mit dem Kamin.

Die Jungen schlichen die Treppe hinunter, die in die Halle des Erdgeschosses führte. Schlichen, weil sie auf einmal ein unbestimmtes Gefühl hatten, nicht allein in der alten Villa zu sein. Dielen knarrten, wie sie immer in der Halle knarrten.
Zu viele Füße, die hier in neunzig Jahren drüber gegangen waren. Dani und Nico blieben jäh stehen. Da war noch ein anderes Geräusch, ein Quietschen. Sie drehten sich um und erschraken vor dem eigenen Spiegelbild, das ihnen der große Spiegel in der Halle entgegenwarf, der wohl nicht Wert gewesen war, abtransportiert zu werden.

Wenn der Instinkt doch immer so gut funktionierte, wie er es jetzt bei Dani und Nico tat, die sich schnell jeder hinter eine der Türen stellten. Keinen Augenblick zu früh.
Nur eine der sechs Türen, die von der Halle abgingen, war geschlossen, und diese öffnete sich. Ein Mann trat heraus.
Was hielt er da in der Hand?
Die Jungen hielten die Luft an, als sie eine schwere Pistole erkannten. War das ein Schalldämpfer, der vorne drauf steckte?

Die alte Villa

Geschichten

Dani senkte den Kopf, als könnte er so unsichtbar werden, und sah auf die braunen Schuhe und die Jeansbeine des Mannes. Einer der Schuhe mit den hohen Sohlen quietschte erbärmlich, als er zu dem großen Spiegel ging. Sah er sie denn nicht im Spiegel? Doch der Mann schien ganz auf seine Pistole konzentriert.

Als Dani den Kopf wieder hob, sah er das Spiegelbild des knienden Mannes. Dieser wandte dem Spiegel den Rücken zu und machte sich auf seiner rechten Seite am Dielenboden zu schaffen. Das Geräusch kam eher als das Bild zu den Jungen. Holz, das gewaltsam hochgehebelt wurde.
Da sahen sie auch die Diele, die sich hob und eine Öffnung freigab, groß genug, um die Waffe aufzunehmen.

Einen Hammer hielt der Mann jetzt in der Hand, einen Hammer, den er aus den Tiefen seiner langen schwarzen Jacke geholt haben musste. Die Jungen hörten das Hämmern mehr, als dass sie es sahen.

Der Mann stand auf und ging davon. Mit leeren Händen. Dani und Nico hörten das Knarren der Dielen. Keine Haustür, die sich öffnete. Erst nach einer Weile vertrauten sie darauf, allein zu sein. Der Mann mit der schwarzen Jacke musste das Haus durch eines der kaputten Fenster verlassen haben.

Die beiden Polizisten auf der Wache sahen sehr skeptisch auf die beiden Jungen, die kaum zu Atem kamen, als sie ihre Geschichte erzählten. Widerwillig lud einer von ihnen die beiden in den Streifenwagen und fuhr zur alten Villa. Ohne Blaulicht. Leider. Die Dielen der Halle sahen beinah an allen Stellen beschädigt aus. Doch Dani war sich ja sicher, auf der rechten Seite, da war das Versteck der Waffe. Er hatte es genau gesehen.
Sie fanden nichts.
Erst als der Polizist anfing, sehr ärgerlich zu werden, fiel Daniel auf, warum sie die Pistole dort nicht finden konnten. Und er korrigierte seinen Fehler. Ein paar Minuten später lag die Waffe vor ihnen.
Der Polizist zog ein Taschentuch hervor und nahm sie an sich. „Das werden wir schon feststellen, wer seine Finger da drauf hatte", sagte er, „das ist bestimmt ein alter Bekannter von uns."

Rückblick

Grundelemente

Gerade	gerade Linie ohne Anfangs- und Endpunkt
Halbgerade (Strahl)	Teil einer Geraden mit Anfangspunkt, aber ohne Endpunkt
Strecke	von zwei Punkten begrenzter Abschnitt einer Geraden

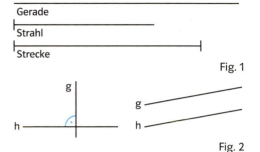

Fig. 1

Besondere Lage von Geraden

orthogonale Geraden   h ⊥ g
parallele Geraden   h ∥ g

Fig. 2

Achsensymmetrische Figuren

1. Es gibt eine Symmetrieachse g.
2. Die Verbindungslinie zueinander symmetrisch liegender Punkte schneidet g orthogonal.
3. Die Symmetrieachse halbiert die Verbindungslinie.

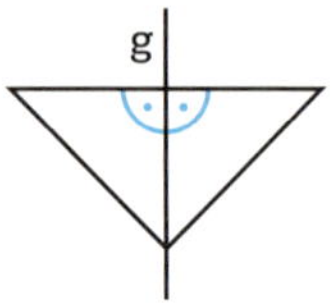

Fig. 3

Vierecke

Trapez:	Viereck mit einem Paar paralleler Seiten
Parallelogramm:	Viereck mit zwei Paaren paralleler Seiten
Raute:	Parallelogramm, bei dem alle vier Seiten gleich lang sind
Rechteck:	Parallelogramm, bei dem benachbarte Seiten orthogonal zueinander sind.
Quadrat:	Rechteck, bei dem alle Seiten gleich lang sind.

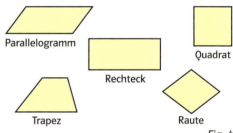

Fig. 4

Koordinatensystem

Die Lage eines Punktes in einem Koordinatensystem lässt sich durch eine x-Koordinate und eine y-Koordinate beschreiben.

P(5|2)

x-Koordinate (5 nach rechts)   y-Koordinate (2 nach oben)

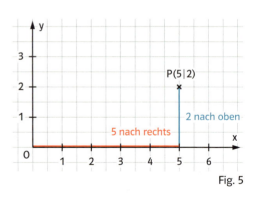

Fig. 5

Winkel

Durch zwei Schenkel mit gemeinsamem Scheitelpunkt wird ein Winkel α festgelegt. Winkel werden durch kleine griechische Buchstaben bezeichnet (α, β, γ, δ, ε, φ, usw.).
Die Größe von Winkeln wird in Grad angegeben.

Einteilung der Winkel

spitzer Winkel	rechter Winkel	stumpfer Winkel	gestreckter Winkel
(α < 90°)	(α = 90°)	(90° < α < 180°)	(α = 180°)

| 0° bis 90° | 90° | zwischen 90° und 180° | 180° |
| spitzer Winkel | rechter Winkel | stumpfer Winkel | gestreckter Winkel |

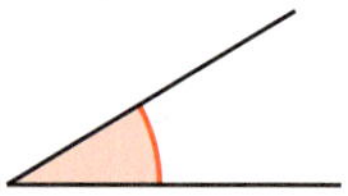

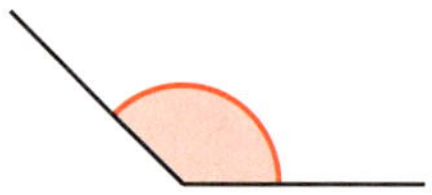

Training

Runde 1

1 Die Uhr in Fig. 1 zeigt die Zeit 6:15 Uhr.
a) Es vergehen 17 min. Gib die Größe des Winkels an, den der kleine Zeiger überstreicht.
b) Der Minutenzeiger der Uhr bewegt sich um einen Winkel von 240° weiter. Welche Uhrzeit zeigt die Uhr jetzt an? Wie viel Zeit ist vergangen?

Fig. 1

2 Zeichne das Bild aus Fig. 2 in dein Heft und miss die Größe der eingezeichneten Winkel. Gib die eingezeichneten Winkel mithilfe der Punkte A, B, C, D, E und F an.

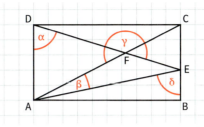

Fig. 2

3 Zeichne die Strecken $\overline{AB}$, $\overline{BC}$, $\overline{DE}$ und $\overline{EF}$ mit A(0|1), B(2|4), C(8|0), D(7|2), E(9|5) und F(16|1) in ein Koordinatensystem. Untersuche sie auf Parallelität und Orthogonalität.

4 Gib jeweils zwei Unterschiede und zwei Gemeinsamkeiten zwischen Parallelogramm und Quadrat an.

5 Untersuche die Figuren auf Symmetrie. Gib gegebenenfalls je zwei Punkte der Symmetrieachsen mithilfe von Koordinaten an.

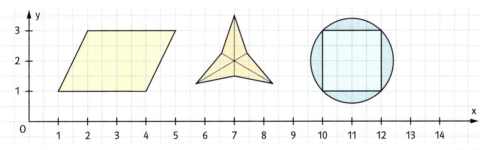

Fig. 3

Runde 2

1 Zeichne die vier Winkel α, β, γ und δ:
α = 37°; β = 135°; γ = 215°; δ = 321°.

2 a) Zeichne die Figuren 4, 5 und 6 auf dein Blatt und ergänze sie zu Parallelogrammen.
b) Welche speziellen Parallelogramme wurden gezeichnet?
c) Wie viele Symmetrieachsen haben die einzelnen Parallelogramme?

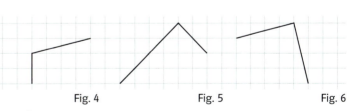

Fig. 4 Fig. 5 Fig. 6

3 Entscheide, ob Achsensymmetrie vorliegt. Gib die Anzahl der Symmetrieachsen an.
a) Geodreieck   b) leere Heftseite   c) Kreis   d) Parallelogramm

4 Zeichne das Dreieck ABC mit A(1|5), B(5|1) und C(7|3) ins Heft. Miss an jeder Ecke die außerhalb vom Dreieck liegenden Winkel. Wie groß ist die Summe dieser drei Winkel?

5 „Bei Rechtecken halbieren die Diagonalen die Innenwinkel." Stimmt das?

Lösungen auf den Seiten 203/204.

II Figuren und Winkel   87

Das kannst du schon

- Mit natürlichen Zahlen rechnen
- Mit Längen, Gewichten und Uhrzeiten rechnen

Blaise Pascal, 17. Jahrhundert

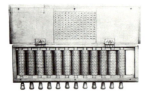
John Neper, 1617

Wilhelm Schickard, 1623

George B. Grant, 1877

Zahl

Messen

Raum und Form

Funktionaler Zusammenhang

Daten und Zufall

88 III Rechnen

III Rechnen

Rechentechnik

Eine Zahl hab ich gewählt,
107 dazugezählt,
dann durch 100 dividiert
und mit 4 multipliziert,
und zuletzt ist mir geblieben
als Resultat die Primzahl 7.

Heute

Mitte 20. Jahrhundert

1949

Das kannst du bald
- Rechenausdrücke vereinfachen
- Schriftlich addieren
- Schriftlich subtrahieren
- Schriftlich multiplizieren
- Schriftlich dividieren
- Anwendungsaufgaben lösen

1 Rechenausdrücke

Im Kapitel I hast du gelernt, wie man Zahlen addiert, subtrahiert, multipliziert und dividiert. In vielen Fällen treten diese Rechnungen aber nicht einzeln auf, sondern sie sind miteinander verknüpft. Bei dieser Berechnung hängt das Ergebnis von der Reihenfolge ab.

Wir verstecken Zahlen.
Um Zahlen zu verstecken schreiben wir sie als Rechnung.

        90
    (2 · 45)   Einfach versteckt
    (2 · (40 + 5))   Doppelt versteckt
    (2 · ((100 − 60) + 5))   Dreifach versteckt

Bei jedem neuen Versteck wird eine neue Klammer gesetzt.

Bei den verschiedenen Rechenarten unterscheidet man:

    Strichrechnungen   und   **Punktrechnungen**
    Addition +   Multiplikation ·
    Subtraktion −   Division :

*Beispiele für **Rechenausdrücke**:*
3 + 25
13 − 5 + 7 + 21 − 7 · 3
5 · (14 + 7 · 4)
242 − 5 · (3 · [7 − 4] + 21)

Besteht ein Rechenausdruck nur aus Strichrechnungen ohne Klammern, so rechnet man von links nach rechts. Gleiches gilt bei Punktrechnungen.
    5 + 3 − 2 = 8 − 2 = 6   12 · 3 · 2 = 36 · 2 = 72

Kommen bei einem Rechenausdruck sowohl Punkt- als auch Strichrechnungen vor, so gelten folgende Regeln:

Kommen keine Klammern vor, werden Punktrechnungen zuerst ausgeführt.
    2 + 5 · 4   Hier soll zuerst multipliziert werden, also 2 + 20 = 22.
Durch eingefügte **Klammern** kann die Reihenfolge der Rechenschritte verändert werden.
    (2 + 5) · 4   Hier soll zuerst addiert werden, also 7 · 4 = 28.

Kurz:

Klammer zuerst.

Reihenfolge beim Berechnen von Rechenausdrücken:
1. Rechnungen in Klammern werden zuerst ausgeführt.
2. Punktrechnungen (· und :) werden vor Strichrechnungen (+ und −) ausgeführt.

Wenn Klammern innerhalb von Klammern vorkommen, wird die **innere Klammer zuerst** ausgerechnet.

Rechenbäume zu Beispiel 1:

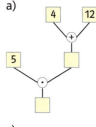

Beispiel 1   Klammer zuerst ausrechnen
Berechne: a) 5 · (4 + 12)   b) 18 : (5 + 4)   c) (4 + 3) · (12 − 3)
Lösung:
a) 5 · (4 + 12)   b) 18 : (5 + 4)   c) (4 + 3) · (12 − 3)
= 5 · 16   = 18 : 9   = 7 · 9
= 80   = 2   = 63

Beispiel 2   Punktrechnung vor Strichrechnung
Berechne: a) 3 · 12 − 9   b) 6 · 3 + 2 · 7   c) 2 · 15 − 7 + 4 · 6
Lösung:
a) 3 · 12 − 9   b) 6 · 3 + 2 · 7   c) 2 · 15 − 7 + 4 · 6
= 36 − 9   = 18 + 14   = 30 − 7 + 24
= 27   = 32   = 23 + 24 = 47

Beispiel 3   Verwendung beider Regeln
Berechne: 38 − (8 + 6 · 12) : 4
Lösung:
38 − (8 + 6 · 12) : 4   *Punkt- vor Strichrechnung in der Klammer.*
= 38 − (8 + 72) : 4   *Klammer berechnen.*
= 38 − 80 : 4   *Punkt- vor Strichrechnung.*
= 38 − 20 = 18

Beispiel 4   Klammern innerhalb von Klammern
Berechne: [7 + 2 · (6 + 3)] : 5
Lösung:
[7 + 2 · (6 + 3)] : 5   *Zuerst die innere Klammer berechnen.*
= [7 + 2 · 9] : 5   *Punkt- vor Strichrechnung in der Klammer.*
= [7 + 18] : 5   *Äußere Klammer berechnen.*
= 25 : 5 = 5

(19 · 81) + (1 · 9 + 8 · 1)
+ (198 · 1) + (19 · 8 + 1)
+ (1 + 9 · 8 + 1) = ?

Beispiel 5   Überflüssige Klammern
Darf man in den Beispielen die Klammern weglassen? Begründe.
a) (4 · 15) + 13   b) 38 − (12 + 23)   c) 14 + [(84 : 12) · 3]
Lösung:
a) Man darf die Klammern weglassen, da ohnehin die Punktrechnung zuerst gerechnet wird.
b) Die Klammern dürfen nicht weggelassen werden, da man sonst nur 12 und nicht die Summe aus 12 und 23 von 38 subtrahieren würde.
c) Die inneren Klammern darf man weglassen, da innerhalb der eckigen Klammern nur Punktrechnungen vorkommen und man in der eckigen Klammer von links nach rechts rechnet. Die eckigen Klammern dürfen auch weggelassen werden, da Punkt vor Strich gilt.

Aufgaben

1   Berechne. Welche Aufgaben kannst du im Kopf rechnen?
a) 6 · (3 + 17)   b) (4 + 22) · 3   c) 12 · (4 + 89)   d) (4 + 2) · (1 + 7)
   5 · (23 − 16)   (7 + 9) · 4   4 · (24 + 11 − 22)   (120 − 115) · (34 − 22)
   2 · (24 + 11)   (42 − 19) · 5   (4 + 8 − 7) · 5   (33 − 13) · (54 + 16)

2   Schreibe als Rechenausdruck und berechne.

a) 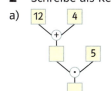   b)   c)   d)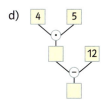

3   Zeichne zuerst einen Rechenbaum und berechne dann.
a) 3 · 7 + 13   b) 42 − 4 · 8   c) 4 · 6 + 12   d) 9 · (3 + 2)
   5 · 3 + (15 − 5)   2 · 6 + 3 · 9   8 · (6 + 2) − 15   (12 + 3 · 2) − (4 · 3 + 4)

4   Berechne die Rechenausdrücke mit und ohne Klammer. Begründe jeweils, ob man die Klammern weglassen darf.
a) (15 + 5) · 12   b) 23 · 2 + (17 · 3)   c) (60 : 12) − 3   d) [48 : (2 + 6)] · 4

5 Bei einem Würfelspiel wird gleichzeitig mit drei Würfeln gewürfelt. Aus den gewürfelten Augenzahlen sollen Rechenausdrücke aufgestellt werden, mit denen sich möglichst viele Zahlen von 1 bis 20 errechnen lassen. Tina hat bereits einige Rechenausdrücke notiert. Stelle weitere auf.

1 =	8 =	15 =
2 =	9 =	16 =
3 =	10 =	17 =
4 =	11 = 3 + 3 + 5	18 = 3 · 5 + 3
5 = (5 · 3) : 3	12 =	19 =
6 = 5 + 3 : 3	13 =	20 =
7 =	14 =	

6 Berechne.
a) (16 + 24) · (32 − 4 · 3 + 5)
b) 63 − (5 + 12 · 4 + 7)
c) (320 − 4 · 70 + 2 · 15 − 10) : 2
d) [(69 − 3) · 3 + 3] · (18 − 2 · 8)

7 Setze Klammern so, dass du das angegebene Ergebnis erhältst.
a) 4 · 5 + 9 · 3   Ergebnis: 168
b) 2 · 3 + 11 · 5   Ergebnis: 85
c) 5 · 26 − 3 · 6   Ergebnis: 40
d) 8 + 2 · 14 − 7   Ergebnis: 70

17 *Siebzehn*
18 *achtzehn*
100 *hundert*
9 *neun*
11 *elf*

8 Schreibst du die Ergebnisse der folgenden Aufgaben mit Buchstaben statt mit Ziffern, so ergeben die Anfangs- oder Endbuchstaben das „Lösungswort".
a) Nimm die Anfangsbuchstaben.
4 · (15 − 3) + 2 · 8 + 11
19 + 4 · 9 + 11 + 2 · 7
80 − (11 + 2) · 3 + 4 · 4
(7 + 11) · 3 − 6 · (34 − 28)
25 + 9 · 17 − 11 · (14 − 6)

b) Nimm die Endbuchstaben.
(24 − 9) · 13 + 18 − (14 + 7 − 9)
(35 − 19 − 3) · 28 − 7 · 8
15 + 9 · (12 + 29) − 9 · 9
619 − 9 · (43 − 28) · 4 + 26
78 + (4 + 112 − 10) · 5

5 + 3 · 5 + 12

17 · 2 + 2 − 1

2 · 25 − 3 · 5

5 · 12 − 2 · 3 + 15

2 · 3 + 4 · 6

80 − 2 · 5 + 3 · 5

9 Berechne den Rechenausdruck von jedem Kärtchen. Füge dann eine Klammer so ein, dass du ein neues Ergebnis erhältst. Versuche auf diese Art möglichst viele verschiedene Ergebnisse zu erhalten.

10 Übertrage ins Heft und setze dabei für ☐ die richtige Zahl ein.
a) 5 · (4 + ☐) = 30
b) 7 · (☐ − 16) = 14
c) 2 · (☐ + 11) = 26
d) ☐ · (4 + 7) = 55
e) (4 + 5) · ☐ = 45
f) (☐ − 4) · 7 = 63

11 Stelle zuerst einen Rechenausdruck auf und berechne dann seinen Wert.
a) Addiere zum Produkt von 5 und 9 die 5fache Summe aus 43 und 7.
b) Multipliziere das Produkt aus 15 und 3 mit der dreifachen Differenz von 5 und 2.
c) Addiere 34 zum Produkt von 9 und 4 und multipliziere diese Summe dann mit 7.

12 Schreibe auf, wie der Rechenausdruck in Worten lautet, und berechne dann.
a) 12 · 25 + 3 · 4
b) 23 + 24 · (5 − 3)
c) (27 − 12) · (8 + 17)
d) 4 · 12 − 3 · 8
e) (12 · 6 + 34) · 15
f) 51 · (10 · 307 − 70)

13 Bei einem Tunnelbau fahren 6 Lastwagen mit je 10 t Tragfähigkeit, 7 Lastwagen mit je 12 t Tragfähigkeit und 15 Lastwagen mit je 15 t Tragfähigkeit die Erde ab. Jeder Lastwagen fährt täglich 8-mal. Gib einen Rechenausdruck an, mit dem du berechnen kannst, wie viel Erde an einem Tag abgefahren wird.

14 Ein Motorradhelm kostet bei Barzahlung 399 €, bei Ratenzahlung muss man 12 Monatsraten zu 35 € bezahlen. Gib einen Rechenausdruck an, mit dem du berechnen kannst, wie viel man bei Barzahlung spart.

Bist du sicher?

1 Berechne.
a) (3 + 6) · (5 − 2)   b) 5 · 3 + 4 · 9   c) 4 · (12 − 2 · 3)   d) 12 · 2 + (8 − 5) · 3

Alle Lösungen von Aufgabe 1 addiert ergeben 135.

2 Berechne.
a) 15 · [47 − (63 − 23 · 2)]   b) 18 + [120 − 21 · (19 − 16) − 7] · 4 − 12

a) − b) ergibt 244.

3 Stelle zuerst einen Rechenausdruck auf und berechne dann seinen Wert.
a) Berechne das Produkt aus 7 und der Differenz von 26 und 17.
b) Addiere zur Summe aus 12 und 3 die 3fache Summe aus 7 und 2.

a) + b) ergibt 105.

4 Kim spart von ihrem Taschengeld jeden Monat 9 €. Zu Weihnachten, zu ihrem Geburtstag und für ihr Zeugnis erhält sie je 12 €, die sie ebenfalls spart. Gib einen Rechenausdruck an, mit dem du berechnen kannst, wie viel Kim in einem Jahr spart.

Zur Kontrolle: 12 · 12.

15 **Fünfzehn gewinnt**
Ein Spiel für mindestens zwei Spieler und drei Würfel: Die Aufgabe besteht darin, aus den drei gewürfelten Zahlen mithilfe von +, −, ·, : und Klammern eine Zahl möglichst nahe an 15 zu bilden oder sogar die Zahl 15 selbst.

Man kann dann rechnen:
2 + 5 + 6 = 13 oder
2 · 5 + 6 = 16 oder
(6 : 2) · 5 = 15.

Zum Knobeln

16 Der Rechenbaukasten von Anika enthält nur noch die abgebildeten Bausteine. Doch kann man mit den Bausteinen Rechenausdrücke für alle Zahlen von 1 bis 33 bilden. (Beispiel: 31 = 5 · 5 + 4 + 2)
a) Bilde zusammen mit deinem Nachbarn Rechenausdrücke für die Zahlen von 1 bis 33. Oft gibt es dabei mehrere Möglichkeiten.
b) Für welche Zahlen von 34 bis 40 findet ihr einen Rechenausdruck mit diesen Bausteinen? Gib diesen Ausdruck an.

17 Jedes der Zeichen ◨, ⦿, ⊟ und ⊠ bedeutet eine der Ziffern 1, 2, 3 oder 5. Welche Ziffer zu welchem Zeichen gehört, zeigen dir die nebenstehenden Rechnungen. Suche zuerst das Zeichen für die Ziffer 1, dann für die Ziffer 2.

18 Sebastian baut aus Würfeln Treppen. Um die Höhen seiner Treppen vergleichen zu können, stellt er folgende Tabelle auf.
a) Zeichne zwei Treppen, deren Höhen 4 und 5 Würfel betragen. Ergänze dann in deinem Heft die Tabelle bis zur Höhe 8.
b) Janine möchte eine Treppe der Höhe 12 bauen. Wie viele Würfel muss sie in die untere Reihe legen und wie viele Würfel benötigt sie insgesamt?
c) Wie erhältst du aus der Höhe der Treppe die Anzahl der Würfel in der unteren Reihe und die Gesamtzahl der Würfel?

Höhe der Treppe	1	2	3
Würfel in der unteren Reihe	1	3	5
Gesamtzahl der Würfel	1	4	9

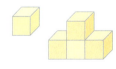

2 Rechenvorteile

Dominik und Thomas rechnen um die Wette Aufgaben im Kopf. Auf ein Signal hin zeigt ihr Freund Christian die Karte mit der Aufgabe.

Oft kann man Rechenvorteile ausnutzen, wenn man sich eine Aufgabe vor Beginn der Rechnung genauer anschaut. Vor allem beim Kopfrechnen ist dies sinnvoll. Additionsaufgaben lassen sich häufig leichter rechnen, wenn man die Reihenfolge der Summanden günstig wählt oder einige Summanden mit Klammern geschickt verbindet.

Bei der Subtraktion ist das Vertauschen nicht erlaubt:
7 − 3 ergibt nicht dasselbe wie 3 − 7.

Von links nach rechts rechnet man 28 + 15 + 72 = 43 + 72 = 115.
Einfacher ist eine der beiden folgenden Möglichkeiten:
Geschickte Reihenfolge: 28 + 15 + 72 = 28 + 72 + 15 = 100 + 15 = 115
Geschickt Klammern setzen: 28 + 15 + 72 = 15 + 28 + 72 = 15 + (28 + 72) = 15 + 100 = 115

Bei der Division ist das Vertauschen nicht erlaubt:
12 : 3 ergibt nicht dasselbe wie 3 : 12.

Bei der Multiplikation darf man die Reihenfolge der Faktoren vertauschen oder Faktoren durch Klammern geschickt verbinden.
25 · 3 · 4 = 25 · 4 · 3 = 100 · 3 = 300 oder
25 · 3 · 4 = 3 · 25 · 4 = 3 · (25 · 4) = 3 · 100 = 300

Das Kommutativgesetz heißt auch Vertauschungsgesetz.

Kommutativgesetz
Bei der Addition darf man die Summanden vertauschen: 5 + 15 = 15 + 5.
Bei der Multiplikation darf man die Faktoren vertauschen: 7 · 8 = 8 · 7.

Das Assoziativgesetz heißt auch Verbindungsgesetz

Assoziativgesetz
Beim mehrfachen Addieren und beim mehrfachen Multiplizieren darf man Klammern beliebig umsetzen oder weglassen.
(11 + 16) + 14 = 11 + (16 + 14);   (18 · 2) · 5 = 18 · (2 · 5)

Beispiel 1   Kommutativgesetz
Berechne im Kopf: 102 + 63 + 98
Lösung:
102 + 63 + 98
= 102 + 98 + 63
= 200 + 63
= 263

Beispiel 2   Assoziativgesetz
Berechne im Kopf: 77 + 12 + 88 + 15
Lösung:
77 + 12 + 88 + 15
= 77 + (12 + 88) + 15
= 77 + 100 + 15
= 177 + 15 = 192

Beispiel 3   Kommutativgesetz
Berechne vorteilhaft: 8 · 9 · 125
Lösung:
8 · 9 · 125
= 8 · 125 · 9
= 1000 · 9
= 9000

Beispiel 4   Assoziativgesetz
Berechne vorteilhaft: 36 · 4 · 25
Lösung:
36 · 4 · 25
= 36 · (4 · 25)
= 36 · 100
= 3600

Man kann Rechenvorteile auch ausnutzen, indem man Rechenausdrücke geschickt zerlegt.
Um die Anzahl aller Punkte (siehe Fig. 1)
zu bestimmen, kann man zur Anzahl der
blauen Punkte die Anzahl der roten Punkte
addieren.
Man rechnet:
5 · 13 = 5 · (10 + 3) = 5 · 10 + 5 · 3 = 50 + 15 = 65

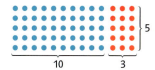

Fig. 1

Distributivgesetz
Bei der Multiplikation kann man das Rechnen vereinfachen und leichter im Kopf rechnen:
(10 + 2) · 4 = 10 · 4 + 2 · 4   6 · (40 − 2) = 6 · 40 − 6 · 2

Durch Null darf man nicht dividieren.

Bei der Division kann man genauso vorgehen, z. B. (60 + 12) : 6 = 60 : 6 + 12 : 6.

Beispiel 5   Distributivgesetz
Berechne im Kopf: 43 · 8.
Lösung:
43 · 8
= (40 + 3) · 8
= 40 · 8 + 3 · 8
= 320 + 24
= 344

Beispiel 6   Distributivgesetz
Berechne vorteilhaft: 625 : 25 + 375 : 25.
Lösung:
625 : 25 + 375 : 25
= (625 + 375) : 25
= 1000 : 25
= 40

Aufgaben

1   Berechne im Kopf und erkläre anschließend, wie du vorgegangen bist.
a) 37 + 88 + 12   b) 120 + 61 + 80 + 19   c) 175 + 23 + 25 + 17   d) 345 + 188 + 455
e) 4 · 9 · 25   f) 17 · 8 · 125 · 2   g) 35 · 4 · 2500   h) 4 · 39 · 2 · 125

2   Berechne vorteilhaft begründe deine Vorgehensweise.
a) 26 · 12   b) 7 · 37   c) 13 · 17 + 87 · 17   d) 41 · 11 − 11 · 21

3   Erkläre das Distributivgesetz am Beispiel einer Tafel Schokolade.

4   Berechne im Kopf.
a) 615 : 3   b) 1428 : 7   c) 187 : 17   d) 432 : 36

5   Mit Karten, wie denen in der Abbildung (Fig. 2), kann man zusammen mit einem Partner Kopfrechnen unter Ausnutzung von Rechenvorteilen üben, indem einer fragt und der andere antwortet. Erstellt zunächst selbst solche Karten mit Lösungen.

6   **Die Sache mit der Null**
Katja will noch nicht glauben, dass man nicht durch Null dividieren darf, obwohl man mit Null multiplizieren kann. Überlegt euch eine Strategie, wie ihr Katja erklären könnt, warum die Division durch Null tatsächlich verboten ist.

Fig. 2

*Tipp:
Manchmal hilft es mit einem leichten Beispiel zu beginnen.*

3 Schriftliches Addieren

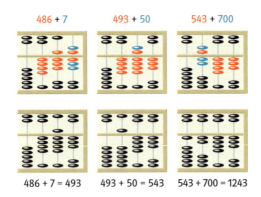

486 + 7 = 493   493 + 50 = 543   543 + 700 = 1243

Aufgaben mit großen Zahlen sind für das Kopfrechnen oft zu schwierig. Deshalb hat man sich schon sehr früh in der Menschheitsgeschichte Hilfsmittel erdacht. Eines dieser Hilfsmittel ist der Abakus. Er war schon um 1200 n. Chr. in China bekannt.

Am Beispiel wird gezeigt, wie man mit dem Abakus 486 + 757 berechnet.
Eine Perle im oberen Fach hat den fünffachen Wert einer unteren Perle derselben Spalte. Nach links verzehnfacht sich jeweils der Wert einer Perle.

Beim schriftlichen Addieren schreibt man die Zahlen so untereinander, dass Einer unter Einern, Zehner unter Zehnern, Hunderter unter Hundertern usw. stehen.
Dann werden zuerst die Einer addiert, dann die Zehner, dann die Hunderter usw.
Hierbei können Überträge entstehen.

Schriftliches Addieren

Einer (E):	2 + 3 = 5	schreibe 5
Zehner (Z):	7 + 6 = 13	schreibe 3, übertrage 1
Hunderter (H):	1 + 2 + 4 = 7	schreibe 7
Tausender (T):	5 + 8 = 13	schreibe 3, übertrage 1
Zehntausender (ZT):	1 + 0 + 0 = 1	schreibe 1

Beispiel 1
Berechne: a) 5113 + 362   b) 1213 + 142 + 562   c) 4807 + 100700 + 904
Lösung:
a)   b)   c)

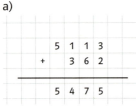

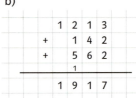

Beispiel 2   Addition von Größen
Berechne: a) 4 t 74 kg + 1 t 61 kg   b) 3 h 45 min + 2 h 36 min
Lösung:
Umrechnen in die kleinere Einheit und addieren.
a) 4 t 74 kg = 4 000 kg + 74 kg = 4 074 kg   b) 3 h 45 min = 180 min + 45 min = 225 min
   1 t 61 kg = 1 000 kg + 61 kg = 1 061 kg   2 h 36 min = 120 min + 36 min = 156 min

(Fortsetzung **Beispiel 2** Lösung a)
```
  4074 kg
+ 1061 kg
     1
─────────
  5135 kg = 5 t 135 kg
```

(Fortsetzung **Beispiel 2** Lösung b)
```
  225 min
+ 156 min
     1
─────────
  381 min = 6 h 21 min
```

Nutze für die Stellenschreibweise die Kästchen.

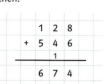

Aufgaben

1 Übertrage in dein Heft und berechne.
a) 245 + 122
b) 2724 + 215
c) 31 006 + 60 060
d) 2141 + 307
e) 210 415 + 468 574

2
a) 683 + 6709
   37 563 + 80 040
b) 7789 + 9678
   60 521 + 42 731
c) 34 692 + 208 905 + 87 + 57 922
d) 92 033 + 167 + 6902 + 15 422 + 5432
e) 500 500 500 + 7740 + 80 099 900 + 1 000 000 623 + 90 417 870

| 2 661 949 |
| 812 223 |
| 37 850 |
| 83 107 |
| 999 036 |
| 69 103 |

3 Berechne. Die Lösungen findest du auf dem Rand.
a) 3456 + 183 + 4044 + 30 167
   89 + 17 843 + 60 320 + 4855
b) 77 848 + 2 056 101 + 528 000
   44 999 + 9999 + 9100 + 5005
c) 9 + 9009 + 90 009 + 900 009
   1001 + 1111 + 9999 + 800 112

4 👥 Berechne die fehlenden Zahlen.

a)
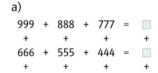

b)
```
 612 + 589 + 878  = ☐
  +     +     +      +
1286 + 2463 + 1619 = ☐
  +     +     +      +
 637 + 842 + 2185 = ☐
─────────────────────
  ☐  +  ☐  +  ☐  = 11111
```

c)

Jeder Stein enthält die Summe der beiden Zahlen darunter.

Info

Zahlen im Zweiersystem werden genauso addiert wie im Zehnersystem. Man schreibt die Zahlen genau untereinander und addiert sie stellenweise. Dabei muss man den Übertrag beachten.

5 Berechne.
a) $(1011)_2 + (101)_2$
b) $(10111)_2 + (10100)_2$
c) $(10101)_2 + (10001)_2$

Zur Kontrolle: Summe der drei Ergebnisse: 97

Addition von Größen

6 Berechne. Achte auf die Einheiten.
a) 83 kg + 172 kg + 88 kg
   3 kg + 400 g + 7 kg + 650 g
   3 kg 400 g + 7 kg 825 g
b) 4066 € + 1290 € + 32 811 €
   35 ct + 4 € + 81 € + 82 ct
   45,56 € + 566 € + 7,98 €
c) 463 km + 1056 km + 79 km + 80 km
   252 km + 200 m + 12 km + 60 m
   3 km 620 m + 2 km 56 m + 5 km 5 m

7 Berechne mithilfe des Fahrplans (Fig. 1) für den ICE 673 die gesamte reine Fahrzeit von Hamburg Hbf nach Basel SBB und die Gesamtzeit der Aufenthalte.

8 Der Weg einer Banane von der Ernte zu dir:
Von der Plantage bis zum Hafen 123 km.
Mit dem Schiff von Südamerika nach Hamburg 12 968 km.
Von Hamburg zum Großhändler nach Essen 507 km. Vom Großhändler zum Supermarkt 172 km. Vom Supermarkt zu dir nach Hause 3 km.
Wie weit ist die Banane gereist?

ICE 673		
Bahnhof	an	ab
Hamburg – Altona		16:09
Hamburg Dammtor		16:17
Hamburg Hbf		16:24
Hannover	17:38	17:41
Göttingen	18:16	18:18
Kassel – Wilhelmshöhe	18:37	18:39
Frankfurt (Main)	20:00	20:05
Mannheim	20:42	20:44
Karlsruhe	21:07	21:10
Baden Baden	21:25	21:27
Offenburg	21:42	21:44
Freiburg (Breisgau)	22:15	22:17
Basel Bad Bf	22:52	22:54
Basel SBB	23:00	

Fig. 1

Bist du sicher?

1 Berechne.
a) 4326 + 3251 + 2422   b) 212 + 8314 + 76 419 + 3888   c) 89 + 1678 + 26 + 40 202 + 5 + 34

2 Schreibe folgende Zahlen in Ziffern und addiere sie:
neunhundertsechsundsechzig, dreitausendvierhundertzwölf, zwei Millionen dreihundertachtundsechzigtausendeinhundertzehn

3 Addiere die folgenden Größen.
a) 21 kg + 500 g + 3 kg + 210 g   b) 15,35 € + 23,87 €   c) 2 h 45 min + 1 h 30 min + 90 min

Autobahn-entfernungen in km	Stuttgart	Frankfurt/Main	Dortmund	Hamburg	Hannover	Kassel
Stuttgart		217	451	668	526	366
Frankfurt/Main	217		264	495	352	193
Dortmund	451	264		343	208	165
Hamburg	668	495	343		154	307
Hannover	526	352	208	154		164
Kassel	366	193	165	307	164	

9 Die Tabelle gibt die Längen der kürzesten Autobahnverbindungen zwischen den Städten in km an. Zum Beispiel ist die kürzeste Autobahnstrecke zwischen Stuttgart und Hannover 526 km lang.
Familie Weit aus Stuttgart will in den Ferien nacheinander folgende Städte besuchen: Frankfurt/Main – Dortmund – Kassel – Hannover – Hamburg. Wie viele Kilometer legt sie auf der Autobahn zurück?

10 Ein Bücherwurm frisst sich durch fünf Bücher. Band I hat 347 Blätter, Band II 459, Band III 347, Band IV 366 und Band V 412 Blätter. Durch wie viele Blätter und Buchdeckel muss sich der Bücherwurm auf seinem Weg fressen?
a) von der ersten Seite des Bandes I bis zur letzten Seite von Band II,
b) durch alle fünf Bücher hindurch,
c) von der ersten Seite des Bandes III bis zur ersten Seite des Bandes V?

4 Schriftliches Subtrahieren

Entlang der Donau wird auf Tafeln angegeben, wie weit es bis zur Mündung ins Schwarze Meer ist.
Eine Pfadfindergruppe möchte in drei Tagen von Regensburg nach Passau paddeln. Die längste Strecke, die sie bisher an einem Tag gepaddelt ist, ist 55 km.

Beim schriftlichen Subtrahieren schreibt man die Zahlen so untereinander, dass Einer unter Einern, Zehner unter Zehnern, Hunderter unter Hundertern usw. stehen. Anschließend werden die Einer subtrahiert, dann die Zehner, dann die Hunderter usw. Hierbei kommt es häufig vor, dass man an einer Stelle die Subtraktion nicht durchführen kann. In diesem Fall wird jeweils von der nächsthöheren Stelle 1 „übertragen".

Schriftliches Subtrahieren (Subtraktionsverfahren)

	T	H	Z	E
	7	4	6	2
−	2	8	3	5
		1	1	
	4	6	2	7

Einer (E):   2 − 5 geht nicht   1 Z übertragen
                12 − 5 = 7   schreibe 7
Zehner (Z):   6 − 3 − 1 = 2   schreibe 2
Hunderter (H): 4 − 8 geht nicht   1 T übertragen
                14 − 8 = 6   schreibe 6
Tausender (T): 7 − 2 − 1 = 4   schreibe 4

*Ein anderes Verfahren zum schriftlichen Subtrahieren ist das **Ergänzungsverfahren**. Vergleiche dazu den Infokasten auf der nächsten Seite.*

Beispiel
a) Berechne: 794 − 523.   b) Berechne: 625 − 344.   c) Wie viel fehlt von 1689 zu 4388?
Lösung:

a)
```
    7 9 4
  − 5 2 3
  ───────
    2 7 1
```

b)
```
    6 2 5
  − 3 4 4
      1
  ───────
    2 8 1
```

c)
```
    4 3 8 8
  − 1 6 8 9
    1 1 1
  ─────────
    2 6 9 9
```

Aufgaben

1 Übertrage in dein Heft und berechne.

a) 385   b) 773   c) 968   d) 241   e) 987
  − 243   − 352   − 436   − 121   − 53

  2578   5614   3006   5606   7458
  − 435   − 2413   − 2463   − 840   − 376

Die zugehörige Addition (Umkehraufgabe) kann als Probe genutzt werden.

Info

Ergänzungsverfahren

Um 6035 − 2084 zu berechnen wird die Zahl bestimmt, die man zu 2084 addieren muss, um 6035 zu erhalten. Dazu bestimmt man die zu ergänzenden Ziffern einzeln.

	6	0	3	5
−	2	0	8	4
		1	1	
	3	9	5	1

Einer (E):   4 + 1 = 5   schreibe 1
Zehner (Z):   8 + 5 = 13   schreibe 5, übertrage 1
Hunderter (H): 1 + 0 + 9 = 10 schreibe 9, übertrage 1
Tausender (T): 1 + 2 + 3 = 6   schreibe 3

2 Berechne.
a) 836 − 588
   8206 − 7210
   70 007 − 69 008
   345 635 − 38 477

b) 4792 − 3023
   23 866 − 11 688
   99 635 − 57 605
   100 047 − 57 008

3 „Schöne Differenzen":
a) 54 321 − 41 976
   101 010 − 90 909
   969 696 − 696 969

b) 987 654 − 530 865
   757 575 − 181 818
   545 454 − 454 545

4 Wie heißt die fehlende Zahl?
a) 4788 − 2605 = ☐
   45 800 + ☐ = 56 455

b) 45 972 + ☐ = 81 760
   ☐ + 17 391 = 222 006

c) ☐ − 78 027 = 16 202
   ☐ + 145 772 = 791 330

5 Setze solange fort, bis das Ergebnis kleiner als die Zahl auf dem Pfeil ist.
a) 453 −89→ ☐ −89→ ☐ …
b) 1456 −213→ ☐ −213→ ☐ …

6 a) Wie viel muss man zu 23 470 addieren, um 70 122 zu erhalten?
b) Zu welcher Zahl muss man 11 006 addieren, um 20 060 zu erhalten?
c) Welche Zahl muss man zu 687 addieren, um 132 571 zu erhalten?

7 Einige Ziffern an der Tafel wurden in der Pause ausgewischt. Wie lauten die verwischten Ziffern?

8 Wie viele Stunden ist das Freizeitbad an den jeweiligen Tagen geöffnet und wie viele Stunden insgesamt in einer Woche?

Freizeitbad Aquadrom
Öffnungszeiten:
Montag bis Mittwoch   8 − 19 Uhr
Donnerstag und Freitag   9 − 21 Uhr
Samstag und Sonntag   10 − 18 Uhr

*Die Quersumme einer Zahl erhält man, wenn man die Ziffern der Zahl addiert.
Die Quersumme von 543 ist 5 + 4 + 3 = 12.*

Die Quersummen der Ergebnisse aus 10: 14, 18, 19.

9 a) Ergänze 924 087 zuerst zu einer Million und anschließend zu einer Milliarde.
b) Wie viel muss man zu der Zahl 4359 addieren, um die größte fünfstellige Zahl zu erhalten?
c) Subtrahiere die kleinste fünfstellige Zahl mit der Quersumme 10 von der Zahl 61 111.

10 a) Subtrahiere viertausendneunundneunzig von siebentausenddreihundertacht.
b) Vermindere sechstausenddrei um fünftausendeinhundertachtundvierzig.
c) Berechne die Differenz aus dreihundertsechsundsiebzig Milliarden zweihundertneunundneunzig Millionen siebenhundertdreitausendvierhundertelf und zweihundertdreiundsechzig Milliarden sechsundachtzig Millionen vierhunderttausenddreihunderteins.

11 Übertrage in dein Heft und berechne die fehlenden Zahlen.

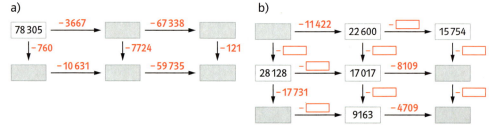

100   III Rechnen

Subtraktion von Größen

12 a) 6788 kg − 3089 kg
8 kg 446 g − 7 kg 89 g
2 t 560 kg − 1 t 34 kg

b) 24 688 € − 19 812 €
8 € 81 ct − 4 € 35 ct
166,89 € − 89,90 €

c) 41 316 km − 20 658 km
5 km 407 m − 1 km 8 m
6354 km 537 m − 3456 km 357 m

13 Wie viel hat jeder Anhänger geladen?

Bist du sicher?

1 Berechne.
a) 6745 − 1234
b) 7712 − 3606
c) 330 167 − 41 163
d) 209 901 − 119 010

2 Schreibe folgende Zahlen in Ziffern und subtrahiere sie:
fünfhundertdreizehn Millionen sechshundertfünfundzwanzigtausendzweihunderteins, dreihunderteinundsechzig Millionen vierhundertdreizehntausendeinhundertdreiundneunzig.

3 Subtrahiere die folgenden Größen.
a) 17 kg 525 g − 3 kg 618 g
b) 95,35 € − 43,97 €
c) 12 h 45 min − 7 h 56 min

14 Berechne das Gewicht der zulässigen Ladung. Ordne die Ergebnisse der Größe nach.

Fahrzeug	zulässiges Gesamtgewicht	Leergewicht
Auto	1465 kg	975 kg
Kleinbus	2390 kg	1412 kg
Linienbus	17 200 kg	10 536 kg
Kleinlaster	7500 kg	3534 kg

Fahrzeug	zulässiges Gesamtgewicht	Leergewicht
Segelflugzeug	459 kg	243 kg
Tankwagen	40 t	16 t
Jumbojet	363 t	304 t
Mondrakete	2837 t	2831 t

15 a) Eine Gondel der Zugspitzbahn wiegt 3 t. Das Gesamtgewicht von Gondel und Ladung darf 6 t 500 kg nicht überschreiten. Wie viel darf die Ladung wiegen?
b) Vier Maschinen, die 2 t, 1800 kg, 1550 kg und 1300 kg wiegen, müssen auf den Berg transportiert werden. Können sie zusammen mit den vier Monteuren (je 80 kg) in zwei Gondeln geladen werden?

16 Bestimme die fehlenden Entfernungsangaben auf den Schildern.

III Rechnen 101

5 Schriftliches Multiplizieren

Kleine Schritte über eine lange Zeitdauer

Als Peter die Zeitungen der letzten zwei Wochen für das Altpapier bündelt, stellt er fest, dass der Stapel eine Höhe von 4 cm hat. Dann überlegt er, wie hoch der Stapel wäre, wenn man die Zeitungen einen Monat oder ein Jahr lang sammeln würde.

„Die Zeit will heute aber gar nicht vergehen. Der Zeiger bewegt sich kaum", sagt Karin zu Petra in der Mathestunde. „Das kommt dir nur so vor", antwortet Petra. „Überlege einmal, wie viele Umdrehungen der große Zeiger der Uhr im Jahr macht."

Ein Hilfsmittel zur Multiplikation großer Zahlen ist das schriftliche Multiplizieren. Hierbei wird die Zerlegung eines Faktors in Einer, Zehner, Hunderter usw. ausgenutzt.
Bei der Multiplikation mit einem einstelligen Faktor sieht das Verfahren so aus:

```
453 · 7 = (400 + 50 + 3) · 7        Kurzform:
              21      ←    3 · 7    453 · 7
           + 350      ←   50 · 7    3171__  7 · 3 = 21              schreibe 1, übertrage 2
           + 2800     ←  400 · 7         |__ 7 · 5 = 35, 35 + 2 = 37 schreibe 7, übertrage 3
             1                              |__ 7 · 4 = 28, 28 + 3 = 31 schreibe 31
             3171
```

Beim Multiplizieren einer Zahl mit einem mehrstelligen Faktor wird dieses Verfahren mehrfach durchgeführt. Dabei müssen die Teilergebnisse stellenweise untereinander geschrieben und addiert werden.

Überschlag:
500 · 400 = 200 000

Schriftliches Multiplizieren

```
  5 2 7 · 3 6 1                        5 2 7 · 3 6 1
  1 5 8 1 0 0   ←  5 2 7 · 3 0 0         1 5 8 1
+     3 1 6 2 0 ←  5 2 7 ·   6 0      +     3 1 6 2
+         5 2 7 ←  5 2 7 ·     1      +         5 2 7
        1 1                                   1 1
  1 9 0 2 4 7                           1 9 0 2 4 7
```

Menschlicher Computer:
In 28 Sekunden multiplizierte Shakuntala Devi aus Indien zwei 13stellige Zahlen. Die Rechenaufgabe lautete:
7 686 369 774 870
· 2 465 099 745 779.
Das korrekte Resultat:
18 947 668 177 995 426 462 773 730.

Es ist vorteilhaft, bei der schriftlichen Multiplikation von großen Zahlen eine Überschlagsrechnung im Kopf zu machen. In der Regel genügt es, jeden Faktor auf die höchste Stelle genau zu runden. Dann kann man im Kopf rechnen.
Beispielsweise ist 42 · 492 ≈ 40 · 500 = 20 000.
Dazu muss man Zahlen mit vielen Nullen im Kopf multiplizieren.
Die folgenden Beispiele zeigen, dass man dafür die Nullen zählen muss:
4 · 5 = 20
40 · 5 = 200
40 · 500 = 20 000
4000 · 50 000 = 200 000 000.

102 III Rechnen

Beispiel 1 Mache zunächst einen Überschlag. Berechne dann.
a) 179 · 314   b) Multipliziere die Zahlen 34 und 4036.
Lösung:
a) Überschlag: b) Überschlag: 30 · 4000 = 120 000.
   200 · 300 = 60 000.   Beim Multiplizieren gibt es zwei Möglichkeiten:
                         34 · 4136 oder 4136 · 34.

```
  1 7 9 · 3 1 4              3 4 · 4 1 3 6          4 1 3 6 · 3 4
      5 3 7                        1 3 6                1 2 4 0 8
   +  1 7 9                     +    3 4             + 1 6 5 4 4
   +    7 1 6                   +   1 0 2              1 4 0 6 2 4
      5 6 2 0 6                 +  2 0 4
                                1 4 0 6 2 4
```
Durch Vertauschen der Faktoren kann die Rechnung kürzer werden.

Beispiel 2 Die Ziffer 0 beim Multiplizieren
Berechne: a) 3105 · 4003.   b) 4052 · 2300.
Lösung:
a) 3105 · 4003   b) 4052 · 2300
     1 242 000   8104
   +   9 315   + 1 215 600
    12 429 315   9 319 600

Bei Nullen im 2. Faktor wird keine Zeile nur mit Nullen geschrieben, sondern die Nullen werden an das vorherige Teilergebnis angehängt.

Merkwürdige Produkte:
$1 · 1 = 1$
$11 · 11 = 121$
$111 · 111 = 12321$
…
Setze die Zeilen fort.

Aufgaben

1 Multipliziere.
a) 36 · 5   b) 33 · 8   c) 7 · 93   d) 6 · 78
   231 · 5   2 · 385   822 · 6   3 · 749
   4 · 1321   3219 · 3   5 · 5152   3874 · 7

„Schöne Produkte":
37 037 · 21
271 · 205
1089 · 64
851 · 546

2 Führe zunächst eine Überschlagsrechnung durch. Multipliziere dann.
a) 23 · 29   b) 42 · 17   c) 98 · 67   d) 68 · 87
   142 · 12   420 · 170   96 · 957   680 · 870
   142 · 1200   948 · 618   960 · 9570   928 · 468
   2301 · 409   2031 · 409   2031 · 490   8007 · 130

3 Führe eine Überschlagsrechnung durch und suche das richtige Ergebnis auf dem Rand.
a) 195 · 73   b) 52 · 3195   c) 92 · 2379
   475 · 2219   999 · 5223   5213 · 42 890

32 145
218 868
5 217 777
14 235
166 140
442 233
1 054 025
223 585 570

Info

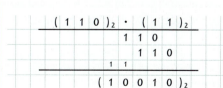

Im Zweiersystem werden Zahlen genauso multipliziert wie im Zehnersystem. Dabei muss man den Übertrag beachten.

4 Berechne.
a) $(1001)_2 · (101)_2$ b) $(10111)_2 · (101)_2$ c) $(111)_2 · (111)_2$

Zur Kontrolle: Summe der drei Ergebnisse: 209

5 a) Multipliziere 5683 mit 92.
b) Berechne das Produkt der Zahlen 6093 und 87.
c) Multipliziere die Zahl 23 mit sich selbst.
d) Multipliziere den Vorgänger mit dem Nachfolger von 23. Vergleiche mit c).

6 a) Der Mensch macht etwa 16 Atemzüge in jeder Minute. Wie viele Atemzüge sind dies an einem Tag und wie viele in einem Monat mit 31 Tagen?
b) Das menschliche Herz schlägt etwa 70-mal in jeder Minute. Wie viele Herzschläge sind dies in einem Jahr?

Bist du sicher?

1 Berechne.
a) 49 · 12   b) 153 · 805   c) 930 · 107   d) 70 707 · 6008

2 Wie viele Sekunden hat eine Stunde, ein Tag, ein Jahr?

3 In einem großen Saal sind 18 Doppelreihen Stühle aufgestellt. Jede einfache Reihe hat 24 Plätze. Wie viele Personen finden in dem Saal Platz?

7 Der Mond bewegt sich um die Erde und legt dabei in einer Stunde 3672 km zurück.
a) Welche Strecke legt der Mond an einem Tag zurück?
b) Für einen vollen Umlauf um die Erde braucht er 27 Tage und 8 Stunden. Berechne die Wegstrecke, die er in dieser Zeit zurücklegt.

8 Die Erde „rast" mit einer Geschwindigkeit von 1788 km pro Minute um die Sonne.
a) Welchen Weg legt die Erde dabei in einer Stunde (einem Tag) zurück?
b) Vergleiche mit den Wegstrecken, die der Mond (Aufgabe 7) in einer Stunde (einem Tag) um die Erde zurücklegt.

Info

Andere Länder, andere Sitten
Eine alte Geschichte erzählt von einem abessinischen Bauernvolk, das die schriftliche Multiplikation nicht kannte. Dennoch halfen sich die Leute auf eine recht merkwürdige Art.
Die abessinischen Bauernregeln:
1. Der erste Faktor des zu berechnenden Produkts wird so oft halbiert, bis man auf 1 kommt. Tritt beim Halbieren von ungeraden Zahlen ein Rest auf, so lässt man diesen weg.
2. Der zweite Faktor wird so oft verdoppelt, wie der erste Faktor halbiert wurde.
3. Man streicht nun in der Tabelle die Zeilen weg, in denen der erste Faktor eine gerade Zahl ist.
4. Die Zahlen, die in der rechten Tabellenspalte übrig bleiben, werden zum Schluss addiert.
5. Die Summe ist das Ergebnis der Multiplikationsaufgabe.
Führe folgende Multiplikationen nach der abessinischen Bauernmethode durch und prüfe das Ergebnis mithilfe der schriftlichen Multiplikation.
16 · 15, 18 · 52, 84 · 39, 128 · 7, 111 · 11, 298 · 24

Abessinien liegt im heutigen Äthiopien.

6 Schriftliches Dividieren

Ziehung vom Samstag: 10, 15, 19, 24, 38, 41, Zusatzzahl 12. Beim Vergleich mit ihrem Tippschein bricht die dreiköpfige Tippgemeinschaft „Wir werden Millionäre" in Jubel aus. Die Ernüchterung erfolgte am Montag.

Gewinnplan:

Anzahl	Rang	Gewinn
–	6 Richtige + Superzahl	unbesetzt
3	6 Richtige	965 244,50 €
23	5 Richtige + Zusatzzahl	78 688,40 €

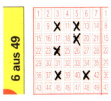

Beim Dividieren von 30 : 5 überlegt man, wie oft die Zahl 5 in der Zahl 30 enthalten ist. Kann eine Divisionsaufgabe nicht mehr im Kopf gelöst werden, so wird diese in schriftlicher Form durchgeführt.

```
H | Z | E              H | Z | E
7   6   2    : 6 =    1   2   7
-6          · 6
 1  6
-1  2       · 6
    4  2
   -4  2    · 6
       0
```

6 geht in 7 einmal, schreibe **1** Hunderter, rechne **1** · 6.
7 − 6 = 1, hole 6 nach unten (16 Zehner bleiben).
6 geht in 16 zweimal, schreibe **2** Zehner, rechne **2** · 6.
16 − 12 = 4, hole 2 nach unten (42 Einer bleiben).
6 geht in 42 siebenmal, schreibe **7** Einer, rechne **7** · 6.
42 − 42 = 0.

Wenn die Division nicht aufgeht, bleibt ein Rest, der immer kleiner ist als die Zahl, durch die geteilt wird.

Schriftliches Dividieren

```
 3247 : 24 = 135 Rest 7
-24
 ——
  84
 -72
 ——
  127
 -120
 ——
    7
```

24 geht einmal in 32, schreibe 1.
Subtrahiere 24 von 32.
Hole 4 nach unten. 24 geht dreimal in 84, schreibe 3.
Subtrahiere 72 von 84.
Hole 7 nach unten. 24 geht fünfmal in 127, schreibe 5.
Subtrahiere 120 von 127.
24 geht nicht in 7, Rest 7.

*Eine andere Schreibweise für
3247 : 24 = 135 Rest 7
ist
3247 : 24 = 135 + 7 : 24.*

Beispiel 1
Berechne 2798 : 21 und kontrolliere durch eine Überschlagsrechnung. Führe die Probe durch.
Lösung:

```
 2798 : 21 = 133 Rest 5
-21
 ——
 69
-63
 ——
 68
-63
 ——
  5
```

Überschlag: 2798 : 21 ≈ 3 000 : 20 = 150
Probe: 133 · 21
         ———
         266
       + 133
         ———
         2793

2793 + 5 = 2798
Bei der Probe darf man den Rest nicht vergessen!

Auch bei Divisionsaufgaben kann man eine Überschlagsrechnung durchführen. Außerdem kann die zugehörige Multiplikationsaufgabe als Probe dienen.

III Rechnen

Beispiel 2
Berechne 5105:12 und kontrolliere durch Überschlag.
Lösung:

$$5105 : 12 = 425 \text{ Rest } 5$$
$$\underline{-\ 48}$$
$$\ \ \ 30 \longleftarrow \textit{Auch die Null muss}$$
$$\underline{-\ 24} \qquad \textit{berücksichtigt werden.}$$
$$\ \ \ 65$$
$$\underline{-\ 60}$$
$$\ \ \ \ 5$$

Überschlag: $5105:12 \approx 5000:10 = 500$

Beispiel 3
Berechne 4635:15.
Lösung:

$$4635 : 15 = 309$$
$$\underline{-\ 45}$$
$$\ \ \ 13 \longleftarrow \textit{15 ist nullmal in 13 enthalten.}$$
$$\underline{-\ \ 0}$$
$$\ 135$$
$$\underline{-\ 135}$$
$$\ \ \ \ 0$$

Aufgaben

Bei den Aufgaben 1, 2 und 3 gibt es garantiert keinen Rest.

1 Berechne.
a) 104:2   b) 148:2   c) 184:4   d) 105:5   e) 147:7
    342:3   2744:4   1650:5   3647:7   4568:8

Ordne die Buchstaben nach den Lösungen von Aufgabe 2.

698 A	69 I	907 R			
123 N	89 S	351 N			
537 L	91 T	93 K			
807 E	45 E	121 I			

2 Mache zuerst einen Überschlag, berechne dann.
a) 3025:25   b) 2139:31   c) 4183:47   d) 5278:58
    8424:24   7011:57   3534:38   4140:92
   49 941:93   33 894:42   26 524:38   46 257:51

3 Für welche Zahl steht □?
a) 3776:59 = □   b) 54 · □ = 2754   c) 6768:□ = 752
   □ · 572 = 7436   □:37 = 5772   □ · 257 = 17 219

4 Mache zuerst einen Überschlag, berechne dann.
a) 243:11   b) 815:19   c) 2398:74   d) 2636:26
  41 396:55   87 521:36   78 492:28   59 804:51

Ordne die Buchstaben nach den Resten von Aufgabe 5.

9 I	392 A	15 U			
11 N	5 N	49 K			
436 E	1 O	26 T			
3 M	12 I	81 B			

5 Berechne.
a) 479:34   b) 629:39   c) 821:29   d) 532:52
  3902:47   2006:45   3020:51   7771:66
  5420:235   6020:402   9402:717   5892:496

6 Ersetze das Zeichen □ durch die größtmögliche Zahl. Berechne den Rest △.
a) 89 = □ · 11+ △   b) 175 = 12 · □ + △   c) 344 = □ · 3 + △
   205 = 34 · □ + △   394:□ = 13 Rest △   534:□ = 38 Rest △

7 Welche Endziffern kann eine Zahl haben, die bei der Division durch
a) 10 den Rest 3 übrig lässt,   b) 5 den Rest 2 übrig lässt,
c) 25 den Rest 14 übrig lässt,   d) 50 den Rest 11 übrig lässt?

8 a) Berechne den Quotienten der Zahlen 3108 und 37.
b) Dividiere die Summe der Zahlen 87 und 810 durch 13.
c) Dividiere das Produkt von 38 und 49 durch die Summe der Zahlen 65 und 68.

9 Peter, Lena und Susanne vergleichen ihre Rechnungen. Finde ihre Fehler und erkläre sie ihnen.

Peter	Lena	Susanne
8235 : 27 = 341	8235 : 27 = 3041	8235 : 27 = 342 Rest 1
− 81	− 81	81
———	———	———
135	13	115
− 135	0	108
———	135	55
0	− 108	54
	———	———
	27	1
	− 27	
	———	
	0	

987 654 312 : 8 = ?

10 Eine gesunde, hundertjährige Buche produziert pro Stunde etwa 2 kg Sauerstoff. Ein Düsenflugzeug „frisst" je Minute Flugzeit 600 kg Sauerstoff.
Wie viele solcher Buchen wären nötig, um den von einem Flugzeug verbrauchten Sauerstoff genauso schnell wieder zu erzeugen?

11 Zum Bau von Holzkisten mit den angegebenen Maßen ist noch folgender Holzvorrat vorhanden:
75 Böden,
18 Dreikantholzlatten zu je 4 m,
57 Holzlatten zu je 5 m.
Für wie viele Kisten reicht der Vorrat höchstens?

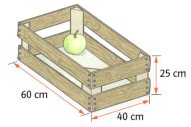

Fig. 1

12 a) 1000 Tage – Konntest du in diesem Alter schon laufen?
b) 1000 Wochen – Bist du schon so alt?
c) 1000 Monate – Kennst du jemanden, der so alt ist?

Bist du sicher?

1 Mache zuerst einen Überschlag, berechne dann und mache die Probe.
a) 325 : 25   b) 8910 : 135   c) 8635 : 380   d) 27 531 : 260

2 Durch welche Zahl muss man 2771 dividieren, um 163 zu erhalten?

3 In einer Molkerei werden 1000 Milchflaschen in 6er-Kästen ausgeliefert.
Wie viele Kästen können gefüllt werden? Wie viele Flaschen bleiben übrig?

13 a) Die Eier sollen in Sechserpackungen abgepackt werden. Wie viele Packungen ergibt das?
b) In wie viele Zwölferpackungen lassen sich die Eier verpacken? Bleiben Eier übrig?
c) 63 Sechserpackungen sind bereits verpackt. In wie viele Zehnerpackungen passt der Rest der Eier? Wie viele Eier bleiben übrig?

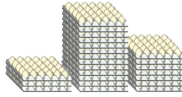

Fig. 2

III Rechnen

7 Anwendungen

Sabine und Klaus haben beide einen Walkman, den sie ausgiebig benutzen. Die zwei Batterien reichen bei häufiger Benutzung für etwa zwei Nachmittage.
In einem Elektronikladen sehen sie das nebenstehende Angebot.
„Viel zu teuer", sagt Klaus. „Das rentiert sich", meint Sabine.

Bei umfangreichen Sachaufgaben ist es entscheidend, die wichtigen Angaben im Text zu erkennen. Bei den Rechnungen ist auf eine ausführliche Beschreibung des Lösungsweges zu achten.
Die Angabe der Lösung erfolgt dann in einem Antwortsatz.

Beim Lösen ist folgendes Vorgehen zu empfehlen:

1. Lies die ganze Aufgabe genau durch.
2. Beschaffe dir die notwendigen Angaben und stelle sie übersichtlich dar.
3. Stelle die notwendigen Rechenschritte auf und führe sie aus.
4. Schreibe das Ergebnis in einem Satz auf.
5. Überprüfe, ob das Ergebnis stimmt.

Beispiel 1
Die Tribüne des FC Neuhof wird umgebaut. Hierdurch verringert sich die Anzahl der Sitzplätz um 20. Der Vorstand hat beschlossen, nach dem Umbau für alle Tribünenplätze den gleichen Eintrittspreis zu verlangen.
Bei voll besetzter Tribüne soll aber die gleiche Einnahme wie vor dem Umbau erzielt werden.
Wie viel Euro muss dann ein Tribünenplatz kosten?
Lösung:
Zusammenstellung der Angaben.
1. Vor dem Umbau:

	Anzahl der Plätze	Preis pro Platz	Einnahmen
	100	13 €	1300 €
	200	10 €	2000 €
	200	7,50 €	1500 €
Summe	500		4800 €

Fig. 1

Eine Tabelle ist ein sinnvolles Hilfsmittel, um solche Angaben darzustellen.

108   III Rechnen

2. Sitzplätze der Tribüne nach dem Umbau: *Anzahl der Plätze nach dem Umbau.*
500 − 20 = 480
3. Kosten des künftigen Tribünenplatzes: *Einnahmen sollen gleich bleiben.*
4800 € : 480 = 10 €
4. Antwortsatz:
Die Kosten eines Tribünenplatzes müssten
nach dem Umbau 10 € betragen.

Beispiel 2
Passen fünf Personen mit Feriengepäck in einen gewöhnlichen PKW?
Lösung:
1. Zuladung eines PKWs: 490 kg   *Informiere dich, wie viel kg ein PKW zuladen*
2. Gewicht der Personen: *kann (z. B. im Fahrzeugschein).*
   zwei Erwachsene ca. 2 · 80 kg = 160 kg
   drei Kinder ca. 3 · 50 kg = 150 kg   *Schätze das Gewicht der fünf Personen.*
3. Mögliches Gewicht des Gepäcks: *Berechne das mögliche Gewicht des gesam-*
   490 kg − (160 kg + 150 kg) = 180 kg   *ten Gepäcks.*
4. Gewicht des Feriengepäcks pro Person:
   180 kg : 5 = 36 kg
Da jede Person ca. 36 kg Gepäck mitneh-
men kann, reicht der PKW aus.   *Überlege, ob das Ergebnis realistisch ist.*

Aufgaben

1 Die Klassen 5 a (27 Kinder) und 5 c (30 Kinder) machen einen Ausflug zu einem Aussichtsturm. Es gibt zwei Fahrstühle zur Aussichtsplattform. Der eine kann zwölf, der andere neun Personen gleichzeitig befördern. Wie oft müssen die Fahrstühle mindestens fahren, bis alle Schülerinnen und Schüler oben sind?

2 Der Sportverein hat die Mitglieder der Jugendfußballmannschaft zum Essen in die Dorfschenke eingeladen. Die Mitglieder können unter drei verschiedenen Menüs wählen: Menü I kostet 7,50 €, Menü II 8 € und Menü III 8,50 €. Fünf Spieler bestellen Menü I, 17 Menü II und vier Menü III. Es werden acht Gläser Cola zu je 1,50 €, 15 Gläser Mineralwasser zu je 1,20 € und zwölf Gläser Fruchtsaft zu je 2 € getrunken.
Wie viel Euro muss der Sportverein bezahlen?

3 Im Getränkemarkt kostet ein Kasten Mineralwasser mit 12 Flaschen 3,49 €. Hinzu kommen 15 ct Pfand pro Flasche und 1,50 € Pfand für den Kasten.
Herr Putz kauft 5 Kästen Mineralwasser. Gleichzeitig bringt er drei leere Kästen zurück. Zwei der Kästen sind vollständig, im dritten fehlen vier Flaschen.
Er bezahlt mit einem 50-Euro-Schein. Wie viel Euro bekommt er zurück?

4 a) Schätze, wie viel Euro die Fahrräder, die in deiner Schule stehen, kosten.
b) Schätze das Gesamtgewicht aller Schülerinnen und Schüler deiner Schule.

5 a) Schätze die Anzahl der Autos in deiner Heimatstadt.
b) Diese Autos werden hintereinander gestellt. Welche Länge hätte diese Autoschlange?
c) Welche Länge hätte die Autoschlange aller PKWs in Deutschland?
Vergleiche die Länge der Autoschlange mit der Länge der gesamten Autobahnen.

*Breite einer Zaunlatte: 5 cm.
Eine Zaunlatte wiegt 1,5 kg.
100 Latten kosten 150 €.
Der Zaun wird 1,90 m hoch.*

6 Überprüfe, ob alle für die Beantwortung notwendigen Informationen angegeben sind. Wenn nicht, suche die passende Information auf der nebenstehenden Tafel.
a) Ein Transportunternehmer soll 5000 Zaunlatten vom Sägewerk abholen. Sein LKW kann 3 t laden. Wie oft muss er mindestens fahren?
b) Für einen Zaun werden 500 Latten benötigt. Der Zaun soll 30 m lang werden. Der Handwerker kann etwa 20 Latten in der Stunde verarbeiten. Mit wie vielen Arbeitsstunden muss man rechnen?
c) Der Handwerker bekommt pro Stunde 32,50 €. Wie teuer wird der gesamte Zaun?

7 Die Wohnzimmeruhr von Familie Scheuer schlägt zu jeder Viertelstunde einmal, zu jeder halben Stunde zweimal, zu jeder Dreiviertelstunde dreimal, zu jeder vollen Stunde viermal.
a) Wie oft schlägt die Uhr an einem Tag?
b) Wie oft schlägt die Uhr in einem Monat?
c) Wie oft schlägt die Uhr in einem Jahr?
d) Letzten Sonntag ist sie um 12 Uhr 12 stehen geblieben. Wie oft hat Scheuers Uhr seit Montag 0 Uhr geschlagen?

8 Wie viele Honigbienen haben insgesamt genauso viele Beine wie 27 Spinnen, 206 Eintagsfliegen und 6 Frösche zusammen?

Fig. 1

9 An der Kasse eines Kinos hängt das nebenstehende Schild.
Jede Reihe hat 30 Plätze. Für den nächsten Film möchte der Kinobesitzer für alle Plätze den gleichen Preis verlangen. Wie viel Euro kostet dann eine Eintrittskarte, wenn bei voll besetztem Kino die Einnahmen genauso hoch sein sollen wie bei den alten unterschiedlichen Preisen?

Fig. 2

10 Herr Weiß holt Milch bei Bauern ab und bringt sie zur Molkerei. Seine Fahrt beginnt und endet bei der Molkerei, unterwegs besucht er die Bauern A, B, C, D und E. Überlege verschiedene Routen. Welche Route ist optimal? Begründe. Schätze die nicht angegebenen Streckenlängen.

11 In einem großen Bürogebäude arbeiten im Erdgeschoss in 7 Büros je 3 Personen. Im ersten Obergeschoss in 3 Büros je 4, in 6 Büros je 5 und in 5 Büros je 6 Angestellte. Im zweiten Obergeschoss arbeiten in 15 Büros je 2 Sachbearbeiter und im dritten Obergeschoss in 4 Büros je ein Firmenangehöriger. Das Bürogebäude soll durch ein neues ersetzt werden, das 4 Büros hat, in denen jeweils eine Person arbeitet und sonst nur Büros für maximal 3 Personen. Wie viele Büros müssen in dem neuen Gebäude mindestens eingerichtet werden?

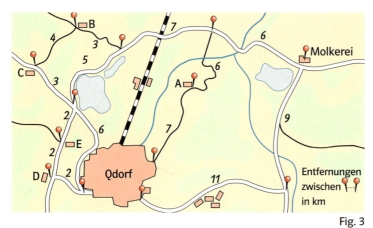

Fig. 3

110 III Rechnen

Bist du sicher?

1 Ein Auto darf mit 450 kg beladen werden. Wie viel darf das Gepäck wiegen, wenn zwei Erwachsene mit 81 kg und 62 kg und zwei Kinder mit 43 kg und 31 kg mitfahren?

2 30 000 Wassertropfen ergeben ungefähr einen Liter Wasser. Aus einem undichten Wasserhahn tropft in jeder Sekunde ein Wassertropfen. Obwohl der Wasserhahn nach einem Tag repariert ist, überlegt Max, wie viele 10 Liter-Eimer mit dem Wasser gefüllt werden könnten, das aus diesem Wasserhahn in einem Jahr tropfen würde.

---

12 Von 1200 Sitzplätzen in einer Konzerthalle werden maximal 800 Karten im Vorverkauf vergeben. Die Karten kosten 30 €; 25 € bzw. 20 €. An der Abendkasse sind alle Plätze 1 € günstiger. Im Vorverkauf wurden für ein Konzert 402 Karten abgegeben, je gleich viele zu 30; 25 und 20 €. An der Abendkasse wurden 122 der teuersten und jeweils doppelt so viele der anderen Plätze verkauft. Vor dem Konzert gingen 27 Karten zurück. Das Geld wurde erstattet.
a) Überschlage, wie viel Geld nach dem Vorverkauf in der Kasse war.
b) Um zu berechnen, wie viele der 1200 Sitzplätze nicht besetzt waren, braucht man nicht alle Informationen. Welche sind dafür überflüssig?
c) Wie viele Sitzplätze waren nicht besetzt?
d) Welche Zusatzinformationen bräuchte man, um die Gesamteinnahmen zu berechnen? Überschlage den Wert ohne diese Information.

13 Eine Pfadfindergruppe wandert (rote Linie) von der Waldhütte zum Weißenstein.
a) Wie viele Höhenmeter geht es auf der Wanderung bergauf (bergab)?
b) Wie viele Höhenmeter geht es insgesamt bergauf (bergab), wenn die Gruppe den selben Weg zurückgeht?

Fig. 1

14 Im Fass 1 sind 120 l Wasser und im Fass 2 sind 40 l eines Saftkonzentrats. Die Flüssigkeiten sollen in drei Schritten gemischt werden:
1) Die Hälfte von Fass 1 in Fass 2.
2) Die Hälfte der neuen Menge von Fass 2 in Fass 1.
3) Die Hälfte der neuen Menge von Fass 1 in Fass 2.
a) Stelle nach jedem Schritt für den Inhalt eines jeden Fasses einen Rechenausdruck auf.
b) Wie viel Liter sind am Ende in jedem der beiden Fässer?

Kannst du das noch?

15 Schätze die folgenden Größen.
a) Das Gewicht dieses Buches.
b) Das Gewicht eines Brötchens.

16 Berechne.
a) 3 m 70 cm + 2 m 80 cm
b) 5 kg 300 g + 2 kg 900 g
c) 2 t 300 kg − 1 t 200 kg
d) 530 mm − 2 cm 9 mm
e) 6 t 400 kg + 3326 kg
f) 53 cm 2 mm − 8 cm 6 mm

III Rechnen 111

8 Variable

Lorenz und Julian unterhalten sich:
Lorenz: „Ich schaffe es jeden Abend, 15 Seiten in meinem Buch zu lesen. Wie lange ich wohl noch darin lesen kann?"
Julian: „Das wüsste ich auch gerne. Wann kann ich mir dein Buch endlich ausleihen? Kannst du dich nicht ein bisschen beeilen?"

Kassel-Wilhelmshöhe

193 km

Frankfurt (Main) Hbf

Herr Wanke pendelt täglich mit dem ICE von Kassel nach Frankfurt zur Arbeit. Seine Töchter Anette und Sonja möchten wissen, wie viele Bahnkilometer ihr Vater monatlich zurücklegt und schätzen, dass er insgesamt ca. 5000 km fährt.

Um die Anzahl der monatlich gefahrenen Bahnkilometer zu errechnen, benötigt man die Anzahl der Arbeitstage pro Monat (durchschnittlich 21) und die Länge der einfachen Fahrtstrecke (193 km). Man rechnet: Bahnkilometer pro Monat = 2 · 21 · 193 km = 8106 km

Gerundet ergeben sich ca. 8100 km pro Monat. Sonja und Anette haben sich also deutlich verschätzt, denn Herr Wanke fährt mehr als eineinhalb mal so viele Bahnkilometer pro Monat, wie sie geschätzt hatten.

Würde Herr Wanke im 44 km entfernten Göttingen arbeiten, müsste man für die Entfernung einen anderen Wert einsetzen: Bahnkilometer pro Monat = 42 · 44 km = 1848 km

Trotz unterschiedlicher Entfernungen bliebe die Struktur beider Rechenausdrücke gleich: Bahnkilometer pro Monat = 42 · x (in km)

Das kennst du bereits: Statt einer Variablen kann man auch einen Kasten oder ein Fragezeichen schreiben.
42 · ☐ km
oder
42 · ? km

Der Buchstabe x dient als Platzhalter. Solche Platzhalter nennt man **Variable**, da man für sie jeweils unterschiedliche Werte einsetzen kann. Die Variable x steht in diesem Beispiel für die Anzahl der Kilometer. Die Bedeutung der Variablen muss man immer angeben.

variabilis (lat.): veränderbar

> **Variable in Rechenausdrücken**
> Führt man mehrfach eine Rechnung mit gleicher Struktur, aber unterschiedlichen Werten aus, so schreibt man im Rechenausdruck für den veränderlichen Wert eine Variable.

Beispiel
Kerstin spart monatlich 3 €.
a) Wie viel spart sie in fünf Monaten?
b) Wie viel spart sie in neun Monaten?
c) Gib einen Rechenausdruck mit einer Variablen für andere Spardauern an.

Lösung:
a) Sparguthaben = 5 · 3 € = 15 €
b) Sparguthaben = 9 · 3 € = 27 €
c) Führe x als Variable für die Anzahl der Monate ein. Der Rechenausdruck lautet: Sparguthaben (in €) = x · 3 €

112 III Rechnen

Aufgaben

1 Karina hat einen langen Arbeitstag, der durch die zweistündige Mittagspause, die sie zuhause verbringt, unterbrochen ist. Ihr Büro ist 12 km von ihrer Wohnung entfernt, sie benötigt für eine Strecke durchschnittlich 16 min.
a) Welche Arbeitsstrecke legt sie täglich zurück?
b) Wie lange ist sie täglich unterwegs?
c) Stelle Rechenausdrücke für andere Fahrtdauern auf.

2 a) Berechne den Umfang einer Raute mit 17 cm Seitenlänge.
b) Stelle einen Rechenausdruck zur Berechnung der Umfänge weiterer Rauten auf.

3 Lars liest in einem Fahrstuhl, dass dieser eine Tragfähigkeit von maximal 800 kg hat. Er überlegt, wie viele Personen gleichzeitig mitfahren können. Mit welchem Rechenausdruck kann Lars die Anzahl der Personen für verschiedene Fälle ausrechnen? Was bedeutet die Variable?

Tipp:
Um mehrere Rechenausdrücke auszurechnen und Rechenaufwand zu sparen, kannst du hier mit einem Tabellenkalkulationsprogramm arbeiten (siehe Seite 116)

4 a) Zu welcher der folgenden Situationen passt der Rechenausdruck 24 : y? Begründe.
Situation A: Eine Taxifahrt kostet 24 €. Vier Freunde teilen sich diese Kosten. Mit dem Rechenausdruck kann man ermitteln, wie viel jeder bezahlen muss.
Situation B: Die Klasse 5c hat 24 Kinder. Sie lesen im Deutschunterricht das Buch „Die Maulwürfe". Die Variable y steht für den Preis dieses Taschenbuchs. Mit dem Rechenausdruck kann man den Rechnungsbetrag für die gesamte Klasse ermitteln.
b) Denk dir eine weitere Situation aus, zu der der gegebene Rechenausdruck passt.

5 a) Stelle einen Rechenausdruck für den Umfang eines gleichseitigen Dreiecks auf.
b) Jede Seite eines gleichseitigen Dreiecks wird um 5 cm verlängert. Wie ändert sich der Rechenausdruck aus a)?

6 Auf einer Rolle sind 10 m Geschenkband. Für jedes zu verpackende Päckchen werden ca. 60 cm Geschenkband benötigt.
a) Gib einen Rechenausdruck an, mit dem man die Länge des verbleibenden Geschenkbandes ausrechnen kann, nachdem man mehrere Geschenke verpackt hat.
b) Wie viele Geschenke lassen sich etwa verpacken?

Bist du sicher?

1 Stelle einen Rechenausdruck für den Umfang eines Quadrats auf.

2 Eine Glühbirne kostet 99 ct. Stelle einen Rechenausdruck für den Verkauf mehrerer Glühbirnen auf.

3 Ein Internetzugang kostet monatlich 3 € Grundgebühr. Für jede Stunde online werden 20 ct verlangt. Stelle einen Rechenausdruck für die monatliche Rechnung auf.

7 In diesen Beispielen kommen veränderliche und unveränderliche Werte vor. Für welche kann man eine Variable schreiben, für welche nicht?
a) Grundgebühr der Telefonrechnung; Anzahl der verbrauchten Gebühreneinheiten; Höhe der Telefonrechnung
b) Anzahl der Stockwerke eines Hauses; Höhe des Hauses; Höhe eines Stockwerks

III Rechnen 113

9 Gleichungen

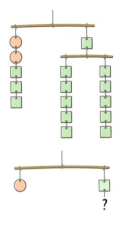

Lisa und Ria dürfen aufs Sommerfest. Sie haben zusammen 20 € zur Verfügung. Sie wollen ihr ganzes Geld ausgeben und möglichst häufig mit der spektakulären Achterbahn fahren, bei der eine Fahrt 2 € kostet. Leider wird Ria schlecht, sodass Lisa die letzten drei Fahrten alleine machen muss.

Einzelne Zahlen, Variablen oder Rechenausdrücke bezeichnet man auch als „Term".

André hat für seine Eisenbahn 25 gleiche gerade Schienen. Vier braucht er für sein Abstellgleis. Er überlegt, wie lang er das Oval machen kann.
Dazu kann man zunächst einen Term aufstellen. Die Variable x steht für die Anzahl der geraden Schienen für eine Länge des Ovals. Dann ist $3 \cdot x + 4$ ein Term für die Anzahl aller gerader Schienen.

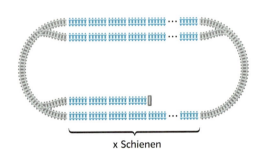

Welche Zahl muss man für x einsetzen, damit der Term $3 \cdot x + 4$ den Wert 25 annimmt? Dieses Problem schreibt man kurz als **Gleichung** $3 \cdot x + 4 = 25$.

Eine **Lösung der Gleichung** ist ein Wert von x, für den der Term $3 \cdot x + 4$ den Wert 25 annimmt. Es gibt verschiedene Wege, eine Gleichung zu lösen.

Geschicktes Probieren

x	$3 \cdot x + 4$
3	13
4	16
10	34
8	28
7	25

1. Geschicktes Probieren. Man setzt verschiedene Werte für x in den Term ein und versucht, dem gewünschten Wert nahe zu kommen. Eine Tabelle kann dabei hilfreich sein. Man erkennt, dass 7 die Lösung der Gleichung $3 \cdot x + 4 = 25$ ist.

2. Rückwärts rechnen. Man geht vom Ergebnis 25 aus und subtrahiert zuerst 4. Das sind die 4 Schienen fürs Abstellgleis. Es bleiben 21 Schienen für die Längsseiten des Ovals übrig. Somit ergibt sich die Lösung der Gleichung zu $21 : 3 = 7$.

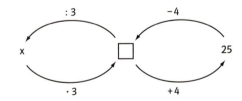

> Soll ein Term einen bestimmten Wert annehmen, so stellt man eine **Gleichung** auf.
> Eine Zahl x, für die der Term den vorgegebenen Wert annimmt, heißt **Lösung der Gleichung**.
> Durch **geschicktes Probieren** oder **Rückwärtsrechnen** kann man eine Lösung finden.
> $2 \cdot x + 1 = 7$ bedeutet, dass 7 der vorgegebene Wert für den Term $2 \cdot x + 1$ ist.

114 III Rechnen

Beispiel 1
Für welche Zahl nimmt der Term 4 · x + 13 den Wert 49 an? Löse durch Probieren.
Lösung:
4 · 2 + 13 = 21
4 · 10 + 13 = 53
4 · 9 + 13 = 49

*Ersetzt man die Variable durch 2, so ist der Wert der Gleichung zu klein. Die Lösung der Gleichung muss deutlich größer sein.
10 wäre zuviel.
Vielleicht passt 9. Die Lösung ist 9.*

Beispiel 2
Mathias hat zu Beginn eines Monats 25 € Taschengeld, am Monatsende hat er nur noch 1 € übrig.
Wie oft war er im Kino, wenn jeder Kinobesuch 6 € kostet? Löse durch Rückwärtsrechnen.
Lösung durch Rückwärtsrechnen:

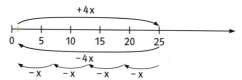

Aufgaben

1 Welche der folgenden Aufgaben haben 8 als Lösung?

4 · x − 12 = 20   8 · x + 5 = 59   7 · x − 17 = 37   49 − 3 · x = 15   3 · (x + 2) − 6 = 36

2 Löse die Gleichung durch Probieren und durch Rückwärtsrechnen.
a) 13 · x = 39   b) 15 · x + 70 = 130   c) 4 · x − 3 = 33   d) 8 + 6 · y = 44

3 Tom möchte einen neuen Walkman (Preis: 49 €) kaufen. Er hat bereits 13 € gespart.
a) Wie lange muss er noch sparen, wenn er wöchentlich 3 € zurücklegt?
b) Um das Geld früher zusammen zu haben, möchte er wöchentlich mehr sparen. Gib eine passende Gleichung an und löse sie.

4 Wie hoch kann man den Würfelturm in Fig. 1 bauen, wenn man 140 Würfel hat?

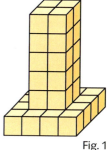

Fig. 1

5 **Internettarife**
Pauls Eltern wollen einen neuen Internetanbieter wählen. Sie können sich zwischen zwei Tarifmodellen entscheiden.
Modell A: Unbegrenzte Nutzung des Internets zum monatlichen Festbetrag von 5 €
Modell B: 2 € monatliche Grundgebühr und für jede angefangene Stunde im Internet 5 ct.
Für welchen Tarif sollten sie sich entscheiden? Stelle eine Modellrechnung auf. Hierbei kann dir ein Tabellenkalkulationsprogramm helfen.

6 Notiere zwei verschiedene Gleichungen, die 3 als Lösung haben.

Kannst du das noch?

7 Schätze die Streckenlängen.
a) Länge und Breite eines Schulheftes (DIN A 4)
b) Flugstrecke von Frankfurt nach Hamburg   c) Höhe eines Einfamilienhauses

10 Rechnen mit Tabellenkalkulation

Am Carl-Friedrich-Gauß-Gymnasium organisieren Eltern und Schüler gemeinsam den Verkauf von Getränken in der großen Pause.
Jeden Tag wird dabei notiert, wie viele Getränke von jeder Sorte verkauft wurden.
Am Freitag wird entschieden, welche Menge von welchem Getränk nachbestellt werden muss.

Eingabetaste

Ein Tabellenkalkulationsprogramm kann nicht nur beim Erstellen von Diagrammen eine Hilfe sein. Auch beim Rechnen kann man sich von einem Tabellenkalkulationprogramm unterstützen lassen.
Die Eingabe = 10 + 17 in eine Zelle bedeutet für den Computer, dass er die Summe der Zahlen 10 und 17 ausrechnen soll. Drückt man die Eingabetaste, zeigt der Computer das Ergebnis der Rechnung in dieser Zelle an.

Hat der Computer die Rechnung bereits durchgeführt, kann man in der Eingabezeile die Rechnung noch sehen, in der Zelle selbst steht das Ergebnis der Rechnung.

Jeder Rechenauftrag beginnt mit dem „=-Zeichen".

= A2 – B2

Anstatt mit Zahlen kann man auch mit Zellen rechnen. Gerechnet wird dann mit den Zahlen, die in den entsprechenden Zellen stehen.

Die Eingabe = A2 – B2 in der Zelle C4 bedeutet für den Computer, dass er die Differenz der Zahlen berechnen soll, die in den Zellen A2 und B2 stehen.
Drückt man die Eingabetaste, zeigt der Computer das Ergebnis der Rechnung in der Zelle C4 an.

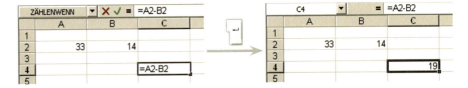

116 III Rechnen

Beispiel 1

In den USA werden viele Streckenlängen in Meilen angegeben. Bei der Umrechnung in Kilometer gilt der Umrechnungsfaktor 1,609. Die Entfernung zwischen den Städten Los Angeles und San Diego beträgt 110 Meilen. Wie lang ist die Strecke in km?
Lösung:

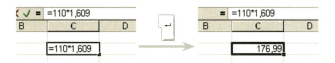

Das Ergebnis der Rechnung ist 176,99, die Entfernung zwischen Los Angeles und San Diego beträgt also ungefähr 177 km.

Manchmal sehen die Rechenzeichen im Tabellenkalkulationsprogramm anders aus als im Schulbuch.

Schulbuch	Computerprogramm
+	+
−	-
·	*
:	/

Beispiel 2

Die nebenstehende Abbildung zeigt ein magisches Quadrat.
Das bedeutet: Die Summe der Zahlen in jeder Zeile, jeder Spalte und jeder Diagonalen ist gleich. Prüfe das mithilfe eines Tabellenkalkulationsprogramms nach.
Lösung:
Zuerst müssen die Zahlen des Quadrats in die Zellen eines Tabellenkalkulationsprogramms eingetragen werden.
Anschließend kann z. B. zuerst die Summe der Zahlen in der ersten Zeile berechnet werden. Die Zahlen, die addiert werden sollen, stehen in den Zellen B2, C2 und D2. Die Rechnung wird in der Zelle E2 ausgeführt. Die gesamte Rechnung lautet:
= B2 + C2 + D2. In der Zelle E2 wird das Ergebnis der Rechnung angezeigt. Die Summe der Zahlen in der ersten Zeile ist 15.
In der gleichen Weise berechnet man die Summe der Zahlen in den übrigen Zeilen, den Spalten und den beiden Diagonalen. Beispielsweise lautet die Berechnung der Summe der Zahlen in der grünen Diagonalen: = B4 + C3 + D2.
Bei der Abbildung in Fig. 1 handelt es sich um ein magisches Quadrat mit der Zahl 15.

Fig. 1

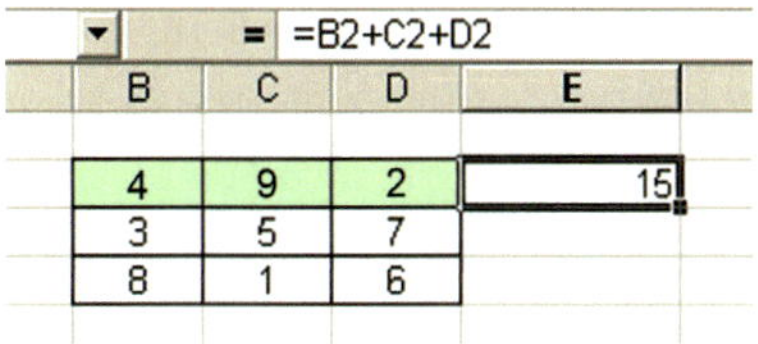

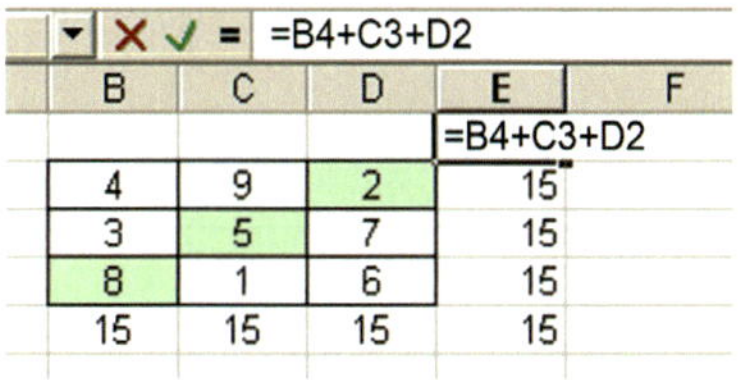

Eine Zahl kann auch in der Mitte einer Zelle stehen.

zentriert

linksbündig

rechtsbündig

Aufgaben

1 🖥 Beim Schulfest für die Unterstufe haben die Klassen 5 a und 5 b folgende Punkte erzielt:

Welche Klasse hat besser abgeschnitten?

Klasse	Dosenwerfen	Basketball-Zielwurf	Pendelstaffel
5 a	37	28	53
5 b	48	16	51

III Rechnen 117

2 Der Maler Albrecht Dürer aus Nürnberg hat 1514 diesen Kupferstich (Fig. 1) hergestellt. Er zeigt ein Quadrat aus den Zahlen 1 bis 16.
a) Prüfe nach, dass es sich um ein magisches Quadrat handelt.
Wie lautet die magische Zahl?
b) Suche weitere vier Zahlen, die nicht in einer Zeile, Spalte oder Diagonale stehen und deren Summe ebenfalls die magische Zahl ist.

Fig. 1

Wenn man in einer Zelle eine Zahl ändert, wird mit der neuen Zahl gerechnet.

3 Erstelle ein magisches 3 × 3 Quadrat aus den Zahlen 1, 3, 5, 7, 9, 11, 13, 15, 17.

4 a) Rechne die folgenden Zeitangaben in Sekunden um: 4 Minuten, 6 Stunden, 13 Stunden, 2 Tage.
b) Ein Pound (lb) sind etwa 0,45 kg. Berechne dein Körpergewicht in Pound.
c) Die Maßeinheit Inch wird z. B. in Großbritannien verwendet. Ein Inch entspricht 25,4 mm. Rechne die folgenden Längenangaben in Inch um: 101,6 mm, 3 cm, 15 cm.

Info

Gibt man in eine Zelle eines Tabellenkalkulationsprogramms eine Kommazahl ein, dann wird diese Zahl ohne überflüssige Nullen angezeigt. Zum Beispiel wird die Eingabe 4,60 als 4,6 dargestellt.
Machmal möchte man aber eingegebene Zahlen mit einer bestimmten Anzahl von Nachkommastellen darstellen, z. B. ist es üblich, Geldbeträge mit zwei Nachkommastellen anzuzeigen.

Zellen, die auf diese Weise formatiert werden sollen, müssen markiert werden. Dann wählt man in der Menüleiste den Begriff „Format" und anschließend nacheinander die Begriffe „Zellen" und „Zahlen" aus.
Klickt man nun unter Kategorie auf den Begriff „Zahl", kann man in das Feld „Dezimalstellen", die gewünschte Anzahl von Nachkommastellen eintragen.
Beim Umgang mit Geldbeträgen wählt man hier 2 Dezimalstellen.

Bei der Auswahl der Kategorie „Währung" kann man sich Geldbeträge mit dem entsprechenden Währungssymbol, z. B. Euro (€) oder Dollar ($) anzeigen lassen. Auf diese Weise formatierte Zellen werden automatisch mit 2 Dezimalstellen angezeigt.

5 Katrin kauft für ihre Mutter ein. Sie kauft Milch für 49 Cent, Brot für 2,20 €, Wurst für 3,86 € und Schokolade für 1,09 €. Katrin bezahlt mit einem 10-€-Schein.
Wie könnte Katrins Kassenzettel aussehen?

6 Die Klasse 5f verkauft beim Weihnachtsbasar selbstgebastelte Postkarten, Kerzenständer und selbstgebackene Plätzchen. Am Ende des Basars haben die Schüler 108 Postkarten zu je 30 Cent verkauft, außerdem 18 Kerzenständer zu 2,60 Euro und 34 Beutel Plätzchen zu je 1,80 Euro.
a) Womit wurden die größten Einnahmen erzielt?
b) Die Hälfte der Einnahmen wird für einen guten Zweck gespendet. Wie viel Geld bleibt für die Klassenkasse übrig?

7 a) Der Hessentag fand im Jahr 2005 in Weilburg statt. Schon lange vorher zeigte eine große Anzeige auf dem Marktplatz an, in wie vielen Tagen der Hessentag beginnen würde. Am 18. März 2004 lautete die Anzeige: „Noch 456 Tage bis zum Hessentag".
Wann hat der Hessentag in Weilburg begonnen?
b) Hannah hat am 21. Juli Geburtstag. Sie ärgert sich ein wenig, weil dieser Tag oft in den Sommerferien liegt. Ulrikes Bruder Tobias hat nie in den Ferien Geburtstag. Sein Geburtstag liegt schon 107 Tage zurück.
c) Wie viele Tage dauert es noch bis zu deinem nächsten Geburtstag?
d) Wie viele Tage nach dem ältesten Schüler eurer Klasse wurde der jüngste Schüler geboren?
e) Addiere zu den Daten 18.09.83 und 18.09.84 jeweils 365 Tage hinzu und vergleiche die Ergebnisse. Erkläre!

Eine Zelle eines Tabellenkalkulationsprogramms kann auch als Datum formatiert werden.

8 Rechne die Zahl (1010110)₂ ins Zehnersystem um. Lege dazu eine geeignete Tabelle an. Verfahre ebenso mit den Zahlen (11101)₂, (1010101)₂, (101)₂ und (1110111)₂, ohne eine neue Tabelle anzulegen.

9 Ein Freibad notiert in einer Woche im Juni folgende Besucherzahlen:

	Mo	Di	Mi	Do	Fr	Sa	So
Erwachsene	43	63	21	36	16	84	105
Jugendliche	120	87	56	104	136	131	93
Kinder unter 10 Jahren	17	41	21	34	92	76	61
Senioren	34	12	45	32	37	19	21

Der Eintritt für Erwachsene kostet 2,50 Euro, Jugendliche und Senioren zahlen 1,80 Euro und für Kinder unter 10 Jahren kostet der Eintritt 1,50 Euro.
a) Berechne die Einnahmen an den einzelnen Wochentagen.
b) Stelle die Informationen aus der Tabelle in unterschiedlichen Diagrammen dar.

Wiederholen – Vertiefen – Vernetzen

1 Der Mount Everest, der höchste Berg der Welt, war im Jahr 2004 exakt 8850 m hoch. Forschungen haben ergeben, dass er sich jährlich um 4 mm anhebt.
a) Wann wird er 8851 m hoch sein?
b) Kann man mit dieser Vorgehensweise berechnen, wann der Mount Everest 10 000 m hoch ist? Begründe deine Antwort.

2 Berechne geschickt.
a) $4 \cdot 12 \cdot 25 \cdot 6$
b) $274 + 363 + 136 + 337$
c) $7 \cdot 8 \cdot 9 \cdot 125$
d) $1 + 2 + 3 + \ldots + 28 + 29$
e) $25 \cdot 8 \cdot 125 \cdot 4 \cdot 10^2 \cdot 10$
f) $10001 + 89999 + 70004 + 58886$
g) $304 : 4 + 16 : 4$
h) $392 : 8$

3 Familie Siebert lässt von einer Raumausstatterfirma den Teppichboden in ihrem Treppenhaus neu verlegen. Ein Geselle und ein Meister der Firma arbeiten daran von 13 bis 17 Uhr. Für den Gesellen stellt die Firma 36 € Lohnkosten pro Stunde in Rechnung, für den Meister 46 €. Berechne die insgesamt anfallenden Lohnkosten auf zwei Arten.

Fig. 1

4 Deine Freundin Elke hat Geburtstag und du möchtest ihr ein Geschenk schicken. Das Paket hat die Form eines Würfels, dessen Kanten 20 cm lang sind.
a) Du hast 250 cm Paketschnur zu Verfügung. Reicht diese Länge, um das Paket wie in Fig. 1 dargestellt zu verschnüren? Für die Schleife benötigst du ca. 25 cm Paketschnur.
b) Wie lang müsste die Paketschnur mindestens sein, um einen Würfel mit 40 cm Kantenlänge zu verschnüren?
c) Stelle eine Gleichung auf, mit der du die Länge der Paketschnur für Würfel mit unterschiedlichen Kantenlängen ausrechnen kannst. Wie groß darf die Kantenlänge des Würfels höchstens sein, damit 3 m Schnurlänge ausreichen?

5 Zeichne einen 60 cm langen Zahlenstrahl. Klebe dazu mehrere Blatt Papier aneinander. Runde die Entfernungen der Planeten geeignet und trage sie auf dem Zahlenstrahl ein. Die Sonne ist der Anfang des Zahlenstrahls. Der Tabelle kannst du die Entfernungen der einzelnen Planeten von der Sonne entnehmen.

Planet	Entfernung	Planet	Entfernung	Planet	Entfernung
Merkur	58 Mio km	Mars	228 Mio km	Uranus	2870 Mio km
Venus	108 Mio km	Jupiter	778 Mio km	Neptun	4496 Mio km
Erde	150 Mio km	Saturn	1427 Mio km	Pluto	5900 Mio km

6 Berechne schriftlich.
a) $83457 + 8918 + 6987 + 83546 + 345$
b) $5675 - 4824$
c) $4767 - 2988$
d) $5769 \cdot 45$
e) $47529 \cdot 234$
f) $4736 : 32$

7 Von einem achsensymmetrischen Viereck sind zunächst drei Punkte A(2|0,5), B(3|0,5) und C(1|3,5) gegeben. Zeichne diese in ein Koordinatensystem (Längeneinheit 1 cm) ein. Ergänze den vierten Punkt D und gib seine Koordinaten an.
a) Wie nennt man das entstehende Viereck? Begründe deine Antwort.
b) Zeichne die durch die Punkte P(4|0,5) und Q(2,5|6) verlaufende Gerade g ein. Bestimme die Entfernungen der Punkte A, B, C und D von dieser Geraden; ordne sie nach der Größe.

120 III Rechnen

Wiederholen – Vertiefen – Vernetzen

8 Stelle dir einen massiven, aus Knetmasse geformten Würfel vor. Schneidet man ihn parallel zu einer Seitenfläche durch, so hat die Schnittfläche die Form eines Quadrats.
a) Kann man den Würfel so durchschneiden, dass man als Schnittfläche ein Rechteck, einen Drachen, ein Fünfeck, ein Sechseck erhält? Begründe deine Antwort.
b) Erkläre, wie viele Ecken die Schnittfläche höchstens haben kann.

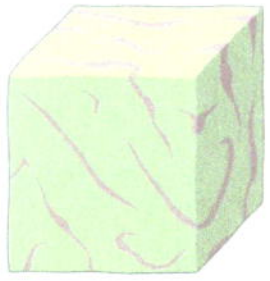

Fig. 1

9 Moni und Angela sehen im Schaufenster eines Geschäftes einen mit Linsen gefüllten Maßkrug (siehe Fig. 2) stehen. Auf einem Schild daneben lesen sie: Wer am genauesten errät, wie viele Linsen in diesem Maßkrug sind, gewinnt ein Fahrrad.
Moni meint: „Da kann man doch nur raten." Angela ist anderer Meinung. Ihr Vater hat daheim den gleichen Krug. Mit einem Saftglas und einer Tüte Linsen ermittelt sie die ungefähre Anzahl der Linsen im Krug.
Beschreibe, wie Angela dabei vorgegangen sein könnte.

Fig. 2

10 Die weltweiten Erdölreserven werden auf ungefähr 143 Milliarden Tonnen geschätzt. Zur Zeit werden davon jedes Jahr ungefähr 3,5 Milliarden Tonnen verbraucht. Wie lange reichen die Erdölvorräte bei gleichbleibendem Verbrauch noch?

11 Übersetze die Zahlenrätsel in Rechenausdrücke und berechne sie.
a) Addiere zum Produkt aus 15 und 224 die Differenz aus 859 und 393 und multipliziere die Summe mit 7.
b) Berechne das Produkt aus 115 und 25, subtrahiere davon 75 und dividiere die Differenz durch 14.
c) Multipliziere die Summe aus 7 und 3 mit dem Produkt aus 3 und 3, dem Zweifachen von 4, der Differenz aus 10 und 3, der Summe aus 4 und 2, der Hälfte von 10, dem Doppelten von 2, der ersten ungeraden natürlichen Zahl nach 2 und dem Produkt aus den Faktoren 2 und 1.

12 In Deutschland wird die Temperatur in Grad Celsius (kurz °C) gemessen, in den USA hingegen in Fahrenheit (kurz °F). Um eine in °C angegebene Temperatur in °F umzurechnen, dividiert man die Temperatur in °C zunächst durch 5 und multipliziert den Zwischenwert mit 9. Zu diesem Produkt addiert man 32 und erhält die Temperatur in °F.
a) Stelle eine Gleichung zur Umrechnung von °C in °F auf.
b) Rechne 10°C, 20°C, 30°C in °F um.

13 Die Größe der Weltbevölkerung ändert sich ständig. Dennoch versucht man mithilfe mathematischer Modelle Schätzwerte für die aktuelle Zahl anzugeben. Ein Modell geht davon aus, dass sich die Anzahl der Menschen auf der Erde pro Sekunde um 2,5 erhöht.
a) Am 02.02.2005 um 8.00 Uhr zeigte die Weltbevölkerungsuhr an, dass 6 442 947 065 Menschen auf der Erde leben. Wie viele Menschen lebten zwei Minuten später auf der Erde?
b) Wie viele Menschen werden es genau ein bzw. genau zehn Jahre später sein?
c) Nimm an, die Weltbevölkerung ändert sich schneller oder langsamer. Wie ändern sich dann deine Ergebnisse aus a) und b)?
d) Vergleiche die Angaben in der Tabelle miteinander. Was stellst du fest? Begründe.
e) Beurteile die Genauigkeit der Zahlenangaben und Berechnungen.

Zuwachs der Weltbevölkerung	
Pro Jahr:	80 224 198
Pro Monat:	6 685 350
Pro Woche:	1 542 773
Pro Tag:	219 792
Pro Stunde:	9158
Pro Minute:	153
Pro Sekunde:	2,5

Tipp:
Im Internet findest du Angaben zur aktuellen Größe der Weltbevölkerung

Horizonte

Vom Linienbrett zur Rechenmaschine

Der Bildausschnitt aus dem Jahre 1503 zeigt einen Rechenmeister bei der Arbeit. Das Linienbrett war unter Kaufleuten und Händlern weit verbreitet.
Auf der untersten Linie wurden die Einer dargestellt, darüber die Zehner, Hunderter usw. Die Tausenderlinie erhielt ein Kreuz. Die Zwischenräume bedeuteten das Fünffache der Linie darunter.

Der Rechenmeister auf dem Stich sieht vor sich links vom Teilungsstrich die Zahl 1241 und rechts davon die Zahl 82.
Der Rechenmeister Adam Ries (1492–1559) lehrte unter anderem das Rechnen auf den Linien.

Nur knapp hundert Jahre nach Adam Ries hat der schottische Mathematiker John Neper (1550–1619) das erste Rechenhilfsmittel der Welt erfunden, mit dem man multiplizieren konnte. Es bestand aus Rechenstäben, die auf vier Seiten das kleine Einmaleins für die Zahlen 1 bis 9 aufwiesen. Die Einer und Zehner wurden durch schräge Linien getrennt.

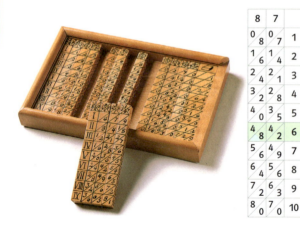

Im Bild ist dargestellt, wie man die Multiplikation 87 · 6 mithilfe der Rechenstäbe löst.
Das Ergebnis kann man an den Stäbchen 8 und 7 ermitteln, indem man die Zahlen in der 6. Zeile addiert. 480 + 42 = 522. Dabei sind die Überträge zu beachten.

Diese „Rechenmaschine" kannst du dir mit Papierstreifen nachbauen. Wenn du mehrstellige Zahlen multiplizieren willst, musst du die zugehörigen Streifen nebeneinander legen.

Um 1623 stellte der Tübinger Professor Wilhelm Schickard (1592–1635) eine erste Rechenmaschine vor. Die Rechenmaschine setzte für die Multiplikation Walzen mit aufgedruckten Nepertabellen ein. An den Walzen (Knöpfe oben) wurde der erste Faktor eingestellt, mit den Fensterstäben der Blick auf die Vielfachen freigegeben. Die abgelesenen Zahlen wurden unten stellengerecht auf die Knöpfe des Additionsteils übertragen. Der Zehnerübertrag erfolgte dabei nach Art von Kilometerzählern.

Heute sind elektronische Rechner viel billiger herzustellen, außerdem sind sie schneller und vielseitiger als die besten mechanischen Rechenmaschinen.

Multiplizieren mit den Fingern

Horizonte

Erinnert ihr euch noch, wie ihr selbst als Grundschüler anfangs mit den Fingern gezählt oder auch gerechnet habt?
Macht ihr das heute noch? – Kein Problem! Schon seit Jahrtausenden nehmen die Menschen beim Rechnen die Finger zu Hilfe.

Eigentlich müsste man das kleine Einmaleins nur bis 5 · 5 = 25 beherrschen. Denn auch darüber hinaus kann man bequem mit den Fingern multiplizieren – wie? Schaut euch die Regeln und die Beispiele an.

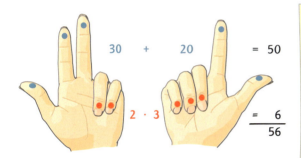

Regula 1   Beispiel: 8 · 7 =
- mit der einen Hand zeige ich, was von 8 über die Fünf hinausgeht (3 Finger)
- mit der anderen Hand zeige ich, was von 7 über die Fünf hinausgeht (2 Finger)
- das Ergebnis erhalte ich, wenn ich die ausgestreckten Finger beider Hände als Zehner addiere: 20 + 30 = 50
und die eingeklappten Finger als Einer multipliziere: 2 · 3 = 6
- Summe: 50 + 6 = 56

? Probiert nun selbst aus, ob die Regel 1 für alle Zahlen zwischen 5 und 10 funktioniert.

Auch für Zahlen, die zwischen 11 und 15 liegen, gibt es einen Multiplikationstrick.

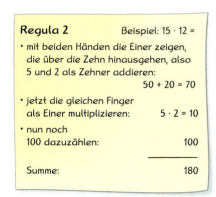

Regula 2   Beispiel: 15 · 12 =
- mit beiden Händen die Einer zeigen, die über die Zehn hinausgehen, also 5 und 2 als Zehner addieren:
   50 + 20 = 70
- jetzt die gleichen Finger als Einer multiplizieren: 5 · 2 = 10
- nun noch 100 dazuzählen: 100
- Summe: 180

? Führe mit der Regel 2 auch folgende Multiplikationen durch.
a) 15 · 13   b) 12 · 14   c) 13 · 11

? Klappt die Regel auch noch bei 10 · 10; 15 · 15 und 10 · 15?

Rückblick

Rechenausdrücke
Für die Reihenfolge der Rechenschritte gilt:
Rechenausdrücke in Klammern werden zuerst berechnet.
Punkt- wird vor Strichrechnung ausgeführt. Dies gilt innerhalb von Klammern oder wenn keine Klammern stehen.

$7 \cdot (12 - 8) = 7 \cdot 4 = 28$

$32 - (4 + 3 \cdot 8):7 = 32 - (4 + 24):7$
$= 32 - 28:7 = 32 - 4 = 28$

Rechengesetze
Kommutativgesetze:
Bei der Addition darf man Summanden vertauschen.
Bei der Multiplikation darf man Faktoren vertauschen.

$12 + 38 = 38 + 12$
$16 \cdot 12 = 12 \cdot 16$

Assoziativgesetze:
Durch das Setzen von Klammern darf man
- bei der Addition die Reihenfolge der Berechnung verändern
- bei der Multiplikation die Reihenfolge der Berechnung verändern

$(12 + 14) + 16 = 12 + (14 + 16)$
$(2 \cdot 3) \cdot 7 = 2 \cdot (3 \cdot 7)$

Distributivgesetz:
Man kann eine Summe mit einer Zahl multiplizieren, indem man jeden Summanden einzeln mit dieser Zahl multipliziert und anschließend die Produkte addiert.

$23 \cdot 5 = (20 + 3) \cdot 5 = 20 \cdot 5 + 3 \cdot 5$

Schriftliches Addieren und schriftliches Subtrahieren
Man schreibt die Zahlen mit den entsprechenden Stellen untereinander und berechnet die Ziffern der Summe bzw. der Differenz von rechts nach links.
Überträge nicht vergessen.

Schriftliches Multiplizieren
Beim Multiplizieren berechnet man der Reihe nach die Teilprodukte mit einstelligen Faktoren, schreibt sie stellenweise untereinander und addiert sie.

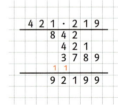

Schriftliches Dividieren
Man überlegt, wie oft der Teiler in der jeweiligen Zahl enthalten ist. Alle Reste sind kleiner als der jeweilige Teiler.

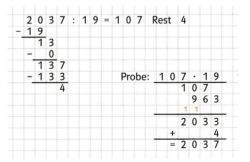

Variable und Gleichungen
In einem Rechenausdruck (Term) mit einer Variablen kann man für die Variable verschiedene Zahlen einsetzen.
Soll der Rechenausdruck einen bestimmten Wert annehmen, schreibt man dies als Gleichung.

$6 \cdot x$ Für x kann man z.B. die Zahl 3 einsetzen. Man rechnet $6 \cdot 3$ und erhält 18.

$6 \cdot x + 2 = 20$ Der vorgegebene Wert ist 20.

Training

Runde 1

1 Berechne schriftlich.
a) 4 · (12 − 4) + 3 · 5 + 6
b) (15 + 3 · 3) − (5 · 4 + 2)
c) 2 · [60 : (6 − 2) + 4]
d) 5 kg + 400 g + 9 kg + 200 g
e) 2 km 420 m + 7 km 370 m + 30 km 7 m
f) 92,57 € − 35,69 €

2 a) 8643 + 5432   b) 654 321 − 209 877   c) 271 · 369   d) 1476 : 12   e) 54 321 : 25

3 Schreibe zuerst als Rechenausdruck und berechne dann seinen Wert.
Addiere zum Produkt von 32 und 26 die 3fache Summe aus 17 und 12.

4 Sebastian hat eingekauft. Wie schwer ist der Inhalt von Sebastians Einkaufskorb?

5 Für ein Konzert gibt es 1125 Karten. 635 werden im Vorverkauf abgesetzt, 24 Karten als Ehrenkarten vergeben. An der Abendkasse stehen 637 Menschen an. Wie viele von ihnen bekommen keine Karte mehr, wenn 7 Karten aus dem Vorverkauf an die Abendkasse zurückgegeben wurden?

Fig. 1

6 Ein Sportfahrrad kostet bei Barzahlung 985 €. Bei Ratenzahlung sind für das Rad zwölf Monatsraten von 91 € zu bezahlen. Wie viel spart man bei Barzahlung?

7 Für den Dreikampf beim Schulsportfest ist die Jahrgangsstufe 5 in 9 Riegen zu je zwölf und die Jahrgangsstufe 6 in 6 Riegen zu je 16 Schülerinnen und Schülern eingeteilt worden. Da aber 3 Riegenführer fehlten, wurden beide Jahrgänge zusammengelegt und in 12 gleichgroße Riegen aufgeteilt. Wie groß war jede Riege?

Runde 2

1 Berechne schriftlich.
a) (15 − 9) · 3 + 8 · 4 + 7
b) (25 − 3 · 4) − (5 · 4 − 17)
c) 20 : [5 · (6 − 2) − 16]
d) 3 kg + 600 g + 5 kg + 500 g
e) 6 kg 372 g − 4 kg 251 g
f) 15 h 23 min − 8 h 45 min

2 a) 9657 − 3232   b) 542 351 + 4832   c) 168 · 1443   d) 2340 : 15   e) 64 258 : 255

3 Insekten bewegen ihre Flügel sehr schnell:
die Arbeitsbiene 245-mal in 1 Sekunde, die Hummel 3600-mal in 20 Sekunden.
a) Welches Insekt schlägt im gleichen Zeitraum öfter mit den Flügeln?
b) Wie viele Flügelschläge machen beide während eines Fluges, der 10 min dauert?

4 Stelle eine Gleichung auf und bestimme die Lösung.
a) Multipliziert man eine Zahl mit drei, so erhält man 54. Wie lautet die gesuchte Zahl?
b) Die Telefonrechnung (46 €) setzt sich aus der Grundgebühr (13 €) und den Kosten für die vertelefonierten Einheiten (je Einheit 3 ct) zusammen. Wie viele Einheiten wurden verbraucht?

5 Für eine Werbeveranstaltung mietete der Ortsverband einer Partei einen Saal mit 436 Plätzen. Der Ortsverband selbst schickte 184 Besucher. Von den weiteren 69 Personen verließen 43 wieder den Saal, als sie erfuhren, dass die Ministerin nicht kommen würde. Der Ersatzredner kam mit 12 Freunden. Wie viele Stühle blieben leer?

6 Für die 21 Mitglieder der Foto-AG werden 18 Filme mit jeweils 24 Bildern gekauft. Die Dreierpackung kostet 8 €. Zusätzlich werden 15 Filme mit jeweils 36 Bildern gekauft, hiervon kostet eine Dreierpackung 9,50 €. Wie viel Euro muss jedes Mitglied bezahlen?

Lösungen auf den Seiten 206–208.

Das kannst du schon

- Figuren wie Quadrate, Rechtecke, Parallelogramme, Dreiecke und Kreise benennen, beschreiben und zeichnen
- Längen mit verschiedenen Einheiten angeben

Wassily Kandinsky: Komposition II, 1923

 Zahl
 Messen
 Raum und Form
 Funktionaler Zusammenhang
 Daten und Zufall

126 IV Flächen

IV Flächen

Flächenberechnung ist keine Kunst

Über den Maler Paul Klee (1879 – 1940):
„Oft jedoch malte er geometrische Figuren auf ein Raster, welches aus kleinen, verschieden farbigen Rechtecken bestand."

Henry Matisse: Die Lagune, 1943

Paul Klee: Bergdorf (herbstlich), 1934

Das kannst du bald

- Flächeninhalt und Umfang von Rechtecken berechnen
- Flächeninhalte mit verschiedenen Einheiten angeben und ineinander umrechnen
- Flächeninhalte von Figuren näherungsweise bestimmen

1 Welche Fläche ist größer?

Der Vergleich von Flächen ist manchmal sehr einfach.
Im nebenstehenden Bild ist der Weiher sicher der kleinste der drei Seen. Verschiebt man ihn auf der Karte mithilfe einer Folie oder auch nur in Gedanken, so sieht man, dass er vollständig in den Badesee und in den Waldsee passt.
Schwieriger zu entscheiden ist, ob der Badesee oder der Waldsee größer ist.

Könnten die beiden Flächen in Fig. 1 gleich groß sein?
Ob diese Vermutung zutrifft, kann man auf verschiedene Weisen prüfen.

 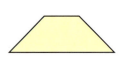

Fig. 1

 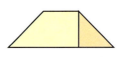

Fig. 2

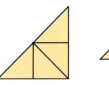

Fig. 3

Schneidet man von dem großen Dreieck ein kleines Dreieck ab und legt es an der rechten Seite an, so erhält man die zweite Figur.

Legt man die beiden Figuren mit gleichen Dreiecken aus, so sieht man, dass man für jede der Figuren vier Dreiecke benötigt.

*Stelle dir zwei Quadratgitter auf Folie oder durchscheinendem Papier her.
Seitenlänge der Karos: 1 cm bzw. 0,5 cm.*

Durch Auslegen mit Plättchen kann man auch krummlinig begrenzte Flächen vergleichen. Benutzt man ein Quadratgitter und legt es über die Fläche, so lässt sich deren Größe abschätzen.
Die nebenstehende Figur ist etwa so groß wie 22 Karos.

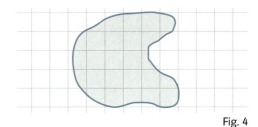

Fig. 4

Um zwei **Flächen zu vergleichen** kann man auf verschiedene Weisen vorgehen.
– Man kann überprüfen, ob eine Fläche die andere vollständig überdeckt.
– Man kann eine Fläche in Teile zerschneiden und damit die andere Fläche zusammensetzen.
– Man kann beide Flächen mit gleichen Plättchen auslegen.

Braucht man zum Auslegen einer Fläche 4 gleiche Plättchen, so sagt man:
Die Fläche hat den **Flächeninhalt** 4 Plättchengrößen.

128   IV Flächen

Beispiel 1
Welches der beiden Zimmer ist größer?

Lösung:
Durch Zerschneiden und Anlegen sieht man, dass das zweite Zimmer um zwei Karos größer ist.

Durch Abzählen erhält man:
1. Zimmer: 38 Karos
2. Zimmer: 40 Karos

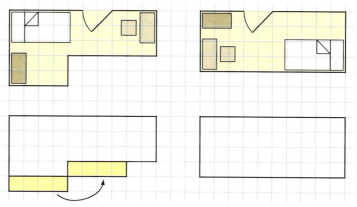
Fig. 1

Beispiel 2
Untersuche, wie groß die Fläche des Baumfalters (Fig. 2) ist.
Verwende dazu ein Gitter (Seitenlänge eines Kästchen: 0,5 cm). Wie kannst du dabei die Achsensymmetrie des Schmetterlings ausnutzen?

Lösung:
Wegen der Achsensymmetrie des Schmetterlings genügt es, nur eine Hälfte zu untersuchen. Diese ist etwa so groß wie 14 Kästchen. Damit beträgt der gesamte Flächeninhalt ungefähr 28 Kästchengrößen.

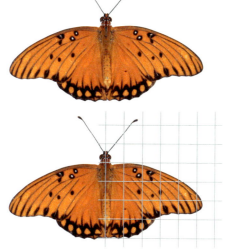
Fig. 2

Aufgaben

1 Die hellgelben Zellen der Bienenwabe sind mit Honig gefüllt (Fig. 3). Ist mehr als die halbe Wabe mit Honig gefüllt? Schätze zuerst und zähle dann.

2 a) Zeichne drei verschiedene Figuren, deren Flächen jeweils 12-mal so groß sind wie ein Kästchen in deinem Heft.
b) Zeichne ein Dreieck mit dem Flächeninhalt 12 Kästchengrößen.

Fig. 3

3 a) Schätze zunächst, welche der Figuren am größten und welche am kleinsten ist.
b) Bestimme die Flächeninhalte der Figuren.
c) Zeichne zwei weitere Figuren, die den gleichen Flächeninhalt haben wie die dritte Figur.

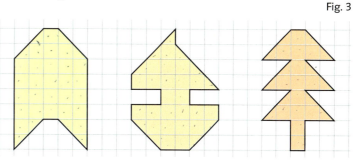
Fig. 4

IV Flächen   **129**

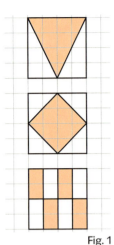
Fig. 1

4 Zeichne ein Parallelogramm, dessen Flächeninhalt 2-mal, 8-mal, 18-mal so groß ist wie ein Kästchen in deinem Heft. Vergleiche mit deinem Nachbarn.

5 a) Zeichne in dein Heft einige Quadrate, die aus 16 Kästchen bestehen. Färbe auf möglichst unterschiedliche Arten die halbe Quadratfläche rot ein. Fig. 1 zeigt Beispiele.
b) Versuche das auch für Rechtecke aus 12 Kästchen.

6 a) Haben alle Dreiecke (Fig. 2) den gleichen Flächeninhalt wie das Rechteck?
b) Zeichne zwei weitere Dreiecke, die den gleichen Flächeninhalt wie das Rechteck haben.
c) Zeichne zwei Parallelogramme mit dem gleichen Flächeninhalt wie das Rechteck.
d) Zeichne ein Dreieck und ein Parallelogramm, die den doppelten Flächeninhalt des Rechtecks haben.

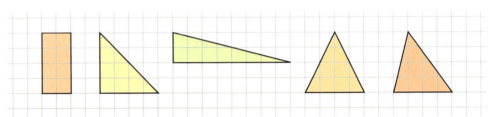
Fig. 2

Zum Knobeln

7 a) Das Rechteck (Fig. 3) soll so in zwei Teile zerlegt werden, dass man daraus ein Quadrat zusammensetzen kann.
b) Geht das auch mit einem Rechteck, das 9 Kästchen breit und 16 Kästchen lang ist?
c) Suche nach Rechtecken, bei denen das besonders einfach geht.
d) Suche nach Rechtecken, bei denen das nicht geht.

Fig. 3

Kannst du das noch?

8 a) Zeichne die Fig. 4 in dein Heft. Das Quadrat soll dabei die Seitenlänge 3 cm haben.
b) Trage alle Symmetrieachsen der Figur ein.

9 a) Zeichne eine Gerade g, einen Punkt P, der auf g liegt, und einen Punkt R, der nicht auf g liegt.

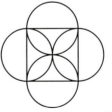
Fig. 4

b) Zeichne eine orthogonale Gerade zu g durch den Punkt P sowie eine parallele Gerade zu g durch den Punkt R. Bezeichne ihren Schnittpunkt mit Q.
c) Bestimme einen weiteren Punkt S so, dass die vier Punkte P, Q, R und S ein Rechteck bilden. Zeichne und beschreibe in Worten, wie man den Punkt S findet.

10 Schreibe die Zahl zwölf Millionen elftausendvierhundertfünfundneunzig mit Ziffern und runde sie auf Hunderter und auf Tausender.

2 Flächeneinheiten

Flächen kann man vergleichen, indem man sie mit gleichen Plättchen auslegt. Die Anzahl der benötigten Plättchen gibt den Flächeninhalt an.
Im täglichen Leben werden Flächeninhalte aber nicht durch Plättchengrößen angegeben.

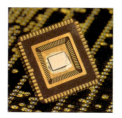

Ein Mikrochip der neuesten Technik hat ca. 37 Millionen Transistoren pro Quadratzentimeter.

Den Flächeninhalt eines Zimmers gibt man in **Quadratmetern** an. Ein Quadrat mit der Seitenlänge 1 m hat den Flächeninhalt 1 m² (ein Quadratmeter). Eine Fläche, die man mit fünf solchen Quadraten auslegen kann, hat den Flächeninhalt 5 m².
Zu jeder Längeneinheit gibt es eine zugehörige **Flächeneinheit**.

Seitenlänge des Quadrats	1 mm	1 cm	1 dm	1 m	10 m	100 m	1 km
Flächeneinheit	1 mm²	1 cm²	1 dm²	1 m²	1 a	1 ha	1 km²
Name	Quadratmillimeter	Quadratzentimeter	Quadratdezimeter	Quadratmeter	Ar	Hektar	Quadratkilometer
Beispiel	Stecknadelkopf	Taste eines Telefons	Handfläche	Flügel einer Wandtafel	Wohnung mit vier Zimmern	Sportplatz mit Laufbahn	großes Dorf

Wenn man Flächeninhalte vergleichen will, so müssen sie in der gleichen Einheit angegeben werden. In Fig. 1 kann man sehen, dass hundert Quadratmillimeter einen Quadratzentimeter ergeben.
Ebenso sieht man, dass 100 cm² = 1 dm² ist. Multipliziert man eine Flächeneinheit mit 100, so erhält man die jeweils nächstgrößere Einheit.

Fig. 1

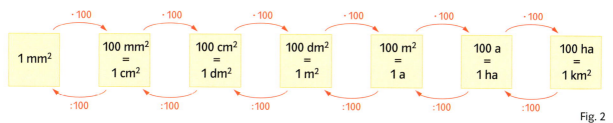

Fig. 2

Die gelben Kästchen in Fig. 2 zeigen, wie man die Angabe eines Flächeninhalts in der nächstkleineren Einheit schreiben kann. Es ist 1 m² = 100 dm², 5 a = 500 m², 13 cm² = 1300 mm². Man muss also die ursprüngliche Maßzahl mit 100 multiplizieren, d. h. zwei Nullen anhängen.

Entsprechend erhält man eine Flächenangabe in der nächstgrößeren Einheit, indem man die ursprüngliche Maßzahl durch 100 dividiert, d.h. zwei Nullen streicht.
Bei der Umwandlung von Angaben über Flächeninhalte ist wie bei den Längen eine Stellenwerttafel nützlich.

Zur kleineren Maßeinheit gehört die größere Maßzahl.

km^2		ha		a		m^2		dm^2		cm^2		mm^2	
Z	E	Z	E	Z	E	Z	E	Z	E	Z	E	Z	E
			1	2	0	0	0	0					
								6	3	5			
	5	3	0	9									
										2	0	0	5	0

12 ha = 1200 a = 120 000 m^2

6 m^2 35 dm^2 = 635 dm^2

53 km^2 9 ha = 5309 ha

20 050 mm^2 = 2 dm^2 50 mm^2

Maßzahl Maßeinheit

Beispiel 1 Einheiten umwandeln
Gib in den Einheiten an, die in der Klammer stehen.
a) 4 dm^2 (cm^2) b) 2 ha (a, m^2)
c) 700 a (ha, m^2) d) 200 cm^2 (mm^2, dm^2)
Lösung:
a) 4 dm^2 = 400 cm^2 b) 2 ha = 200 a = 20 000 m^2
c) 700 a = 7 ha = 70 000 m^2 d) 200 cm^2 = 20 000 mm^2 = 2 dm^2

Beispiel 2 In eine gemeinsame Einheit umwandeln
Gib in den Einheiten an, die in der Klammer stehen.
a) 7 a 50 m^2 (m^2) b) 2 m^2 5 dm^2 (dm^2, cm^2) c) 1 km^2 90 a (a)
Lösung:
a) 7 a 50 m^2 = 750 m^2 b) 2 m^2 5 dm^2 = 205 dm^2 = 20 500 cm^2
c) 1 km^2 90 a = 10 090 a

Beispiel 3 Rechnen mit Flächeninhalten
Berechne.
a) 750 m^2 + 4 a b) 7 ha 4 a − 3 ha 40 a c) 5 · 40 dm^2
Lösung:
a) 750 m^2 + 4 a = 750 m^2 + 400 m^2 = 1150 m^2 = 11 a 50 m^2
b) 7 ha 4 a − 3 ha 40 a = 704 a − 340 a = 364 a = 3 ha 64 a
c) 5 · 40 dm^2 = 200 dm^2 = 2 m^2

Aufgaben

1 Hier stimmt etwas nicht. Ordne die Flächeninhalte richtig zu.

2 Nenne jeweils zwei Flächen, die ungefähr 1 m^2, 1 cm^2, 1 ha, 1 a, 1 km^2 groß sind.

3 Wie groß ist wohl eine Fläche mit dem Inhalt 1 Quadratfuß?
Erfinde ähnliche Einheiten.

132 IV Flächen

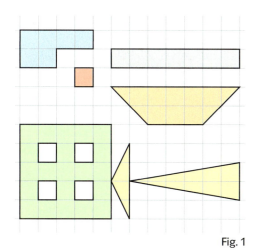
Fig. 1

4 Schreibe in der nächstkleineren Einheit.
a) 6 m²   b) 15 ha   c) 83 a
   13 cm²   2 km²   87 dm²

5 Schreibe in der nächstgrößeren Einheit.
a) 500 cm²   b) 7000 m²   c) 1200 a
   3000 a   12 800 ha   12 000 a

6 Die blaue Fläche in Fig. 1 hat den Inhalt 1 cm² 50 mm² = 150 mm². Gib die Inhalte der anderen Flächen entsprechend an.

7 David behauptet: „Mein Bett ist 360 000 mm² groß." Kann das stimmen?

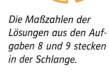

8 Es ist 4 m² 25 dm² = 425 dm². Schreibe die Flächenangaben entsprechend.
a) 5 m² 12 dm²   b) 5 ha 12 a   c) 12 a 50 m²   d) 5 m² 40 cm²
   6 km² 52 ha   6 km² 6 ha   12 a 5 m²   2 ha 5 m²

9 Berechne.
a) 17 m² + 23 m²   b) 4 dm² – 4 cm²   c) 5 ha – 80 a   d) 125 m² · 6
   17 m² + 23 dm²   40 dm² – 40 cm²   2 km² : 40   120 dm² · 5

10 Berechne.
a) 17 m² 50 dm² + 4 m² 80 dm²   b) 3 ha 2 a – 2 ha 3 a
d) (4 m² 20 dm²) · 5   e) (4 m² 20 cm²) · 5   c) (12 m² 40 cm²) : 4
                                                                f) (3 ha 50 a) : 7

Die Maßzahlen der Lösungen aus den Aufgaben 8 und 9 stecken in der Schlange.

Bist du sicher?

1 Wandle in die in Klammern stehenden Einheiten um.
a) 7 m² (dm²), (cm²)   b) 40 000 mm² (cm²), (dm²)
c) 12 km² 85 ha (ha)   d) 83 ha 5 a (a)

2 Berechne.
a) 12 m² + 120 dm²   b) 2 km² – 65 ha   c) 28 cm² + 68 mm²
d) 20 · 15 m²   e) 3 m² : 60   f) 2 a 55 m² – 80 m²

11 Wie viel fehlt noch zu einem Hektar?
a) 1 a   b) 95 a   c) 800 m²   d) 8000 m²   e) 24 a 40 m²   f) 1 m²

12 Auf einem Grundstück von 5 a wird ein Einfamilienhaus mit einer Grundfläche von 102 m² gebaut. Für die Zufahrt, den Stellplatz und die Terrasse werden 43 m² benötigt. Wie groß ist der Rest, der als Garten angelegt werden soll?

13 Ein Grundstück hat eine Fläche von 16 a 20 m². Für eine Straße werden 1 a 80 m² abgegeben. Der Rest wird in zwei gleich große Grundstücke aufgeteilt. Wie groß ist jedes?

14 Die menschliche Lunge besteht aus ungefähr 100 Millionen Lungenbläschen. Jedes hat eine Oberfläche von etwa 1 mm². Wie groß ist die gesamte Oberfläche der Lunge? Schätze zuerst und rechne dann. Vergleiche mit dem Ergebnis deines Nachbarn.

IV Flächen

3 Flächeninhalt eines Rechtecks

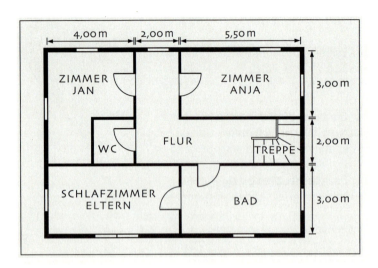

Viele Flächen, die im Alltag eine Rolle spielen, haben die Form eines Rechtecks.
Zur Bestimmung ihres Flächeninhalts muss man sie nicht mit Platten auslegen, da man den Flächeninhalt eines Rechtecks sehr einfach berechnen kann.

Familie Müller diskutiert über die Pläne ihres neuen Hauses.
Jan: „Das ist aber ungerecht! Anjas Zimmer ist größer als meines."
Anja: „Schau dir erst einmal das Schlafzimmer unserer Eltern an."
Mutter: „Der Flur scheint mir viel zu groß!"

Um den Flächeninhalt des Rechtecks in Fig. 1 zu bestimmen, kann man es mit Zentimeterquadraten auslegen. Dabei erhält man 3 Streifen mit jeweils 5 Quadraten oder 5 Streifen mit jeweils 3 Quadraten.
Es passen insgesamt 3 · 5 Quadrate oder 5 · 3 Quadrate, also 15 Quadrate in das Rechteck. Deshalb hat es den Flächeninhalt $3 \cdot 5\,cm^2 = 5 \cdot 3\,cm^2 = 15\,cm^2$.

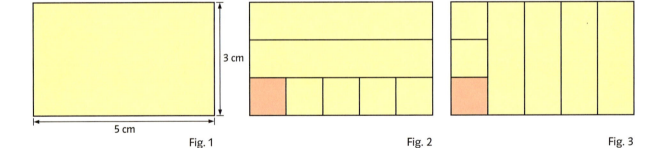

Fig. 1   Fig. 2   Fig. 3

Flächeninhalt eines Rechtecks:
Länge mal Breite.

Den **Flächeninhalt eines Rechtecks** ermittelt man so: Zunächst bestimmt man seine Länge und seine Breite. Dabei müssen beide Seitenlängen in der gleichen Längeneinheit angegeben werden.
Dann multipliziert man die Maßzahlen und schreibt hinter das Produkt die zugehörige Flächeneinheit.

*Die Abkürzung A kommt von dem lateinischen Wort **area** (Fläche).*

Die Größe von Teppichen wird oft in der Form $2\,m \times 3\,m$ angegeben.
Man schreibt statt $2 \cdot 3\,m^2 = 6\,m^2$ auch $2\,m \cdot 3\,m = 6\,m^2$.
Allgemein erhält man den Flächeninhalt A eines Rechtecks mit den Seitenlängen a und b mithilfe der Formel $A = a \cdot b$.

134 IV Flächen

Beispiel 1 Flächeninhalt berechnen
a) Ein rechteckiges Grundstück ist 40 m lang und 15 m breit. Berechne seinen Flächeninhalt.
b) Bestimme den Flächeninhalt des nebenstehenden Rechtecks (Fig. 1).
Lösung:
a) Flächeninhalt: A = 40 m · 15 m = (40 · 15) m² = 600 m² = 6 a
b) Gemessene Seitenlängen: 2 cm und 2,6 cm bzw. 20 mm und 26 mm
   Flächeninhalt: A = 20 mm · 26 mm = (20 · 26) mm² = 520 mm²

Fig. 1

Beispiel 2 Seitenlänge berechnen
Ein 5 Ar (5 a) großer rechteckiger Bauplatz ist 25 m lang. Wie breit ist er?
Lösung:
Umrechnung des Flächeninhalts in m²: 5 a = 500 m²
Breite: b = 500 m² : 25 m = (500 : 25) m = 20 m. Der Bauplatz ist 20 m breit.

Aufgaben

1 Berechne den Flächeninhalt der Rechtecke mit den gegebenen Seitenlängen.
a) 8 cm; 4 cm   b) 5 cm; 2 mm   c) 3,2 m; 5 m   d) 3,2 km; 500 m
   200 m; 50 m   3 km; 250 m   1,8 m; 20 m   4 mm; 5,5 cm

2 Miss die Seitenlängen und berechne den Flächeninhalt.

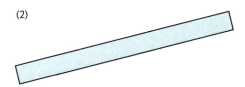

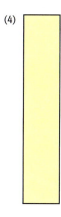

Fig. 2

3 Wie breit ist ein 12 cm langes Rechteck mit dem Flächeninhalt
a) 108 cm²,   b) 240 cm²,   c) 30 cm²,   d) 3 dm²?

4 Zeichne drei verschiedene Rechtecke mit dem Flächeninhalt 6 cm². Beschreibe, wie du die Zeichnung ergänzen kannst, um den Flächeninhalt zu verdoppeln (zu vervierfachen).

5 Übertrage die Tabelle in dein Heft und vervollständige sie.

Länge	4 cm	5 cm		25 m		2,5 km
Breite	25 cm	8 dm	12 cm		150 m	
Flächeninhalt			72 cm²	10 a	3 ha	20 km²

6 Ein Rechteck hat einen Flächeninhalt von 480 cm². Welche Seitenlängen kann ein solches Rechteck haben?

7 Ein Rechteck ist 24 cm lang und 6 cm breit.
a) Wie lang muss ein 8 cm breites Rechteck sein, wenn es den gleichen Flächeninhalt wie das erste Rechteck haben soll?
b) Gibt es ein Quadrat, das den gleichen Flächeninhalt hat?

IV Flächen

Bist du sicher?

1 Berechne den Flächeninhalt A des Rechtecks mit den Seitenlängen a und b.
a) a = 12 cm; b = 0,5 m
b) a = 7,2 cm; b = 5 mm

2 Berechne die fehlende Seitenlänge des Rechtecks.
a) A = 120 m^2; a = 15 m
b) A = 4a; b = 25 m

3 Ein 32 m langer und 15 m breiter Bauplatz wird für 225 € pro m^2 angeboten. Wie teuer ist der Bauplatz?

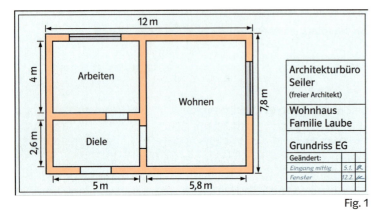

Fig. 1

8 a) Berechne die Wohnfläche der einzelnen Zimmer in Fig. 1.
b) Wie groß ist die gesamte Wohnfläche?
c) Vergleiche die gesamte Wohnfläche mit der Grundfläche des Hauses. Woher kommt der Unterschied?

9 Miss zu Hause die Seitenlängen des kleinsten Zimmers aus (nicht der Toilette) und berechne dessen Flächeninhalt. Wie oft passt dieses Zimmer in dein Klassenzimmer?

Hier wird's quadratisch.

10 a) Ein Quadrat hat die Seitenlänge 8 cm. Berechne seinen Flächeninhalt.
b) Beschreibe in Worten und mithilfe einer Formel, wie man den Flächeninhalt eines Quadrats berechnet.

11 Wie verändert sich der Flächeninhalt eines Rechtecks, wenn man
a) die Länge verdoppelt,
b) die Breite halbiert,
c) Länge und Breite verdoppelt,
d) die Länge vervierfacht und die Breite halbiert?

12 Ein Rechteck ist 6 cm lang und 4 cm breit. Durch Verlängern einer Seite vergrößert sich der Flächeninhalt um 12 cm^2.
Um wie viele Zentimeter wurde die Seite verlängert? Gib zwei verschiedene Möglichkeiten an.

13 Zwei DIN-A1-Blätter haben zusammengelegt einen Flächeninhalt von 1 m^2. Die Flächen von 2^2 DIN-A2-Blättern ergeben zusammen ebenfalls 1 m^2.
a) Wie viele DIN-A3-Blätter haben ebenfalls einen Flächeninhalt von 1 m^2?
b) Wie groß ist dementsprechend der Flächeninhalt eines DIN-A4-Blattes?
c) Wie oft muss man ein DIN-A1-Blatt falten, um ein DIN-A6-Blatt zu erhalten?
d) Wie viele Karteikärtchen der Größe DIN-A7 passen auf einen Quadratmeter?

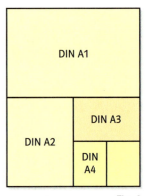

Fig. 2

136 IV Flächen

4 Flächeninhalte verschiedener Figuren

Das Boot von Tim und Julia soll ein neues Segel bekommen.
Die Geschwister überlegen, wie viel Stoff sie dafür benötigen.
„Das ist einfach", sagt Tim, „schau doch mal, wie das Segel genäht ist."
Julia meint: „Es gibt aber noch eine andere Möglichkeit herauszufinden, wie groß das Segel werden muss. Stell dir vor, wir bräuchten zwei Segel."

Bisher wurde nur der Flächeninhalt von Rechtecken berechnet.
Viele andere Figuren lassen sich jedoch so zerlegen und neu zusammensetzen, dass ein oder mehrere Rechtecke entstehen.
So lässt sich schließlich auch der Flächeninhalt der ursprünglichen Figur bestimmen.
Manchmal kann man eine Figur auch zu einem Rechteck ergänzen.

Um den Flächeninhalt einer Figur zu bestimmen, kann man die Figur
- in Rechtecke zerlegen
- zu einem Rechteck ergänzen
- zerlegen und zu einem Rechteck neu zusammensetzen.

Manche Flächeninhalte sind nicht leicht zu berechnen. Dann kann man den Flächeninhalt mithilfe eines geeigneten Rechtecks abschätzen.

Beispiel 1
Auf einem 25 m × 35 m großen Grundstück steht in einer Ecke ein Haus mit einer Grundfläche von 10 m × 12,50 m.
Wie groß ist der Inhalt der verbleibenden Gartenfläche?

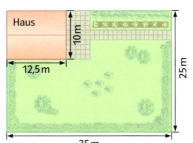

Fig. 1

Der Flächeninhalt einer Figur ändert sich nicht, wenn man sie zerschneidet und neu zusammensetzt.

Lösung:
1. Schritt: Flächeninhalt des Grundstücks:

$A_{\text{Grundstück}} = 25\,\text{m} \cdot 35\,\text{m} = (25 \cdot 35)\,\text{m}^2$
$= 875\,\text{m}^2$

2. Schritt: Flächeninhalt der Grundfläche des Hauses

$A_{\text{Haus}} = 10\,\text{m} \cdot 12{,}50\,\text{m}$
$= 100\,\text{dm} \cdot 125\,\text{dm} = (100 \cdot 125)\,\text{dm}^2$
$= 12500\,\text{dm}^2 = 125\,\text{m}^2$

3. Schritt: Inhalt der verbleibenden Gartenfläche

$A_{\text{Garten}} = A_{\text{Grundstück}} - A_{\text{Haus}}$
$= 875\,\text{m}^2 - 125\,\text{m}^2$
$= 750\,\text{m}^2$

Beispiel 2 Flächeninhalt schätzen
Bestimme näherungsweise den Flächeninhalt der Figur 2.

Lösung:
Zeichne ein Rechteck, das etwa den gleichen Flächeninhalt wie die Figur hat.

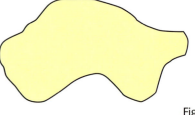
Fig. 1

Gemessene Seitenlängen:
45 mm und 20 mm
Flächeninhalt: A = 45 · 20 mm^2
= (45 · 20) mm^2 = 900 mm^2 = 9 cm^2.
Die Figur hat ungefähr den Flächeninhalt 9 cm^2.

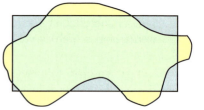
Fig. 2

Aufgaben

1 a) Zeichne die Figuren aus Fig. 3 auf Karopapier und schneide sie aus.
Jede Fläche kann man durch einen geraden Schnitt so zerlegen, dass man die entstehenden Teile zu einem Quadrat zusammensetzen kann.
b) Bestimme den Flächeninhalt der einzelnen Figuren.

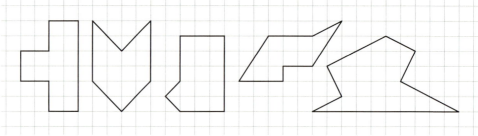

Fig. 3

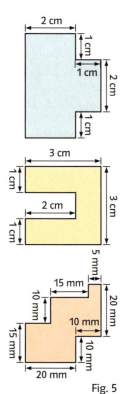

2 Berechne den Flächeninhalt der beiden Figuren in Fig. 4.

3 Zeichne die Vierecke mit den folgenden Eckpunkten in ein gemeinsames Koordinatensystem (Einheit 1 cm) und bestimme ihren Flächeninhalt.
a) A(0|0), B(4|0), C(4|1), D(0|3)
b) E(6|1), F(10|1), G(11|3), H(7|3)
c) P(0|4), Q(8|4), R(6|7), S(2|7)

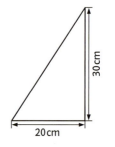
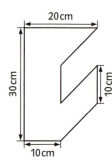

Fig. 4

4 Zeichne die Dreiecke mit den folgenden Eckpunkten in ein gemeinsames Koordinatensystem (Einheit 1 cm) und bestimme ihren Flächeninhalt.
a) A(0|0), B(4|0), C(0|5)   b) D(0|8), E(3|4), F(6|8)   c) G(5|1), H(11|1), K(7|5)

5 Berechne die Flächeninhalte von Fig. 5.

Fig. 5

6 a) Berechne den Flächeninhalt des Bauplatzes in Fig. 1.
b) Wie viele m² muss man mindestens dazukaufen, um einen rechteckigen Bauplatz zu erhalten?

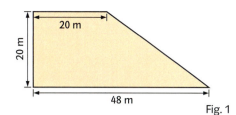
Fig. 1

7 Bestimme näherungsweise den Flächeninhalt des Ammersees. 1 cm auf der Karte entspricht 2 km in der Wirklichkeit.

8 Bestimme näherungsweise den Flächeninhalt der Insel Fehmarn.
Die Orte Burg und Puttgarden sind 6 km voneinander entfernt (Luftlinie).

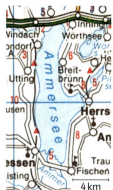

Zum Knobeln

9 Die Landwirtinnen Weizenkorn und Rübesam wollen etwas für Wildkräuter und Kleintiere tun und lassen deshalb auf ihrem Acken ringsum einen Randstreifen frei.
Frau Weizenkorn: „Mein Acker ist 4 ha groß. Durch den 2 m breiten Streifen habe ich 1584 m² weniger Anbaufläche."
Frau Rübesam: „Das ist aber merkwürdig! Mein Acker ist ebenfalls 4 ha groß, ich habe ebenfalls einen 2 m breiten Streifen rundum frei gelassen, habe aber dadurch 2304 m² weniger Anbaufläche."

10 Lege drei Streichhölzer so um, dass vier Quadrate entstehen.

11 Lege zwei Streichhölzer so um, dass sechs Quadrate entstehen.

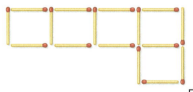
Fig. 2

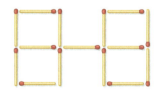
Fig. 3

Kannst du das noch?

12 Lies die Zahlen laut vor und ordne sie der Größe nach:
1 080 800; 108 800; 1 800 008; 10^6; 888 888; 1 008 888.

13 Berechne im Kopf.
a) 2 · (13 + 7)
b) 12 · 3 · 5
c) 2 · 5 · 5 + 4 · 5 · 12
d) 25 · 15 · 4
e) 4 · 8 + 4 · 12 + 4 · 5
f) 2 · (2 · 3 + 2 · 10 + 3 · 10)

14 Berechne.
a) 125 · 17
b) 4 · (310 + 275)
c) (15 · 45 + 45 · 68) · 2

5 Flächeninhalte veranschaulichen

Sydney (dpa) Australien atmet nach der schlimmsten Buschfeuersaison seit Menschengedenken auf. Heftige Regenfälle erstickten die letzten Brandherde. Die Bilanz aber ist verheerend: Mehr als 500 Häuser wurden in Schutt und Asche gelegt, drei Millionen Hektar Wald verbrannten. Auf dem Höhepunkt der Brände wütete eine 2000 Kilometer lange Feuerwalze in den östlichen Bundesstaaten Victoria und New South Wales.

In Zeitungen und Büchern findest du oft Angaben über Flächeninhalte, die sehr wenig anschaulich sind.
Durch Schätzen und Rechnen kannst du eine Vorstellung über Flächeninhalte gewinnen. Manchmal musst du dir auch noch zusätzliche Informationen besorgen.

Der brasilianische Regenwald wird immer kleiner. Durch Abholzung und Brandrodung geht jedes Jahr eine riesige Waldfläche verloren. Anhand von Satellitenbildern konnten Forscher die Größe dieser Fläche bestimmen. Sie berichteten im Internet:
„Die Waldvernichtung betrug in den Jahren 1995 bis 2000 fast immer um die zwei Millionen Hektar jährlich. Das entspricht sieben Fußballfeldern pro Minute."
Der Vergleich ist sehr anschaulich, aber stimmt er auch?

Man berechnet:
Abnahme pro Tag: 2 000 000 ha : 365 ≈ 5500 ha
Abnahme pro Stunde: 5500 ha : 24 ≈ 230 ha
Abnahme pro Minute: 230 ha : 60 ≈ 4 ha

Ein Fußballfeld ist ungefähr 100 m lang und 60 m breit. Es hat also den Flächeninhalt 6000 m^2, sieben Fußballfelder haben einen Flächeninhalt von 42 000 m^2 = 4,2 ha.
Der anschauliche Vergleich ist also richtig.

Bäume erzeugen in ihren grünen Blättern Sauerstoff, den wir zum Atmen brauchen. Sie benötigen dazu Luft, Wasser und Sonnenlicht. An einem sonnigen Tag erzeugt eine Buche mit jedem Quadratmeter Blattfläche etwa 11 g Sauerstoff.
Will man **berechnen**, wie viel sie an einem solchen Tag insgesamt produziert, so muss man den Flächeninhalt aller Blätter zusammen ermitteln. Dazu braucht man die Gesamtzahl der Blätter und den Flächeninhalt eines Blattes.
Die Anzahl der Blätter einer jungen Buche (Fig. 1) kann man auf folgende Weise **schätzen**:
– Die Buche hat sieben große Äste.
– An jedem der großen Äste befinden sich etwa vier kleine Äste.
– Ein kleiner Ast hat ungefähr sieben Zweige.
– Ein Zweig hat ungefähr 20 Knospen mit jeweils zehn Blättern.

Fig. 1

Insgesamt sind das etwa 7 · 4 · 7 · 20 · 10 Blätter ≈ 40 000 Blätter.
Ein Buchenblatt (Fig. 2) hat ungefähr denselben Flächeninhalt wie ein Rechteck mit den Seitenlängen 5 cm und 3 cm, also 15 cm^2. Alle Blätter zusammen haben damit den Flächeninhalt 40 000 · 15 cm^2 ≈ 600 000 cm^2 ≈ 60 m^2.
An einem sonnigen Tag erzeugt die junge Buche also 60 · 11 g = 660 g Sauerstoff. Das ist beinahe der Tagesbedarf eines Menschen.

Fig. 2

140   IV Flächen

Aufgaben

1 Wie viele Mathematikbücher bräuchtest du, um damit den Fußboden deines Klassenzimmers auszulegen? Wie hoch wäre ein Stapel aus diesen Büchern?

2 Herr Barth rasiert sich einmal täglich seit seinem 17. Geburtstag.
Wie alt wird Herr Barth sein, wenn er eine Fläche rasiert hat, die genauso groß ist wie sein 15 m langer und 8 m breiter Rasen?

3 Die Petronas Towers in Kuala Lumpur (Malaysia) sind mit 451,9 m die höchsten Gebäude der Welt. Jeder der beiden Türme hat 88 Etagen mit durchschnittlich jeweils 2000 m² Bürofläche.
a) Welche Maße müsste ein einstöckiges Gebäude ungefähr haben, wenn es dieselbe Bürofläche haben soll?
b) Wie viele Fußballfelder hätten auf der Fläche dieses Gebäudes Platz?

4 Im November 2002 ging vor der spanischen Atlantikküste der Öltanker „Prestige" unter. Trotz aller Versuche, das untergegangene Schiff abzudichten, liefen immer wieder große Mengen Öl aus.
Das Satellitenfoto zeigt einen der dabei entstandenen Ölteppiche.
Wie groß ist er? Vergleiche mit einer bekannten Fläche.

5 In einem Freibad ist das Schwimmbecken 50 m lang und 21 m breit. An einem heißen Sommertag suchen 2500 Besucher Abkühlung im Freibad.
Begründe, dass unmöglich alle Besucher gleichzeitig in dem Becken schwimmen können. Würden alle Besucher gleichzeitig stehend in dem Becken Platz finden?

6 Suche in der Nähe deiner Schule einen großen Laubbaum.
a) Schätze, wie viele Blätter hat dieser Baum?
b) Wie groß ist die gesamte Blattoberfläche des Baums?
c) Wie kann man das Gesamtgewicht der Blätter bestimmen?

7 Bearbeitet in Arbeitsgruppen die folgende Fragestellung.
Welche Fläche könnte man mit dem Papier auslegen, das für alle Ausgaben deiner Tageszeitung in einem Jahr gebraucht wird?
Überlegt euch vorher, welche Angaben man dazu braucht. Welche kann man messen, welche schätzen? Wo muss man Auskünfte einholen?
Stellt eure Vorgehensweise und eure Ergebnisse möglichst übersichtlich auf einem Plakat dar.

Solange der Baum noch keine Blätter hat, lässt sich die Anzahl der Äste und Zweige leichter bestimmen. Im Frühjahr kann man die Knospen eines Zweiges und die Blätter einer Knospe zählen.

6 Umfang einer Fläche

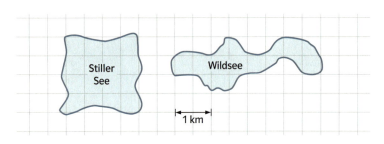

Die Klasse 5c plant eine Wanderung um einen See.
Tom: „Ich habe nachgemessen, dass der Stille See etwa 4 km² groß ist. Der Wildsee ist um 1 km² kleiner. Wir sollten also um den Wildsee wandern."
Tanja: „Da bin ich aber nicht einverstanden!"

Will man einen Garten einzäunen, dann muss man wissen, wie lang der Rand des Gartens insgesamt ist.
Man nennt diese Länge den Umfang des Gartens. Besonders einfach kann man den Umfang bestimmen, wenn der Garten rechteckig ist.

Umfang eines Rechtecks:

2-mal (Länge + Breite)

oder:
2-mal Länge + 2-mal Breite

Den **Umfang** einer **Fläche** erhält man, indem man die Längen aller Randstrecken addiert.
Beim **Rechteck** ist der Umfang doppelt so groß wie die Länge und die Breite zusammen.

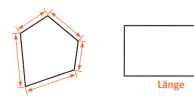

Bezeichnet man die Länge eines Rechtecks mit a und seine Breite mit b, so erhält man seinen Umfang U mithilfe der Formel U = 2 · (a + b) oder U = 2 · a + 2 · b.

Beispiel 1 Umfang
Bestimme den Umfang der Flächen in Fig. 1.
Lösung:
Gemessene Seitenlängen der roten Fläche: 3 cm und 2 cm.
Umfang: U = 2 · (3 cm + 2 cm) = 10 cm.
Gemessene Seitenlängen der gelben Fläche: 1 cm; 2,2 cm; 1,6 cm.
Umfang: U = 2 · (22 mm + 16 mm) + 10 mm = 86 mm.
Gemessene Seitenlängen der blauen Fläche: 1 cm; 2 cm; 2,1 cm; 2,5 cm; 3,5 cm.
Umfang: 10 mm + 20 mm + 21 mm + 25 mm + 35 mm = 111 mm.

Beispiel 2 Seitenlängen berechnen
Eine 25 m lange Wiese mit dem Flächeninhalt 4 a soll vollständig eingezäunt werden. Wie lang wird der Zaun?
Lösung:
Flächeninhalt: 4 a = 400 m²,
Breite: b = 400 m² : 25 m = (400 : 25) m = 16 m,
Umfang: U = 2 · (25 m + 16 m) = 82 m.
Der Zaun wird 82 m lang.

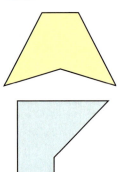

Fig. 1

142 IV Flächen

Aufgaben

1 a) Vergleiche den Flächeninhalt und den Umfang der drei Flächen (Fig. 1–3).
b) Zeichne zwei Flächen, die den gleichen Umfang, aber einen kleineren Flächeninhalt als die Fig. 1 haben.

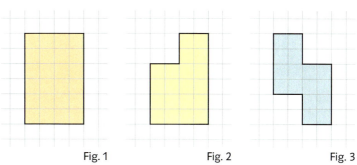

Fig. 1   Fig. 2   Fig. 3

2 a) Zeichne drei verschiedene Rechtecke, die alle den Umfang 24 cm haben.
b) Welches Rechteck mit dem Umfang 24 cm hat den größten Flächeninhalt?

3 Zeichne die beiden Dreiecke bzw. die beiden Vierecke jeweils in ein gemeinsames Koordinatensystem (Einheit 1 cm). Bestimme Umfang und Flächeninhalt jeder Figur.
a) A(0|0), B(3|0), C(3|4)
b) D(4|2), E(8|2), F(7|7)
c) A(1|1), B(7|1), C(7|5), D(4|5)
d) P(0|3), Q(3|5), R(3|9), S(0|7)

4 Ein Rechteck mit den Seitenlängen a und b hat den Flächeninhalt A und den Umfang U. Berechne die fehlenden Größen.
a) a = 4 cm, b = 3 mm
b) a = 30 cm, U = 80 cm
c) b = 25 m, A = 10 a

Bist du sicher?

1 Bestimme den Umfang des Dreiecks ABC mit A(0|2), B(4|0) und C(3|3).

2 a) Berechne den Umfang des Rechtecks mit der Länge 6,8 cm und der Breite 5 cm.
b) Das Rechteck wird nun so verlängert, dass es den Flächeninhalt 40 cm² hat. Welchen Umfang hat es dann?

---

5 Zwei Zimmer sollen renoviert werden. Das erste Zimmer ist 5 m lang und 4 m breit, das zweite Zimmer ist 6 m lang und 3 m breit. Vergleiche den Materialbedarf für die beiden Zimmer (Teppichboden, Fußbodenleisten, Tapeten, Farbe für die Decke).

Mit sechs Streichhölzchen kann man schöne Figuren legen, die alle den gleichen Umfang haben.

6 a) Berechne den Umfang eines Quadrats mit der Seitenlänge 3,5 cm.
b) Formuliere in Worten, wie man den Umfang eines Quadrats bestimmt.
c) Gib eine Formel für den Umfang U eines Quadrats mit der Seitenlänge a an.

7 a) Bei einem Rechteck werden alle Seitenlängen verdreifacht. Wie verändert sich dabei der Umfang und der Flächeninhalt des Rechtecks?
b) Wie verändert sich der Umfang eines Quadrats, wenn sein Flächeninhalt viermal so groß wird? Zeichne und rechne.

Lege Figuren aus acht Streichhölzchen.

8 Max behauptet: „Das rote Dreieck ist praktisch gleich groß wie die gelbe Treppenfigur. Daher haben beide den gleichen Flächeninhalt und den gleichen Umfang."
Hat Max Recht?

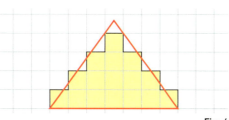

Fig. 4

IV Flächen   **143**

7 Maßstäbliches Darstellen

Herr Schumacher überlegt sich, ob er ein neues Auto kaufen soll. Der Autohändler verspricht ihm als Werbegeschenk ein Modell des Autos im Maßstab 1 : 10. Herr Schuster erschrickt: „Der Stellplatz für mein Auto ist 15 m² groß. Da brauche ich ja 1,5 m² Platz für das Modell!"

Man unterscheidet:

topografische Karten
Maßstab 1 : 25 000 bis 1 : 200 000

Übersichtskarten
Maßstab bis 1 : 900 000

Geografische Karten
Maßstab ab 1 : 1 000 000

Maßstab 20 : 1 bedeutet eine Vergrößerung auf das Zwanzigfache; d. h., 20 cm in der Abbildung entsprechen 1 cm in der Wirklichkeit.

Landkarten sind verkleinerte Darstellungen von Teilen der Erdoberfläche, in denen nur wichtige Dinge wie Flüsse, Straßen oder Gebäude dargestellt werden. Je nach Verwendungszweck wählt man einen anderen **Maßstab**. Die Südfrankreichkarte (Fig. 1) ist im Maßstab 1 : 1,6 Millionen gezeichnet. Ein Zentimeter auf der Karte entspricht daher 1 600 000 cm = 16 000 m = 16 km in der Wirklichkeit. Die Städte Montpellier und Nîmes sind auf der Karte 3 cm voneinander entfernt. Ihre wirkliche Entfernung (Luftlinie) beträgt also 3 · 16 km ≈ 48 km.

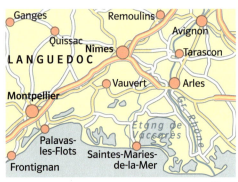

Fig. 1

Auch bei anderen Verkleinerungen und Vergrößerungen ist die Angabe des Maßstabs wichtig. Er wird beim Lesen von Bauplänen benötigt, um die wirkliche Länge und Breite von Zimmern zu berechnen, oder bei der Betrachtung von Tierbildern, um die Größe der Tiere in der Natur zu bestimmen.

Der Maßstab gibt an, mit welchem Faktor man eine Länge in der Abbildung multiplizieren muss, um die Länge in der Wirklichkeit zu erhalten.
Beim Maßstab 1 : 500 („1 zu 500") entspricht 1 cm auf der Abbildung
1 cm · 500 = 500 cm = 5 m in der Wirklichkeit.

Beispiel 1 Wirkliche Größen bestimmen
Das Klassenzimmer (Fig. 2) ist im Maßstab 1 : 200 gezeichnet.
a) Bestimme Länge und Breite des Zimmers.
b) Welchen Flächeninhalt hat das Zimmer auf dem Plan und in Wirklichkeit?
Lösung:
1 cm entspricht 200 cm = 2 m.

Fig. 2

a) Gemessene Länge: 6 cm. Wirkliche Länge: 6 · 2 m = 12 m.
Gemessene Breite: 2,5 cm. Wirkliche Länge: 2,5 · 2 m = 5 m.
b) Flächeninhalt im Plan: 6 cm · 2,5 cm = 60 mm · 25 mm = 1500 mm² = 15 cm²
Flächeninhalt in Wirklichkeit: 12 m · 5 m = 12 · 5 m² = 60 m².

Für den Flächeninhalt gilt nicht der Maßstab 1 : 200!

144 IV Flächen

Beispiel 2 Maßstab festlegen

Das Spielfeld beim Hallenhandball ist 40 m lang und 20 m breit. Wie muss man den Maßstab wählen, damit man das Spielfeld auf ein DIN-A4-Blatt (210 mm × 297 mm) zeichnen kann? Wie groß sind dann die Seitenlängen auf dem Blatt?

Lösung:
Vergleich der Länge des Spielfelds mit der Seitenlänge des Blatts: 40 000 : 297 ≈ 135.
Daher ist ein passender Maßstab zum Beispiel 1 : 200.
Für die Maße auf dem Blatt ergeben sich dann folgende Werte:
Länge: 40 m : 200 = 4000 cm : 200 = 20 cm;
Breite: 20 m : 200 = 2000 cm : 200 = 10 cm.

Beim Maßstab 1:200 wird stärker verkleinert als beim Maßstab 1:135. Also passt das Spielfeld auf jeden Fall auf das Blatt.

Aufgaben

1 a) Auf einer Fliegerkarte im Maßstab 1 : 500 000 beträgt die Entfernung zwischen den Flugplätzen Marburg-Schönstadt und Bottenhorn ungefähr 5 cm. Wie groß ist die Entfernung in Wirklichkeit?

b) Der Flugplatz Marburg-Schönstadt ist vom Segelflugplatz Amöneburg etwa 10 km entfernt. Wie viele Zentimeter beträgt dieser Abstand auf einer Karte im Maßstab 1 : 25 000?

Fig. 1

2 Vom nördlichsten Punkt Deutschlands bis zum südlichsten sind es ungefähr 1100 Kilometer. Wie muss man den Maßstab wählen, damit man eine Deutschlandkarte in ein Schulheft zeichnen kann?

3 Auf einer Karte mit dem Maßstab 1 : 5000 soll ein Sportplatz von 250 m Länge und 180 m Breite eingezeichnet werden. Welchen Strecken entspricht dies auf der Karte? Vergleiche den Flächeninhalt des echten Sportplatzes mit dem Flächeninhalt der Abbildung.

4 Ermittle den zugehörigen Maßstab:

	Zeichnung	Wirklichkeit
a)	5 cm	5 km
b)	12 cm	2400 km
c)	15 mm	45 m

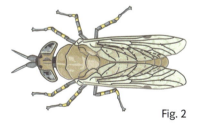

Fig. 2

5 Die Abbildung Fig. 2 zeigt eine Regenbremse.

a) Miss ihre Länge im Bild (mit Fühlern). Ihre wirkliche Länge ist 12 mm. Bestimme den Maßstab. Wähle zwischen 2 : 1, 3 : 1 und 4 : 1. Begründe.

b) Wie viele Millimeter lang sind die Flügel in Wirklichkeit?

c) Die Bremse soll im Maßstab 20 : 1 nachgebaut werden. Bestimme die Länge des Modells.

IV Flächen

Wiederholen – Vertiefen – Vernetzen

1 Es ist 1 m² = 10 000 cm² = 10⁴ cm². Schreibe entsprechend in dein Heft.
a) 1 m = ☐ cm = ☐ cm
1 km = ☐ m = ☐ m
100 m = ☐ dm = ☐ dm

b) 1 a = ☐ m² = ☐ m²
1 ha = ☐ m² = ☐ m²
10 m² = ☐ cm² = ☐ cm²

c) 10 dm² = ☐ mm² = ☐ mm²
10 dm = ☐ mm = ☐ mm
1 km² = ☐ cm² = ☐ cm²

2 Anfang des 19. Jahrhunderts waren in der Landwirtschaft andere Flächeneinheiten als heute üblich. Ein Morgen ist ein altes Flächenmaß, es beschrieb ursprünglich die Fläche, die man an einem Vormittag mit einem Pferde oder Ochsen pflügen konnte. Je nach Region unterschieden sich die Bezeichnungen und ihre Bedeutungen sehr. In Bremen war der Morgen 2572 m² groß, in Braunschweig maß der Waldmorgen 3352 m², in Schleswig-Holstein nannte man eine Fläche von 5466 m² eine Steuertonne und im Alten Land entsprach ein Morgen 10 477 m².
a) Vergleiche, welche Fläche am größten ist. 15 Bremer Morgen, 12 Braunschweiger Waldmorgen, 8 Schleswig-Holsteiner Steuertonnen oder 4 Morgen im Alten Land.
b) Ein Bauer in Schleswig-Holstein hat eine große Wiese von gut zwei Steuertonnen. Sie ist 120 m breit. Wie lang ist die Wiese?
c) Im Jahr 1869 hat man sich im Norddeutschen Bund auf einen Morgen von 2500 m² geeinigt. Eine quadratische Wiese hat eine Fläche von vier Morgen. Berechne den Umfang.

3 Island ist eine Insel im Nordatlantik und hat weniger als 300 000 Einwohner.
a) Bestimme den Flächeninhalt Islands mithilfe eines geeigneten Quadratgitters. Ein Zentimeter auf der Karte entspricht 100 Kilometer in der Wirklichkeit.
b) Schätze den Flächeninhalt Islands, indem du ein Rechteck zeichnest, das etwa den gleichen Flächeninhalt hat wie das Bild Islands auf der Karte.
c) Informiere dich in einem Lexikon oder im Internet über den Flächeninhalt Islands und vergleiche mit deinen Ergebnissen.
d) Vergleiche die Bevölkerungsdichte Islands (Einwohner pro km²) mit der Bevölkerungsdichte Deutschlands.

Maßstab 1 : 10 000 000

4 Eine Pferdekoppel hat die Form eines Parallelogramms mit den Seitenlängen a = 50 m und b = 45 m und einem Winkel von 53° zwischen den beiden Seiten.
a) Zeichne die Koppel. Wähle dabei 1 cm für 10 m.
b) Der Bauer möchte seine Koppel gegen ein rechteckiges Grundstück mit gleichem Flächeninhalt eintauschen. Eine Seite des Rechtecks ist 60 m lang. Wie lang ist die andere Seite?
c) Reicht der Zaun der alten Koppel auch für die neue Koppel?

Wiederholen – Vertiefen – Vernetzen

5 Familie Schuberts Wohnzimmer hat einen Flächeninhalt von 24 m². Alle Maße in Fig. 1 sind in m angegeben.
a) Wie lang sind die Wände?
b) Zeichne das Zimmer im Maßstab 1:100.

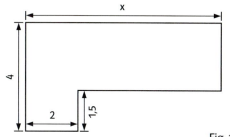
Fig. 1

6 Aus einem Schulbuch aus dem Jahr 1909:

Eine rechteckige Fläche soll mit Plättchen belegt werden; an der langen Seite befinden sich 30, an der breiten Seite sind 24 Plättchen von je 15 cm Länge. a. Wie groß ist die belegte Fläche; b. was kostet der Belag, wenn jedes Plättchen mit 25 ₰ berechnet wird?

1 ₰ ist die Abkürzung für einen „Reichspfennig".

7

Ein rechteckiger Platz von 20,4 m Länge und 15,5 m Breite soll mit Kies belegt werden, von welchem ein Korb, dessen Inhalt zur Bedeckung von 1 qm hinreicht, mit 10 ₰ berechnet wird. Wieviel Körbe Kies sind erforderlich, und wie hoch belaufen sich die Kosten?

Man schreibt für 1 m² auch 1 qm.

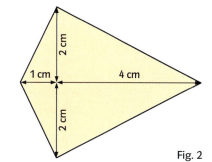

8 Bei einem Drachen sind die beiden Diagonalen orthogonal und eine der beiden Diagonalen halbiert die andere.
a) Bestimme den Flächeninhalt des Drachens in Figur 2.
b) Begründe: Den Flächeninhalt eines beliebigen Drachens erhält man, indem man die Längen der beiden Diagonalen multipliziert und das Produkt halbiert.
c) Zeichne drei verschiedene Drachen mit dem Flächeninhalt 15 cm².

Fig. 2

9 Lege in einem Tabellenkalkulationsprogramm eine Datei nach folgendem Vorbild an: In ein Startfeld kann man den Umfang eines Rechtecks eingeben.
a) Für verschiedene Werte der Seitenlänge a des Rechtecks soll die Länge der Seite b berechnet werden. Welche Werte für a sind hierbei sinnvoll?
b) Berechne den Flächeninhalt des jeweiligen Rechtecks.
c) Welches der Rechtecke hat den größten Flächeninhalt?

Fig. 3

10 Zerschneide ein Quadrat mit der Seitenlänge 3 cm in neun gleich große Quadrate.
a) Vergleiche den Flächeninhalt des ursprünglichen Quadrats mit der Summe der Flächeninhalte der kleinen Quadrate.
b) Vergleiche den Umfang des ursprünglichen Quadrats mit der Summe der Umfänge der kleinen Quadrate.
c) Das ursprüngliche Quadrat hatte einen roten Rand. Wie viele der kleinen Quadrate haben keine, eine, zwei oder mehr rote Randstrecken?
d) Führe die Überlegungen aus a) bis c) durch, wenn das ursprüngliche Quadrat die Seitenlänge 4 cm hat und in 16 gleich große Quadrate zerschnitten wird.
e) Welche Ergebnisse erhältst du bei einem Quadrat mit der Seitenlänge 100 cm, das in lauter 1-cm-Quadrate zerschnitten wird?

So sieht es bei einem Quadrat mit Seitenlänge 2 cm aus:

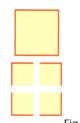
Fig. 4

IV Flächen 147

Entdeckungen — Sportplätze sind auch Flächen

In den Bestimmungen des internationalen Fußballverbandes findet man genaue Angaben, wie ein Fußballfeld aussehen muss.

Ein Fußballfeld muss mindestens 90 m lang und 45 m breit sein. Seine größte zugelassene Länge bzw. Breite ist 120 m bzw. 90 m.
Die Mittellinie ist parallel zu den Torlinien und teilt das Spielfeld in zwei gleiche Spielhälften. Um den Mittelpunkt der Mittellinie ist ein Kreis mit Radius 9,15 m zu ziehen.
An jeder Ecke wird eine Fahne an einer Stange, die nicht unter 1,50 m hoch sein darf, angebracht. Um jede Eckfahne ist ein Viertelkreis mit 1 m Radius im Spielfeld zu ziehen.
In der Mitte jeder Torlinie sind die Tore aufzustellen. Sie bestehen aus zwei senkrechten Pfosten, die in gleichem Abstand zu den Eckfahnen stehen und durch eine Querlatte verbunden sind. Der Abstand zwischen den Innenkanten der Pfosten beträgt 7,32 m. Die Unterkante der Querlatte ist 2,44 m vom Boden entfernt. Die Torpfosten und die Querlatte dürfen höchstens 12 cm breit sein.
Rechtwinklig zu jeder Torlinie sind im Abstand von 5,50 m von der Innenkante der Torpfosten zwei Linien zu ziehen. Diese Linien müssen sich 5,50 m in das Spielfeld hinein erstrecken und durch eine zur Torlinie parallele Linie miteinander verbunden werden. Der von diesen Linien und der Torlinie umschlossene Raum wird Torraum genannt.
Rechtwinklig zu jeder Torlinie sind im Abstand von 16,50 m von der Innenkante der Torpfosten zwei Linien zu ziehen. Diese Linien müssen sich 16,50 m in das Spielfeld hinein erstrecken und durch eine zur Torlinie parallele Linie miteinander verbunden werden. Der von diesen Linien und der Torlinie umschlossene Raum wird Strafraum genannt.
In jedem Strafraum, 11 m vom Mittelpunkt der Torlinie zwischen den Pfosten und gleichweit von beiden Pfosten entfernt, ist die Strafstoßmarke als sichtbares Zeichen anzubringen. Von jeder Strafstoßmarke aus ist ein Teilkreis mit 9,15 m Radius außerhalb des Strafraums zu ziehen.

⚽ Zeichne ein Spielfeld, das den Regeln entspricht. Wähle für 1 m in der Wirklichkeit 1 mm in der Zeichnung.

⚽ Wie groß ist die Spielfläche, die jedem Spieler rechnerisch zur Verfügung steht?

⚽ Vergleiche die Flächeninhalte des kleinstmöglichen und des größtmöglichen Fußballfeldes.

⚽ Welche Bedeutung haben der Strafraum und der Torraum?

Ein Fußball darf einen Durchmesser von 22 cm bis 23 cm haben. Er muss mindestens 396 g und darf höchstens 453 g schwer sein. Die Fußballfelder im Bremer Weser-Stadion und in der AOL-Arena in Hamburg sind 105 m lang und 68 m breit.

⚽ Wie viele Fußbälle hätten darauf Platz, wenn man sie so dicht wie möglich aneinander legen würde?

⚽ Wie schwer wären diese Bälle zusammen?

⚽ Wie hoch wäre die Säule, die man erhalten würde, wenn man alle diese Bälle aufeinander stapeln könnte?

148 IV Flächen

Sportplätze sind auch Flächen

Entdeckungen

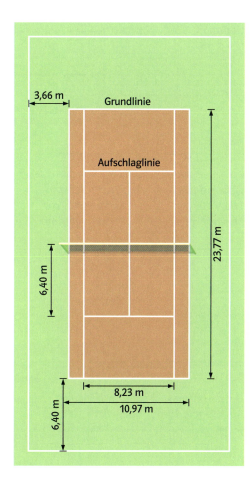

Ein Tennisplatz hat die in der Zeichnung angegebenen Maße. Die rote Fläche ist das Spielfeld für ein Doppel. Hier spielen jeweils zwei Spieler gegeneinander. Bei einem Einzel ist das Spielfeld nur 8,23 m breit.

🟡 Sicher wunderst du dich über die „krummen" Längenangaben. Diese stammen noch aus der Zeit, als die ersten Tennisregeln aufgestellt wurden. Dies geschah im Jahr 1874 durch einen Engländer namens Wingfield.
Er verwendete die damals übliche Längeneinheit 1 Yard. Sie ist heute noch weit verbreitet.
Ein Yard ist ungefähr 91,44 cm lang.

🟡 💻 Rechne mithilfe eines Tabellenkalkulationsprogramms alle Längenangaben in Yards um. Durch geeignetes Runden findest du sicher die ursprünglichen Yardgrößen heraus.

🟡 Zeichne einen Tennisplatz in dein Heft. Wähle dabei für ein Yard in der Wirklichkeit eine Kästchenlänge im Heft.

🟡 Beim Einzel ist das Tennisnetz 91,4 cm hoch. Wie kommt diese Höhe wohl zustande?

Aus den in Yards umgerechneten Längenangaben kann man weitere interessante Eigenschaften eines Tennisplatzes berechnen. Ein Flächeninhalt wird dabei in Quadratyards (engl.: Squareyards, kurz: yd²) angegeben.

🟡 Länge, Breite, Umfang, Flächeninhalt

🟡 Gesamtlänge aller Linien des Spielfelds

🟡 Vergleich der Flächeninhalte des gesamten Platzes und der Spielfelder für Einzel und Doppel

🟡 Spielfläche, die rechnerisch jedem Spieler im Einzel und im Doppel zur Verfügung steht.

🟡 💻 Gib alle zuvor berechneten Längen und Flächen zusätzlich in m bzw. in m² an.

IV Flächen 149

Rückblick

Umfang
Den Umfang einer Fläche erhält man, indem man die Längen aller Randstrecken addiert.

Umfang
U = 8 cm

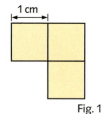

Flächeninhalt
Der Flächeninhalt gibt an, wie groß eine Fläche ist.
Eine Fläche hat den Flächeninhalt 3 cm², wenn sie so groß ist wie drei Zentimeterquadrate zusammen.

Flächeninhalt
A = 3 cm²

Fig. 1

Einheiten des Flächeninhalts
Flächeninhalte werden in den Einheiten 1 mm², 1 cm², 1 dm², 1 m², 1 a, 1 ha, 1 km² gemessen.

Das 100fache einer Flächeneinheit ergibt die nächstgrößere Einheit. Bei Längen ist diese Umrechnungszahl 10.

1 km² = 100 ha
1 ha = 100 a
1 a = 100 m²

1 m² = 100 dm²
1 dm² = 100 cm²
1 cm² = 100 mm²

Umfang eines Rechtecks
Umfang = 2-mal Länge + 2-mal Breite
Formel: U = 2 · a + 2 · b = 2 · (a + b)

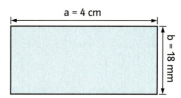

Fig. 2

Flächeninhalt eines Rechtecks
Flächeninhalt = Länge mal Breite
Formel: A = a · b

U = 2 · (40 mm + 18 mm) = 116 mm
A = 40 mm · 18 mm = 720 mm²

Flächeninhalt verschiedener Figuren
Viele Figuren lassen sich so zerlegen oder ergänzen, dass ein oder mehrere Rechtecke entstehen.

Zerlegen:

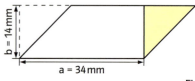

Fig. 3

A = 34 mm · 14 mm = 476 mm²

Ergänzen:

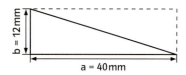

Fig. 4

A = (40 mm · 12 mm) : 2 = 240 mm²

Näherungsweise Bestimmung eines Flächeninhalts
- Auszählen mithilfe eines Quadratgitters
- Annähern durch ein passendes Rechteck

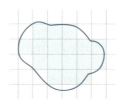

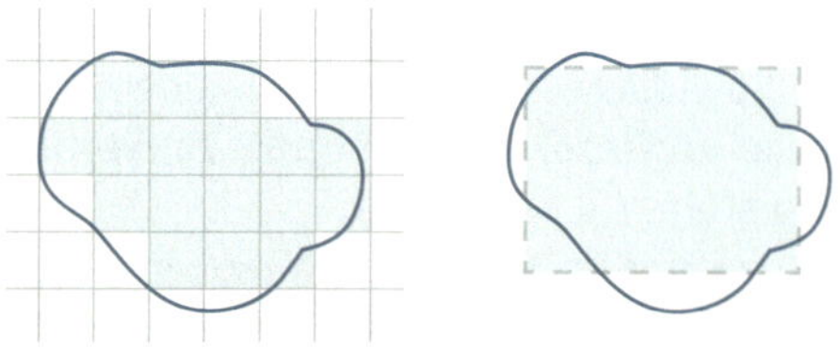

Fig. 5

150   IV Flächen

Training

Runde 1

1 Gib in der Einheit an, die in der Klammer steht.
a) $7\,cm^2$ (mm^2) b) $5\,ha$ (a) c) $12\,km^2$ (ha) d) $3\,km^2$ (a)
e) $7\,cm$ (mm) f) $3\,m^2\,5\,dm^2$ (dm^2) g) $3\,m\,5\,dm$ (dm) h) $4\,ha\,33\,a$ (m^2)

2 Berechne.
a) $6\,m^2 + 48\,dm^2$ b) $6\,m^2 - 48\,dm^2$ c) $6\,m - 48\,dm$ d) $5\,ha + 9\,a$
e) $7\,m^2 - 5\,dm^2$ f) $7\,m - 5\,dm$ g) $2\,km^2 + 260\,ha$ h) $4 \cdot 50\,a$

3 Zeichne die Figuren mit den angegebenen Eckpunkten in ein gemeinsames Koordinatensystem (Längeneinheit 1 cm) und bestimme jeweils Flächeninhalt und Umfang.
a) A(1|1), B(4|1), C(1|5)   b) P(5|0), Q(6|0), R(6|6), S(5|6)   c) X(0|9), Y(2|6), Z(4|9)

4 Ein Rechteck ist 15 m lang und 8 m breit.
a) Berechne seinen Flächeninhalt und seinen Umfang.
b) Das Rechteck wird nun so verlängert, dass sein Flächeninhalt um $40\,m^2$ größer wird. Um wie viele Meter wird dabei seine Länge größer? Wie verändert sich sein Umfang?

5 Ein Rechteck hat eine 4 cm lange Seite und den Flächeninhalt $10\,cm^2$.
a) Berechne die Länge der anderen Seite und zeichne das Rechteck.
b) Zeichne ein Parallelogramm und ein Dreieck, die den gleichen Flächeninhalt haben wie das Rechteck.

Runde 2

1 a) Bestimme den Flächeninhalt und den Umfang der Flächen.
b) Zeichne ein Dreieck, das den gleichen Flächeninhalt wie das Rechteck hat.

2 Berechne.
a) $2\,ha - 96\,a$ b) $45\,cm^2 + 55\,mm^2$
c) $45\,cm + 55\,mm$ d) $6 \cdot 25\,cm^2$

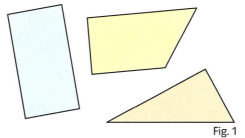
Fig. 1

3 Ein Heimwerker will die sechs Türen seiner Wohnung neu streichen. Alle Türen sind 2 m hoch und 82 cm breit.
a) Welchen Flächeninhalt haben alle Türen (außen und innen) zusammen?
b) Eine Farbdose reicht für ca. $12\,m^2$. Wie viele Dosen muss er kaufen?

4 Ein rechteckiger Marktplatz mit den Maßen 60 m × 40 m soll neu gepflastert werden. Ein Pflasterstein ist 10 cm lang und 10 cm breit. Er wiegt ca. 1,5 kg.
a) Wie viele Pflastersteine werden benötigt?
b) Wie viele LKW-Ladungen sind das, wenn ein LKW 20 t laden darf?

5 Wie verändert sich der Flächeninhalt eines Rechtecks, wenn man
a) die Breite verdoppelt,
b) die Länge halbiert und die Breite vervierfacht?

6 Bestimme den Flächeninhalt der Figur 2.

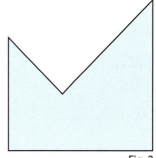
Fig. 2

Lösungen auf Seite 209.

Das kannst du schon

- Figuren wie Quadrate, Rechtecke, Parallelogramme, Dreiecke und Kreise benennen, beschreiben und zeichnen
- Umfang und Flächeninhalt von Rechtecken bestimmen
- Längen- und Flächeneinheiten ineinander umrechnen

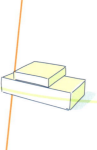
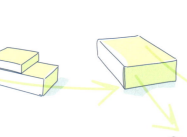
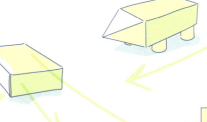
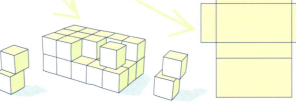

Zahl   Messen   Raum und Form   Funktionaler Zusammenhang   Daten und Zufall

152   V Körper

V Körper

Körperverwandlungen

Maler zu Beginn des 20. Jahrhunderts haben die Formen aus geometrischen Körpern wie z. B. Würfeln, Quadern oder Zylindern zusammengesetzt.
Man nennt diesen Stil „Kubismus".
Der Maler Paul Cezanne hat es so zusammengefasst: „Alle Formen in der Natur lassen sich auf Kugel, Kegel und Zylinder zurückführen."

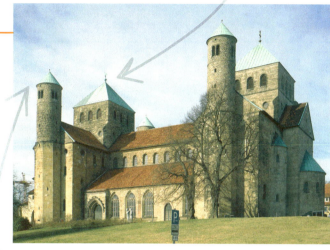

Kirche St. Michaelis, Hildesheim

Paul Gris; Häuser in Paris 1911

Das kannst du bald
- Geometrische Körper mit ihren Eigenschaften beschreiben
- 3-D-Bilder von Quadern zeichnen
- Oberfläche und Rauminhalt von Quadern bestimmen
- Raumeinheiten ineinander umrechnen

1 Körper und Netze

▬▬ Kannst du auch so eine „Zauberschule" aus farbigem Papier basteln, vielleicht zusammen mit einer Gruppe von Mitschülerinnen und Mitschülern? Überlege erst genau, wie du die Bauteile auf das Papier zeichnen musst, damit du sie zusammenkleben kannst.
Die einfacheren Häuser kannst du wahrscheinlich schon basteln. ▬▬

In einem Spielzeugladen, im Supermarkt oder zu Hause findet man Gegenstände, die sich durch ihre Größe, Verpackung, Inhalt, Farbe, Gewicht oder Geruch unterscheiden. Für die Geometrie kommt es nur auf die **Form** der Gegenstände an.
Ordnet man Gegenstände nach ihrer Form, so passen sie manchmal zu den **geometrischen Grundkörpern**:

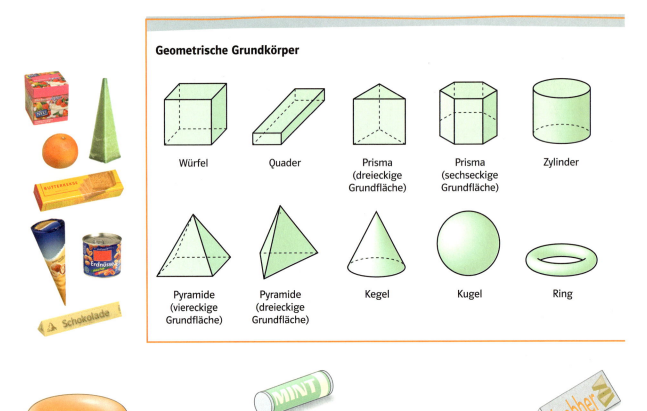

154 V Körper

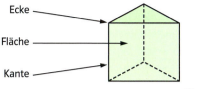

Ecke
Fläche
Kante

Fig. 1

Die Körper werden von **Flächen** begrenzt. Flächen können auch gewölbt sein. Wo zwei Flächen aufeinander treffen, entsteht eine **Kante**. Kanten können auch gebogen sein. Wo mehrere Kanten aufeinander treffen, ergibt sich eine **Ecke**.

Manche geometrische Körper kann man entlang der Kanten aufschneiden und auf dem Tisch ausbreiten. Die entstehende ebene Figur nennt man ein **Netz** des Körpers.
Wenn man das Netz auf ein Papier zeichnet, Klebeflächen hinzufügt, ausschneidet und zusammenklebt, so kann man den Körper basteln.

 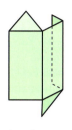 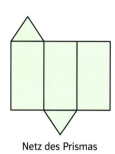

Prisma   aufgeschnittenes Prisma   Netz des Prismas

Fig. 2

Beispiel 1
Aus welchen Körpern ist der Turm mit Dach zusammengesetzt?
Lösung:
Der gelbe Turm ist ein Zylinder. Das aufgesetzte rote Dach ist eine Halbkugel.

Beispiel 2
Wie viele Ecken, Flächen und Kanten hat ein Prisma mit sechseckiger Grundfläche?
Lösung:
Das Prisma hat 6 Seitenflächen, eine Grundfläche und eine Deckfläche, also 8 Flächen.
Zur Grundfläche und Deckfläche gehören je 6 Ecken, zusammen ergeben sich 12 Ecken.
Zur Grundfläche und Deckfläche gehören außerdem insgesamt 12 Kanten. Zusammen mit den 6 Seitenkanten ergeben sich 18 Kanten.

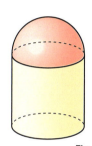

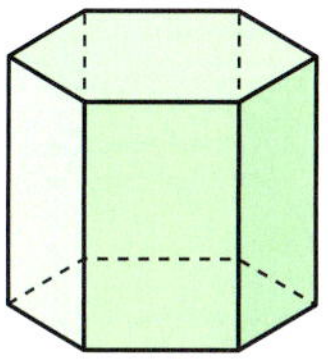

Fig. 3

Fig. 4

Aufgaben

1 Schreibe mindestens zehn Gegenstände auf, die man in einem Supermarkt oder in einem Spielwarengeschäft kaufen kann, und ordne sie den Grundkörpern zu. Lege eine Tabelle wie rechts an.

2 a) Aus welchen Grundkörpern sind die unten abgebildeten Körper zusammengesetzt?
b) Gib Gegenstände oder Bauwerke an, die zu diesen Körpern passen.
c) Zeichne weitere zusammengesetzte Körper. Du kannst sie auch aus Verpackungen, Papprollen, Korken und ähnlichen Gegenständen basteln.

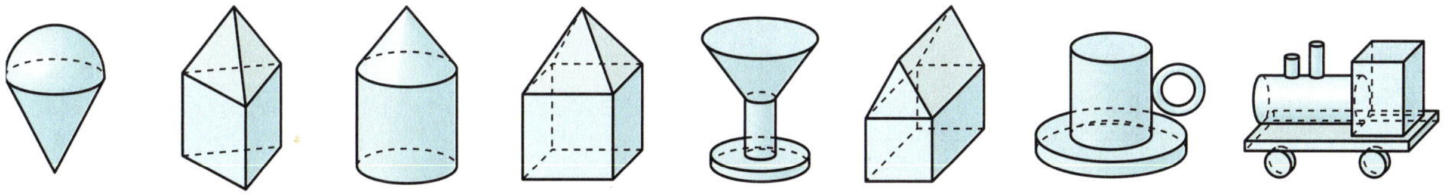

Gegenstand	Grundkörper
Orange	Kugel

Fig. 5

3 Geometrische Grundkörper sind oft näherungsweise Modelle für Dinge in der Natur. Welche Grundkörper passen am besten zu den in den beiden Fotos dargestellten Motiven?

4 a) Wie viele Ecken, Kanten und Flächen hat ein Prisma mit dreieckiger Grundfläche (Fig. 1)?
b) Wie viele Ecken, Kanten und Flächen hat eine Pyramide mit quadratischer Grundfläche (Fig. 2)?

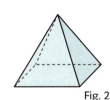

Fig. 1   Fig. 2

Körper gesucht!
100 € Belohnung!
Merkmale:
– 8 Flächen, davon sechs Rechtecke,
– 12 Ecken,
– 18 Kanten mit zwei verschiedenen Längen
Unbewaffnet!

Fig. 3

5 In Fig. 3 ist der Steckbrief eines geometrischen Körpers abgebildet. Hast du ihn gefunden? Schreibe auch Steckbriefe von den anderen Grundkörpern. Lass deine Mitschülerinnen und Mitschüler raten, welche Körper du beschrieben hast.

6 a) Welche geometrischen Grundkörper können fest auf einem ebenen Tisch stehen? Welche können rollen? Welcher Körper kann auf einem ebenen Tisch schaukeln?
b) Lies die Geschichte „Mein Tisch, mein Körper und ich" auf Seite 177. Welche Gegenstände, die zu geometrischen Grundkörpern passen, kommen in dem Text vor?

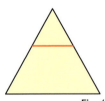

Fig. 4

7 a) Fig. 4 zeigt eine Pyramide, wie man sie von der Seite sieht. Sie hat als Grundfläche ein Quadrat. Die Pyramide wird entlang der roten Linie durchgeschnitten und die Spitze wird weggenommen. Dann wird die Schnittfläche rot angestrichen.
Zeichne, wie die Pyramide jetzt von oben aussieht.
b) Verfahre genauso bei der Kugel (Fig. 5).
c) Zeichne und löse eine entsprechende Aufgabe für einen Ring.

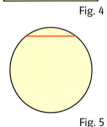

Fig. 5

8 Zu welchen geometrischen Grundkörpern gehören die Netze?

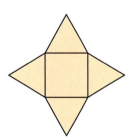
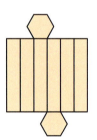
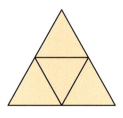
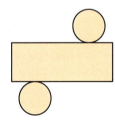

Fig. 6

9 Welche der folgenden Figuren sind Netze einer Pyramide mit quadratischer Grundfläche (vergleiche Fig. 2)?

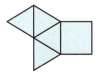

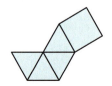
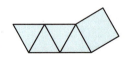

Fig. 7

156   V Körper

10 Die folgenden Netze enthalten jeweils einen Fehler. Zeichne eine richtige Lösung.

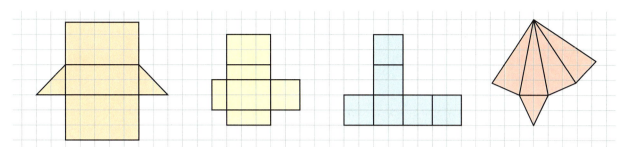

Fig. 1

Zum Basteln und Experimentieren

11 Mit Klebstoff und Zahnstochern kannst du **Kantenmodelle** basteln (Fig. 2).
a) Von welchen geometrischen Grundkörpern kann man Kantenmodelle aus lauter gleich langen Zahnstochern basteln?
b) Baue Kantenmodelle von möglichst vielen Körpern. Bei manchen Körpern solltet ihr zusammenarbeiten, um euch beim Halten zu helfen.

Fig. 2

12 a) Nimm ein rechteckiges Blatt Papier und klebe die beiden kürzeren Seiten zusammen. Welcher geometrische Grundkörper entsteht?
b) Wie verändert sich dieser Körper, wenn man die längere Seite des Rechtecks vergrößert? Wie verändert er sich, wenn man die kürzere Seite vergrößert?

13 In Fig. 3 siehst du, wie du einen Zylinder und einen Kegel aus Papier basteln kannst. Versuche es selbst!

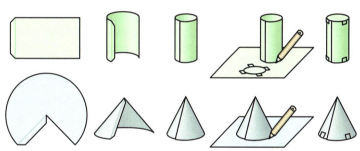

Fig. 3

14 Schneide drei gleich große Kreise aus. Schneide wie in Fig. 4 jeweils ein kleineres oder größeres Kuchenstück aus den Kreisen (in der Zeichnung rot). Bastle aus dem Rest (in der Zeichnung gelb) drei Kegel (Klebeflächen berücksichtigen!). Wodurch unterscheiden sich die drei Kegel?

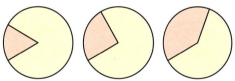

Fig. 4

Kannst du das noch?

15 Zeichne in ein Koordinatensystem die Punkte A(2|1), B(5|1), C(5|5).
a) Berechne den Flächeninhalt des Dreiecks ABC und bestimme seinen Umfang.
b) Ergänze das Dreieck ABC zu einem Parallelogramm ABCD. Berechne den Flächeninhalt und den Umfang des Parallelogramms.

16 Zeichne einen Rechenbaum und berechne anschließend.
a) (65 − 58) · 11 − 55   b) (9 · 12 − 4 · 7) : (13 · 5 − 98 : 2)   c) (96 − 85) · (96 + 85) − 154
d) (1254 − 693) · 78 + 23 · 561 − 561   e) [712 − (65 − 11)] : (508 − 494)

2 Quader

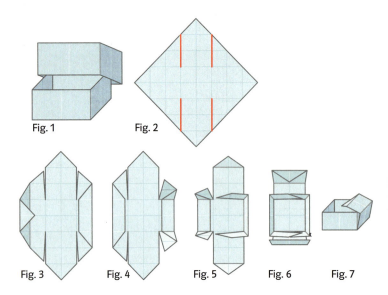

Fig. 1 Fig. 2 Fig. 3 Fig. 4 Fig. 5 Fig. 6 Fig. 7

■ Man kann Schachteln in Quaderform auch falten (Fig. 1). Nimm ein quadratisches Papier und falte es so, dass die dünn gezeichneten Faltlinien entstehen (Fig. 2). Dann werden in dem Liniennetz die rot markierten Linien eingeschnitten. Jetzt werden die linke und die rechte Ecke zweimal nach innen umgefaltet (Fig. 3 und Fig. 4).
Sie werden zu Seitenteilen hochgebogen (Fig. 5). Die obere und die untere Ecke werden auch nach innen gefaltet und über die Seitenteile geschlagen (Fig. 6 und Fig. 7). Den Deckel macht man genauso.
Er passt aber besser, wenn man ein quadratisches Papier mit 2 mm längerer Seitenlänge nimmt. ■

*Statt Oberflächeninhalt sagt man auch kurz: **Oberfläche**.*

Ein **Quader** ist durch **Länge**, **Breite** und **Höhe** bestimmt. Die Kanten des Quaders sind parallel oder orthogonal zueinander.
Die **Oberfläche** des Quaders besteht aus sechs Rechtecken. Den Flächeninhalt von allen sechs Rechtecken zusammen nennt man den **Oberflächeninhalt des Quaders**.
Ein **Würfel** ist auch ein Quader. Er hat sechs gleiche Quadrate als Seitenflächen. Bei einem Würfel sind Länge, Breite und Höhe gleich groß.

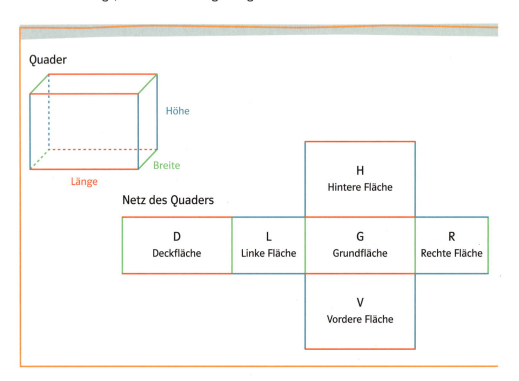

158 V Körper

Beispiel

a) Ein Quader hat die Länge 4 cm, die Breite 2 cm und die Höhe 1 cm. Zeichne ein Netz des Quaders.
b) Wie lang muss ein Draht sein, mit dem man ein Kantenmodell des Quaders basteln kann, wie lang ist also die Gesamtkantenlänge des Quaders?
c) Wie groß ist der Oberflächeninhalt des Quaders?

Lösung:
a)

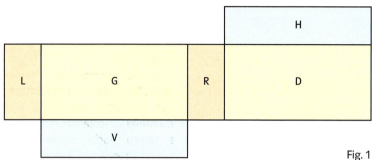

Fig. 1

Kantenmodell eines Quaders

Es gibt viele Möglichkeiten, das Netz eines Quaders zu zeichnen! Die Abbildung zeigt eine davon.

b) Die Gesamtkantenlänge des Quaders ist
4 · 4 cm + 4 · 2 cm + 4 · 1 cm = 28 cm.

c) Die Unterseite ist 4 cm lang und 2 cm breit, sie hat den Flächeninhalt 4 cm · 2 cm = (4 · 2) cm² = 8 cm².
Die rechte Seite hat den Flächeninhalt 2 cm · 1 cm = (2 · 1) cm² = 2 cm², die Vorderseite den Flächeninhalt 4 cm · 1 cm = (4 · 1) cm² = 4 cm².
Der Oberflächeninhalt ist somit
(2 · 8) cm² + (2 · 2) cm² + (2 · 4) cm² = 16 cm² + 4 cm² + 8 cm² = 28 cm².

Jede Kantenlänge des Quaders kommt viermal vor.

Jede Fläche kommt zweimal vor.

Aufgaben

1 a) Übertrage die Quadernetze auf Karopapier.
b) Markiere die Strecken, die beim Falten zusammentreffen, mit gleichen Farben.
c) Schneide die Netze aus und falte die Quader zusammen.

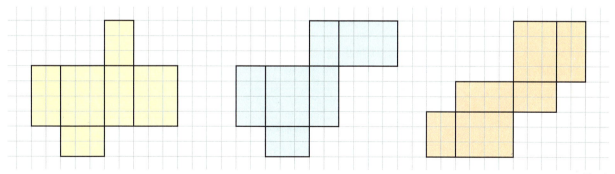

Fig. 2

2 Ein Quader hat die Länge 4 cm, die Breite 3 cm und die Höhe 2 cm.
a) Zeichne zwei verschiedene Netze dieses Quaders.
b) Bestimme die Gesamtkantenlänge des Quaders.
c) Bestimme den Oberflächeninhalt dieses Quaders.
d) Löse diese Aufgabe für einen Quader mit den Kantenlängen 5 cm, 0,2 dm und 25 mm.

V Körper

3 Aus welchen der folgenden Netze lassen sich Quader basteln? Bei welchen ist dies nicht möglich? Begründe.

a) b) c) d)

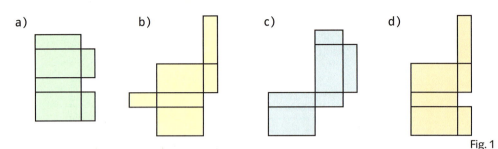

Fig. 1

Fig. 2

4 Mareike, Tabea und Julia wollen für ein Häuschen im Wald ein Holzgerüst bauen, das dann mit Tüchern zugehängt wird (Fig. 2). Es soll 1,6 m breit und 1,8 m lang werden.
a) Wie viele m Holzlatten müssen sie insgesamt mindestens haben, wenn das Häuschen 120 cm hoch werden soll?
b) Wie viel dm² Tuch brauchen die drei für ihr Häuschen bei dieser Höhe?
c) Wie hoch kann das Häuschen höchstens werden, wenn sie insgesamt 12 m Holzlatten haben?

Bist du sicher?

1 Ein Quader hat die Länge 4 cm, die Breite 15 mm und die Höhe 1 cm.
a) Zeichne ein Netz des Quaders.
b) Bestimme die Gesamtkantenlänge des Quaders.
c) Bestimme den Oberflächeninhalt dieses Quaders.

5 Ein Quader ist 8 cm lang, 4 cm breit und 1 cm hoch.
a) Zeichne ein Netz des Quaders, das auf ein quadratisches Papier mit 10 cm Seitenlänge passt.
b) Könnte ein Netz dieses Quaders auch auf ein quadratisches Papier mit 9 cm Seitenlänge passen? Begründe.

6 Ein Quader hat die halbe Länge, die halbe Breite und die halbe Höhe eines anderen Quaders. Vergleiche die Gesamtkantenlänge und die Oberfläche der beiden Quader.

7 a) Alisa hat 84 cm Draht. Daraus will sie das Kantenmodell eines möglichst großen Würfels basteln. Wie lang kann Alisa eine Würfelkante höchstens machen?
b) Helen hat 96 cm² Pappe. Daraus will sie einen Würfel basteln. Wie lang kann sie eine Würfelkante höchstens machen?

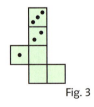

Fig. 3

8 Übernimm die Würfelnetze von Fig. 3 und Fig. 4 ins Heft. Trage die Würfelaugen des Spielwürfels vollständig ein. Beachte, dass bei einem Spielwürfel gegenüberliegende Augenzahlen immer die gleiche Summe haben. Gibt es verschiedene Möglichkeiten?

9 Ein blau angemalter Würfel wird mit drei Schnitten in acht gleiche kleinere Würfel zerschnitten. Wie viele Flächen sind unbemalt?

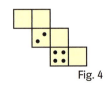

Fig. 4

10 Ein Holzquader mit den Kantenlängen 4 cm, 4 cm und 6 cm soll in möglichst große gleiche Würfel zersägt werden. Wie viele Würfel ergibt das?

3 Schrägbilder

Julian und Sarah haben eine Milchpackung aus verschiedenen Blickrichtungen gezeichnet. Sarah hat an Julians Zeichnungen (Fig. 2) noch einiges auszusetzen.

Fig. 1

Fig. 2

Einen gezeichneten Quader kann man sich besser vorstellen, wenn man ein 3-D-Bild oder, wie man auch sagt, ein **Schrägbild** von ihm zeichnet. Je nach Blickrichtung auf den Quader sind die Schrägbilder unterschiedlich. Damit die Zeichnung überzeugend aussieht und auf Karopapier einfach herzustellen ist, zeichnet man nach hinten verlaufende Kanten schräg, verkürzt und parallel zueinander. Nicht sichtbare Kanten werden gestrichelt. Die folgenden Schritte zeigen, wie man mithilfe der Karolinien Schrägbilder zeichnen kann.

Schrägbild eines Quaders mit der Länge 3,5 cm, Breite 2 cm und Höhe 1,5 cm

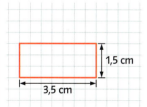 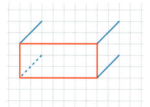 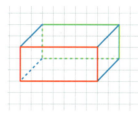

1. Man zeichnet die Vorderfläche in wahrer Größe.

2. Man zeichnet die Kanten, die nach hinten laufen, schräg und verkürzt. Für 1 cm Seitenlänge zeichnet man eine Kästchendiagonale. Die nicht sichtbare Kante wird gestrichelt.

3. Zum Zeichnen der Rückseite werden die Endpunkte der schräg nach hinten verlaufenden Kanten verbunden. Die nicht sichtbaren Kanten werden gestrichelt.

Beispiel
Ein L-ähnlicher Körper hat die Maße, wie sie in Fig. 3 angegeben sind. Zeichne ein Schrägbild des Körpers mit der orangen Fläche als Vorderfläche.
Lösung: siehe Fig. 4.

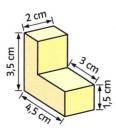
Fig. 3

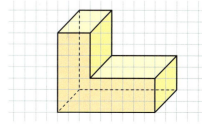
Fig. 4

V Körper 161

Aufgaben

1 Zeichne das Schrägbild eines Würfels mit einer Kantenlänge von
a) 4 cm, b) 50 mm, c) 2,5 cm.

2 Zeichne das Schrägbild eines Quaders mit den Kantenlängen
a) 5 cm; 4 cm; 3 cm, b) 1 cm; 8 cm; 5,5 cm, c) 5,5 cm; 7 cm; 1 cm.

3 In den folgenden Bildern ist das Schrägbild eines Quaders begonnen. Ergänze die unvollständigen Schrägbilder im Heft.
a) b) c) d)

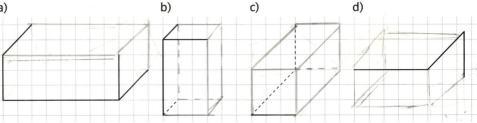

Fig. 1

4 Bei dem abgebildeten Körper sind die wirklichen Maße angegeben. Zeichne ein Schrägbild dieses Körpers mit der orangen Seitenfläche als Vorderfläche.
a) b) c)

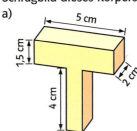 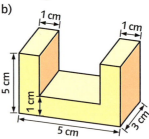 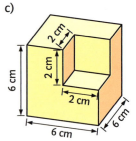

Fig. 2

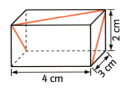 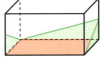 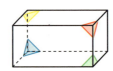

Fig. 3

5 😊 In den abgebildeten Schrägbildern eines Quaders mit den Kantenlängen 4 cm; 3 cm; 2 cm sind farbige Figuren eingezeichnet. Die Färbungen befinden sich jeweils auf der Innenwand des Quaders. Zeichne ein Netz des Quaders und übertrage die Färbung in das Netz.

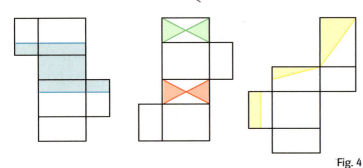

6 😊 Die links abgebildeten Netze eines Quaders mit den Maßen 4 cm; 3 cm; 2 cm enthalten eine Färbung. Übertrage die Färbung jeweils in ein Schrägbild des Quaders, bei dem die Kanten mit der kürzesten Länge schräg nach hinten verlaufen. Zeichne ähnliche Aufgaben und stelle sie deinem Nachbarn.

Fig. 4

7 Zeichne das Schrägbild eines Kirchturms mit quadratischer Grundfläche, der eine Pyramide als Dach hat. Zeichne auch Fenster und eine Tür ein.

4 Rauminhalt eines Quaders

▬ Güter werden oft in Containern transportiert. Eines der weltweit größten Containerschiffe ist das Schiff „Berlin Express" einer deutschen Reederei.
Es kann bis zu 7500 Standardcontainer laden. Diese Container werden oft auf LKWs zum Hafen gebracht. ▬

Körper brauchen Platz. Am einfachsten kann man den Platzbedarf von zwei Körpern vergleichen, wenn man sie in gleiche Würfel zerlegt. Dann muss man nur abzählen, wie viele Würfel jeweils entstanden sind. Das lässt sich an einem Würfel mit der Kantenlänge 3 cm (Fig. 1) und einem Stab, der 27 cm lang, 1 cm breit und 1 cm hoch ist (Fig. 2), untersuchen.

Fig. 1

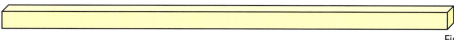
Fig. 2

1 Kubikzentimeter
cubus (lat.): Würfel

Beide Körper werden in kleinere Würfel mit der Kantenlänge 1 cm zerlegt. So ein Würfel hat den Rauminhalt **1 Kubikzentimeter** (oder 1 cm³). Die Bilder zeigen, dass in beide Körper 27 kleine Würfel der Kantenlänge 1 cm passen. Beide haben also den **Rauminhalt 27 cm³**. Statt Rauminhalt sagt man auch **Volumen**.

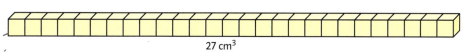
27 cm³
Fig. 3

27 cm³
Fig. 4

Bei den folgenden Körpern haben die Würfel alle die Kantenlänge 1 cm. Man bestimmt ihren Rauminhalt, indem man einfach die Würfel zählt.

Rauminhalt 2 cm³

Rauminhalt 3 cm³

Rauminhalt 4 cm³

Rauminhalt 5 cm³

Rauminhalt 7 cm³
Fig. 5

Man bestimmt den Rauminhalt eines Quaders, der 5 cm lang, 4 cm breit und 3 cm hoch ist, indem man den Quader aus Würfeln mit der Kantenlänge 1 cm zusammensetzt.

V Körper   163

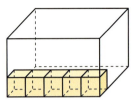 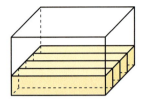 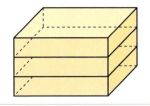

| Für die Länge des Quaders braucht man 5 Würfel. Sie bilden einen Balken vom Rauminhalt 5 cm³. | Da die Breite 4 cm beträgt, braucht man 4 Balken, um die Grundfläche des Quaders zu bedecken. Sie bilden eine Schicht aus 5 Würfeln · 4 = 20 Würfeln mit dem Rauminhalt 20 cm³. | Für die Höhe 3 cm braucht man 3 Schichten zu je 20 Würfeln. Insgesamt braucht man also 20 Würfel · 3 = 60 Würfel oder 5 · 4 · 3 Würfel. Der Rauminhalt beträgt 60 cm³. |

Rauminhalt eines Quaders: Länge mal Breite mal Höhe

Zur Bestimmung des **Rauminhalts** (oder **Volumens**) **eines Quaders** geht man so vor: Man bestimmt Länge, Breite und Höhe des Quaders in cm. Dann multipliziert man die drei Maßzahlen und schreibt hinter das Produkt die Maßeinheit cm³.

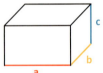

Fig. 1

Bezeichnet man die Länge des Quaders mit a, seine Breite mit b und seine Höhe mit c, so erhält man sein Volumen V mithilfe der Formel V = a · b · c.

Beispiel 1 Aus Würfeln zusammengesetzte Körper
Hannah hat Würfeltiere gebastelt. Jeder Würfel hat die Kantenlänge 1 cm. Vergleiche den Rauminhalt der Tiere.
Lösung: *Man zählt die Würfel.*
Der einbeinige Gorilla ist aus 13 Würfeln zusammengesetzt, die Schildkröte aus 23, das Kamel aus 21. Die Schildkröte hat mit 23 cm³ den größten Rauminhalt, dann folgt das Kamel mit 21 cm³. Der Gorilla hat mit 13 cm³ das kleinste Volumen.

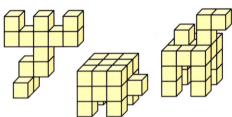

Fig. 2

Beispiel 2 Rauminhalte berechnen
a) Ein Backstein ist 24 cm lang, 12 cm breit und 8 cm hoch. Berechne sein Volumen.
b) Eine Pralinenschachtel ist 2 dm lang, 8 cm breit und 40 mm hoch. Berechne ihr Volumen.
c) Miss Länge, Breite und Höhe einer Streichholzschachtel. Runde und berechne dann den ungefähren Rauminhalt.
Lösung: a) V = 24 cm · 12 cm · 8 cm = (24 · 12 · 8) cm³ = 2304 cm³.
b) Vor dem Berechnen des Volumens muss man die Angaben in die gleiche Einheit umrechnen. V = 2 dm · 8 cm · 40 mm = 20 cm · 8 cm · 4 cm = (20 · 8 · 4) cm³ = 640 cm³.
c) Man misst die Länge 5,3 cm, die Breite 3,6 cm und die Höhe 1,3 cm. Der Rauminhalt ist also ungefähr 5 cm · 4 cm · 1 cm = (5 · 4 · 1) cm³ = 20 cm³.

Aufgaben

1 Die Kante der in Fig. 3 abgebildeten Würfel ist jeweils 1 cm lang. Bestimme den Rauminhalt der abgebildeten Körper.

Fig. 3

164   V Körper

2 Die Kanten der Würfel in Fig. 1a) bis d) sind jeweils 1 cm lang. Bestimme den Rauminhalt der abgebildeten Körper.

3 Welches Würfeltier hat den größten Rauminhalt?

a)

b)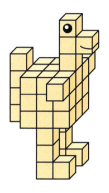

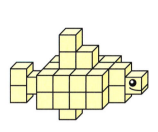 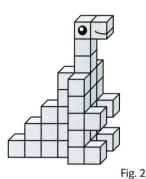

Fig. 2

c)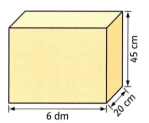

4 Berechne den Rauminhalt und den Oberflächeninhalt des Quaders.

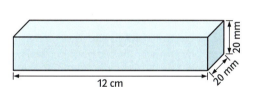 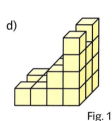

d)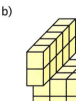

Fig. 3 Fig. 4 Fig. 1

5 Berechne den Rauminhalt des Quaders mit den Kantenlängen a, b und c.
a) a = 12 cm; b = 8 cm; c = 4 cm
b) a = 2 dm; b = 7 cm; c = 30 mm
c) a = 0,7 dm; b = 0,5 dm; c = 200 mm
d) b = 4,5 cm; c = 2 cm; a = 50 mm

Bist du sicher?

1 Die Kanten der Würfel sind 1 cm lang. Bestimme die Rauminhalte der Körper.

a)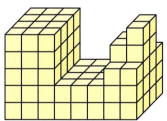

b)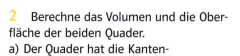

2 Berechne das Volumen und die Oberfläche der beiden Quader.
a) Der Quader hat die Kantenlängen 7 cm, 40 mm, 5 cm.

b)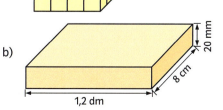

Diese Figur zeigt denselben Würfel von verschiedenen Seiten. Gegenüberliegende Seiten haben die gleiche Summe. Die Maßzahlen aller Lösungen zu 1 und 2 stehen auf den Würfelflächen.

V Körper 165

6 Berechne den Rauminhalt und die Oberfläche eines Würfels mit der Kantenlänge a.
a) a = 8 cm   b) a = 70 mm   c) a = 2,4 dm

7 a) Miss bei einer Milchpackung Länge, Breite und Höhe aus. Runde und berechne dann den ungefähren Rauminhalt.
b) Verfahre genauso bei einer Packung mit Würfelzucker und bei einem „Hefewürfel". Schätze das Volumen erst.

8 Bei einem Quader werden alle Kantenlängen verdoppelt. Wie verändert sich dadurch sein Rauminhalt, wie sein Oberflächeninhalt?

9 Ein Quader hat das Volumen 500 cm³. Welche Maße könnte er haben? Gib drei verschiedene Möglichkeiten an.

Fig. 1

10 Eine Waschmittelpackung ist 24 cm lang, 12 cm breit und 16 cm hoch.
a) Die Packung wird bis zur Höhe 13 cm mit Waschpulver befüllt. Wie groß ist das Volumen des Pulverinhalts und wie viel Platz ist in der Packung noch frei?
b) Auf der Packung steht „Inhalt 4320 cm³". Wie hoch müsste sie eigentlich gefüllt sein?
c) Die Packung wird jetzt bis zur Höhe von 12 cm gefüllt. Für einen Waschgang benötigt man 24 cm³. Wie oft kann man waschen?

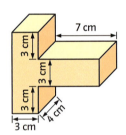
Fig. 2

11 a) Berechne den Rauminhalt der beiden Körper in Fig. 2 und 3, indem du sie geschickt in Quader zerlegst.
b) Zeichne auch ein Schrägbild von diesen Körpern.

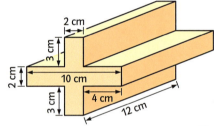
Fig. 3

Fig. 4

12 Schneide dir aus Papier drei quadratische Blätter mit der Seitenlänge 15 cm zurecht. An den Ecken von jedem Blatt werden wie in Fig. 4 kleine Quadrate ausgeschnitten. Wenn du die Klebelasche dran lässt, so kannst du eine nach oben offene Schachtel basteln (s. Fig. 5). Insgesamt sollst du drei Schachteln herstellen. Die kleinen Quadrate, die weggeschnitten werden, sollen jeweils die Seitenlängen 1 cm, 3 cm und 6 cm haben.
Schätze, welche deiner gebastelten Schachteln den größten Rauminhalt hat.
Berechne den Rauminhalt der Schachteln und vergleiche mit deiner Schätzung.

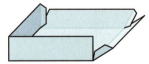

Fig. 5

13 a) Setze vier gleiche Würfel auf verschiedene Arten zusammen (vgl. Fig. 6). Wie viele Möglichkeiten gibt es? Zeichne jeweils ein Schrägbild.
b) Welche der abgebildeten Vierlinge gehören zum gleichen Körper?

Fig. 6   A   B   C   D   E   F

c) Es gibt vier Möglichkeiten, aus zwei Vierlingen einen größeren Würfel zusammenzusetzen. Beschreibe diese vier Möglichkeiten.

5 Rechnen mit Rauminhalten

Du kennst die verschiedenen Flächeneinheiten und kannst sie ineinander umrechnen. Bei Rauminhalten kannst du jetzt schon Rauminhalte von Dingen angeben, die man in 1-Kubikzentimeter-Würfel zerteilen kann.

Auch Rauminhalte kann man in anderen Einheiten als nur Kubikzentimetern angeben und diese Einheiten ineinander umrechnen.

Um den Rauminhalt eines Freibadbeckens anzugeben, ist die Einheit 1 cm³ nicht sinnvoll, denn man erhält sehr hohe Maßzahlen. Hier verwendet man Würfel mit Kantenlänge 1 m. Sie haben den Rauminhalt **1 Kubikmeter** (1 m³). Allgemein gehört zu jeder Längeneinheit auch eine Raumeinheit. Eine häufig verwendete Einheit für das Volumen von Flüssigkeiten ist der **Liter**. Ein Liter ist der Rauminhalt eines Würfels mit 10 cm = 1 dm Kantenlänge. Es ist also **1 Liter = 1 l = 1 Kubikdezimeter = 1 dm³**. Die folgende Tabelle enthält die wichtigsten **Raumeinheiten**.

Fig. 1

Kantenlänge des Würfels	1 mm	1 cm	1 dm	1 m
Raumeinheit	1 mm³	1 cm³ oder 1 ml	1 dm³ oder 1 l	1 m³
Name	Kubikmillimeter	Kubikzentimeter oder Milliliter	Kubikdezimeter oder Liter	Kubikmeter
Beispiel	Laus	1 Stk. Würfelzucker	Milchtüte	großer Kühlschrank

Wie viele Würfel von 1 cm³ passen in einen Würfel von 1 dm³? Fig. 2 zeigt, dass man entlang einer Kante 10 Würfel braucht. In die unterste Schicht (gelb) passen 100 Würfel. Mit 100 Würfeln ist aber erst die Grundfläche bedeckt. An den blauen Würfeln erkennt man, dass man 10 Schichten übereinander stapeln muss.
Also ist 1 dm³ = 10 · 100 cm³ = 1000 cm³. Genau das gleiche Ergebnis erhält man auch mit der Formel für den Rauminhalt eines Quaders. Danach ist das Volumen eines Würfels mit 10 cm Kantenlänge
V = 10 cm · 10 cm · 10 cm = (10 · 10 · 10) cm³ = 1000 cm³.

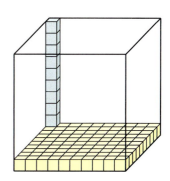

Fig. 2

V Körper

Die Umrechnungszahl bei Raumeinheiten ist also 1000: Multipliziert man eine Raumeinheit mit 1000, so erhält man die jeweils nächstgrößere Einheit.

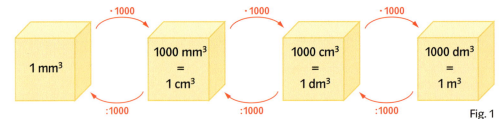

Fig. 1

Umrechnungszahl bei
Längeneinheiten: 10
Flächeneinheiten: 100
Raumeinheiten: 1000

Umrechnen in die nächstkleinere Einheit: 3 Nullen anhängen.

Umrechnen in die nächstgrößere Einheit: 3 Nullen wegstreichen.

Wenn man eine Volumenangabe von einer Raumeinheit in die nächstkleinere umrechnen will, so muss man die Maßzahl mit 1000 multiplizieren, also drei Nullen anhängen: $12\,dm^3 = 12\,000\,cm^3$. Beim Umrechnen in die nächstgrößere Einheit muss man die Maßzahl durch 1000 dividieren, also drei Nullen streichen: $320\,000\,dm^3 = 320\,m^3$.

Bei der Umrechnung von Raumeinheiten hilft wieder eine Stellenwerttafel:

m^3			dm^3 (l)			cm^3 (ml)			mm^3		
H	Z	E	H	Z	E	H	Z	E	H	Z	E
	1	2	0	0	0	0	0	0			
					1	4	3	0	0	3	

$12\,m^3 = 12\,000\,dm^3 = 12\,000\,000\,cm^3$
$143\,dm^3\ 3\,cm^3 = 143\,003\,cm^3$

Beispiel 1 Einheiten umwandeln
Gib in den Einheiten an, die in der Klammer stehen.
a) $3000\,cm^3$ (dm^3)   b) $17\,dm^3$ (ml)   c) $43\,m^3$ (cm^3)   d) $540\,000\,cm^3$ (mm^3; l)
Lösung:
a) $3000\,cm^3 = 3\,dm^3$ b) $17\,dm^3 = 17\,000\,cm^3 = 17\,000\,ml$
c) $43\,m^3 = 43\,000\,dm^3 = 43\,000\,000\,cm^3$ d) $540\,000\,cm^3 = 540\,000\,000\,mm^3 = 540\,l$

Beispiel 2 In gemeinsame Einheiten umwandeln
Gib in den Einheiten an, die in der Klammer stehen.
a) 3 l 15 ml (ml)   b) $7\,m^3\ 34\,dm^3$ (dm^3; cm^3)
Lösung:
a) 3 l 15 ml = 3015 ml   b) $7\,m^3\ 34\,dm^3 = 7034\,dm^3 = 7\,034\,000\,cm^3$

Beispiel 3 Rechnen mit Raumeinheiten
a) 24 l + 1200 ml   b) $2\,m^3\ 24\,dm^3 - 45\,dm^3$ c) 17 · 120 l
Lösung:
a) 24 l + 1200 ml = 24 l + 1 l 200 ml = 25 l 200 ml
b) $2\,m^3\ 24\,dm^3 - 45\,dm^3 = 2024\,dm^3 - 45\,dm^3 = 1979\,dm^3 = 1\,m^3\ 979\,dm^3$
c) 17 · 120 l = 2040 l = $2\,m^3$ 40 l

Aufgaben

1 Hier stimmt etwas nicht. Ordne die Rauminhalte richtig zu.
Klassenzimmer $20\,dm^3$ Arzneifläschchen $2000\,m^3$
Schulranzen   20 ml   Toastbrotscheibe $2\,mm^3$
Freischwimmbecken $120\,000\,m^3$ Tablette $240\,m^3$
Wolkenkratzer $100\,cm^3$ Floh $25\,mm^3$

2 Gib in der darüber stehenden Einheit an.
a) in dm³: b) in cm³: c) in m³: d) in l:
30 m³ 12 l 4000 dm³ 34 000 ml
1750 m³ 230 dm³ 17 000 l 125 000 cm³
123 000 cm³ 14 000 mm³ 212 000 000 ml 45 m³

3 Es ist 3 m³ 120 dm³ = 3120 dm³. Schreibe die Rauminhalte ebenso.
a) 3 m³ 23 dm³ b) 12 m³ 5 l c) 23 l 20 ml d) 2 m³ 300 ml

4 Schreibe in gemischter Schreibweise (Beispiel: 4530 cm³ = 4 dm³ 530 cm³).
a) 3500 ml b) 7250 mm³ c) 23 040 cm³ d) 45 540 l

5 Berechne.
a) 23 cm³ + 13 400 mm³ b) 860 ml + 2 l 320 ml c) 3470 cm³ + 4 dm³ 840 cm³
d) 45 420 dm³ − 3 m³ e) (4 m³ 200 l) : 6 f) 80 dm³ · 50

6 Berechne das Volumen der Quader mit den Kantenlängen
a) 8 m; 5 m; 3 m, b) 3 mm; 4,5 cm; 2 mm, c) 15 cm; 2 dm; 30 cm.

Bist du sicher?

1 Wandle in die in Klammern stehenden Einheiten um.
a) 7 m³ (l); (ml) b) 340 000 mm³ (cm³) c) 6 m³ 34 dm³ (l) d) 4 l 15 ml (mm³)

2 Berechne.
a) 15 m³ − 4500 l b) 4 m³ : 8 c) (3 l 125 ml) · 8

3 Berechne den Rauminhalt eines Quaders mit den Kantenlängen a, b und c.
a) a = 14 dm; b = 3 m; c = 20 cm b) a = 70 mm; b = 5,5 cm; c = 40 mm

---

7 Luisa sagt: „Der Kofferraum unseres Autos fasst 12 000 l." Kann das stimmen?

8 Berechne den Rauminhalt der Körper.

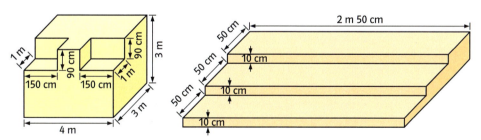

Fig. 1

9 Ergänze die fehlenden Größen eines Quaders.

	Länge	Breite	Höhe	Volumen	Grundfläche
a)	170 cm	6 dm	80 cm		
b)	3 cm	50 mm		60 cm³	
c)	7 cm			336 cm³	42 cm²
d)	240 cm		9 dm	1728 l	

V Körper 169

10 Am 19. Mai 2000 stellten Schülerinnen und Schüler einer 4. Klasse einer Wiener Schule einen Weltrekord auf: Noch nie drängten sich so viele Personen in eine normale Telefonzelle mit zugezogener Tür. Wie groß schätzt du den Weltrekord?

11 Manchmal wird im Wetterbericht die gefallene Regenmenge in mm angegeben.
a) Was versteht man darunter, wenn es heißt: „Es fielen 3 mm Regen."?
b) Wie viel Liter Wasser pro Quadratmeter sind bei 3 mm Regen gefallen?
c) In Sachsen fielen beim Hochwasser 2002 teilweise 300 Liter pro m². Wie hoch würde das Wasser bei dieser Regenmenge stehen?

12 Das größte deutsche Haifischbecken befindet sich im Meereszentrum Fehmarn. Dort befinden sich zehn Haie in einem Becken, in das 400 000 Liter Wasser passen. Durch das quaderförmige Becken führt ein 10 m langer Gang, von dem aus man das gesamte Becken überblicken kann. Welche Maße könnte das Haifischbecken haben?

13 Bestimme näherungsweise das Gewicht eines ausgewachsenen Panzernashorns. Nähere das Nashorn (Fig. 1) durch einen passenden Quader an, der ungefähr den gleichen Rauminhalt wie das Nashorn hat. 1 cm³ Nashorn wiegt ungefähr 1 Gramm.

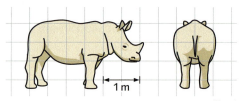

Fig. 1

14 Die Badewanne Typ „Lara" der Firma Badefix hat die Innenmaße 140 cm × 55 cm. Florian lässt Wasser bis zu einer Höhe von 30 cm einlaufen. Wie viele Liter Wasser braucht Florian etwa für ein Bad? Wie viel kostet das Badewasser im Jahr ungefähr, wenn Florian einmal pro Woche badet und 1 m³ Wasser 4,13 € kostet?

Zum Basteln und Experimentieren

15 Wie könnte man das Volumen eines Steins oder anderen Gegenstandes bestimmen? Du kannst so vorgehen: Nimm einen Messbecher für Flüssigkeiten. Lege den Gegenstand in das Gefäß. Gieße Wasser hinein, bis der Gegenstand vollständig bedeckt ist. Notiere das gesamte Volumen in cm³ (oder ml). Nimm den Gegenstand heraus ohne Wasser zu verschütten. Notiere jetzt das Volumen des Wassers und berechne das Volumen des Gegenstands. Führe weitere Versuche durch (erst schätzen, dann messen).

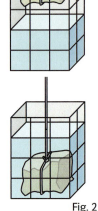

Fig. 2

Kannst du das noch?

16 Stelle erst einen Rechenausdruck auf und berechne dann.
a) Multipliziere 71 mit der Summe aus 18 und 15.
b) Subtrahiere vom Produkt der Zahlen 25 und 43 die Summe aus 654 und 233.
c) Addiere zum Quotienten aus 345 und 15 die Differenz von 623 und 582.
d) Dividiere die Summe aus 63 und 42 durch die Differenz dieser beiden Zahlen.

6 Tabellenkalkulation für Fortgeschrittene

▬▬ Christian übt für die nächste Mathematikarbeit das Umrechnen von Größen. Zur Kontrolle überprüft er seine Werte mithilfe eines Tabellenkalkulationsprogramms. „Das ist aber lästig", schimpft er nach einigen Durchgängen, „immer wieder muss ich die gleichen Rechnungen eingeben. Wenn das schneller ginge, könnte ich viel früher nach draußen zum Fußballspielen." ▬▬

Bei der Arbeit mit Tabellenkalkulationsprogammen kommt es häufig vor, dass ähnliche Rechnungen mehrmals ausgeführt werden oder dass man viele Zellen mit der gleichen Zahl ausfüllt. Beim Anlegen einer Einmaleinstabelle ist das beispielsweise der Fall.

Einen Teil dieser Arbeit kann das Tabellenkalkulationsprogramm übernehmen.

Sollen mehrere Zellen mit der gleichen Zahl ausgefüllt werden, kann man diese Zellen **automatisch ausfüllen**.
Wiederholt sich eine Rechnung immer wieder, kann man die zugehörige **Formel kopieren**.

Beispiel 1
Lege eine Einmaleinstabelle für die Zahl 7 an, d.h. 1 · 7 = 7, 2 · 7 = 14 …
Lösung:
Beim Anlegen einer Einmaleinstabelle für die Zahl 7 genügt es, die 7 ein einziges Mal hinzuschreiben. Bewegt man anschließend den Mauszeiger auf die untere rechte Ecke dieser Zelle, sieht man dort ein kleines schwarzes Quadrat. Das ist das Ausfüllkästchen. Hält man die linke Maustaste auf dem Ausfüllkästchen gedrückt und zieht nach unten, dann wird die ganze Spalte ebenfalls mit einer 7 ausgefüllt.
Das funktioniert natürlich genauso mit dem Gleichzeichen und dem Multiplikationszeichen.

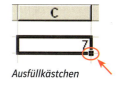

Ausfüllkästchen

Auch die erste Spalte der Tabelle hätte nicht vollständig eingegeben werden müssen. Tippt man die 1 und die 2 ein, markiert beide Zellen und füllt den Rest der Spalte automatisch aus, dann werden die Zahlen automatisch hochgezählt.

V Körper 171

Die Nummerierung der Zellen wird automatisch hochgezählt.

=A2*C2
=A3*C3
=A4*C4
=A5*C5
=A6*C6
=A7*C7
=A8*C8

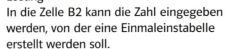

Jetzt sollen die Ergebnisse der gestellten Aufgaben berechnet werden. Dabei muss die erste Formel wie immer über die Tastatur eingegeben werden.
Bei genauem Hinsehen bemerkt man, dass sich auch die Rechnungen ähneln.
Ein Versuch mit dem Ausfüllkästchen zeigt: Auch die Rechnungen lassen sich ganz einfach nach unten „ziehen".
Die Ergebnisse sind eindeutig richtig.

BINOMVERT ✕ ✓ = =A2*C2

	A	B	C	D	E
1					
2	1	*	7	=	=A2*C2
3	2	*	7	=	
4	3	*	7	=	
5	4	*	7	=	

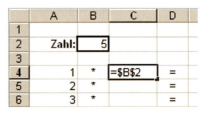

Fig. 1

Beispiel 2
Erstelle eine Einmaleinstabelle für beliebige Zahlen.
Lösung:
In die Zelle B2 kann die Zahl eingegeben werden, von der eine Einmaleinstabelle erstellt werden soll.
Gibt man die Formel =B2 in die Zelle C4 ein, dann wird die Zahl aus der Zelle B2 in die Zelle C4 übertragen.

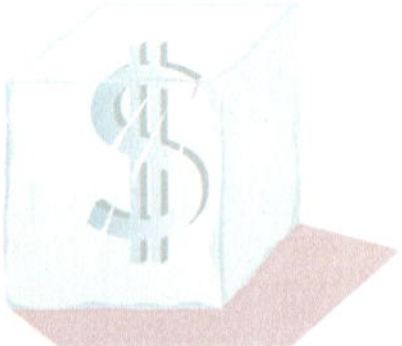

Die Zelle wird festgehalten.

	A	B	C	D
1				
2	Zahl:	5		
3				
4	1	*	=$B$2	=
5	2	*		=
6	3	*		=

Fig. 2

Allerdings kann diese Formel so noch nicht kopiert werden, denn jetzt soll die Zellennummer beim Kopieren der Formel natürlich nicht hochgezählt werden.
Damit tatsächlich immer mit der Zahl multipliziert wird, die in der Zelle B2 steht, muss diese Zelle „festgehalten" werden. Dazu ergänzt man die verwendete Formel durch Dollarzeichen. Die Formel heißt jetzt =$B$2.
Erst jetzt wird beim Kopieren der Formel richtig gerechnet. Kopiert man die Zelle, steht nun auch in den weiteren Feldern =$B$2.
Die Formeln in der Spalte E bleiben unverändert.

Aufgaben

1 Trage in die Zelle A1 die Zahl 2 ein, in die Zelle A2 die Zahl 5. Markiere beide Zellen und fülle die weitere Spalte bis zur Zelle A10 automatisch aus. Was passiert?
Findest du eine weitere Möglichkeit, eine Spalte durch das Kopieren einer Formel mit diesen Zahlen auszufüllen?

2 Lege eine Tabelle für die Quadrate der Zahlen von 11 bis 20 nach dem Vorbild von Fig. 3 an.

Zahl	Quadratzahl
11	121
12	
13	
...	

Fig. 3

3 Multipliziere die Zahlen 1, 11, 111, 1111, ... jeweils mit sich selbst. Welche Beobachtung machst du beim Betrachten der Ergebnisse?

4 Prüfe, ob eine eingegebene Zahl durch die Zahlen 2, 3, …, 10 teilbar ist.
Woran kann man sehen, ob eine Zahl ein Teiler der eingegebenen Zahl ist oder nicht?

5 In den USA wird zur Temperaturmessung die Fahrenheit-Skala benutzt.
Die Formel für die Umrechnung lautet: $F = (C \cdot 1{,}8) + 32$. Dabei stehen F und C für die jeweiligen Temperaturen in Grad Fahrenheit bzw. Grad Celsius.
Erstelle eine Tabelle, in der du die Temperaturen zwischen 0 und 40 Grad Celsius in die entsprechenden Fahrenheit-Werte umrechnest.

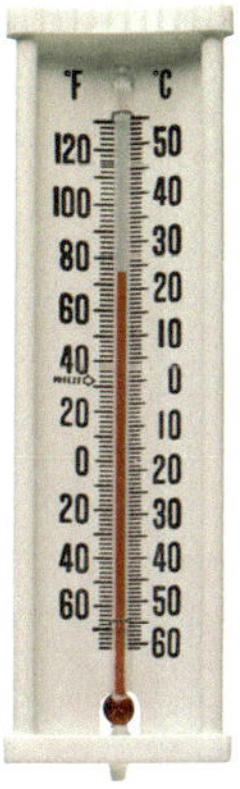

6 Lege eine Datei nach folgendem Vorbild an: In ein Startfeld kann man den Flächeninhalt eines Rechtecks eingeben.
a) Für verschiedene Werte der Seitenlänge a soll die Länge von b berechnet werden.
b) Berechne den Umfang des jeweiligen Rechtecks.

	A	B	C
1			
2		Flächeninhalt (cm²):	30
3			
4	Seitenlänge a (cm)	Seitenlänge b (cm)	Umfang (cm)
5	1		
6	2		
7	...		
8			

Fig. 1

7 Ein Quader hat ein Volumen von $5832\,cm^3$.
a) Welche Seitenlängen kann ein solcher Quader haben?
b) Kann es sich bei diesem Quader um einen Würfel handeln?
c) Stelle einige der möglichen ganzzahligen Seitenlängen in einer neuen Tabelle zusammen. Berechne den Oberflächeninhalt dieser Quader. Welcher Quader hat die größte Oberfläche?

8 Ein Würfel hat einen Oberflächeninhalt von $384\ cm^2$. Findest du ein Prisma mit quadratischer Grundfläche, welches den gleichen Oberflächeninhalt wie der Würfel hat?

9 Ein Stickmuster nach dem Vorbild von Fig. 2 wird nach unten fortgesetzt. Lege eine Tabelle an, aus der man entnehmen kann, wie viele Kreuzstiche in jeder Reihe sind.
a) Wie viele Kreuzstiche sind in der 4. und 5. Reihe?
b) Wie viele Kreuzstiche sind in der 18. und 23. Reihe?
c) Findest du eine Formel, mit deren Hilfe man die Anzahl der Kreuzstiche in jeder Zeile berechnen kann? Überprüfe dein Ergebnis mithilfe eines Tablellenkalkulationsprogramms.

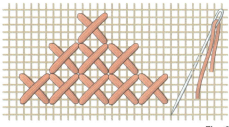

Fig. 2

10 Nimm eine Schachtel Streichhölzer und lege daraus Dreiecke. Für ein Dreieck braucht man 3 Streichhölzer. Für 2 Dreiecke braucht man 5 Streichhölzer, für 3 Dreiecke braucht man 7 Streichhölzer.
a) Wie viele Streichhölzer braucht man für 4, 5 und 6 Dreiecke?
b) Wie viele Streichhölzer braucht man für 10 und für 11 Dreiecke?
c) Bisher war es möglich, die Dreiecke zu legen und die Hölzer zu zählen. Aber wie viele Streichhölzer braucht man für 39 Dreiecke? Und für 85 und 105 Dreiecke? Überlege zuerst, kontrolliere deine Lösung dann mithilfe eines Tabellenkalkulationsprogramms.
d) Findest du eine Formel, mit deren Hilfe man die Anzahl der benötigten Streichhölzer ausrechnen kann?

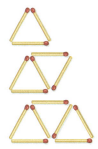

11 **Das Problem der 100 Vögel**
Ein Hahn kostet 5 Sapeks, eine Henne kostet 3 Sapeks und 3 Küken kosten zusammen 1 Sapek. Wie viele Vögel kosten zusammen 100 Sapeks? Löse durch Ausprobieren.

Diese Aufgabe stammt aus einem Buch des chinesischen Mathematikers Chang Ch'iu-chien (um 485 n. Chr.)

Info

Für manche Fragestellungen ist es nützlich, die Daten in einer Tabelle nach bestimmten Gesichtspunkten zu sortieren. Zum Beispiel kann man die nebenstehende Tabelle nach dem Alter der Schüler sortieren.
Dazu markiert man die ganze Tabelle – auch die Spaltenüberschriften – und wählt aus der Menüleiste die Begriffe „Daten" und anschließend „Sortieren" aus. Unter „Sortieren nach" findet man die Spaltenüberschriften wieder. Hier kann man auswählen, nach welchem Kriterium die Tabelle sortiert werden soll.

Auf die gleiche Weise kann man die Tabelle nach den Körpergrößen oder auch nach den Anfangsbuchstaben der Vornamen in alphabetischer Reihenfolge sortieren.

12 Bei den Bundesjugendspielen haben die Schülerinnen und Schüler der Klassen 5 teilgenommen. Die Ergebnisse der Mädchen der Klasse 5d sind in der folgenden Tabelle dargestellt.
a) Für die Leichtathletikschulmannschaft „Jugend trainiert für Olympia" soll jede Klasse ihre drei besten Schülerinnen und Schüler pro Disziplin benennen. Ordne die Ergebnisse in drei neue Tabellen so, dass man die drei erfolgreichsten Schülerinnen schnell auswählen kann.
b) Informiere dich, wie viele Punkte die Schülerinnen für jede Disziplin erhalten. Stelle die erzielten Punktzahlen in den einzelnen Disziplinen in einem gemeinsamen Diagramm dar.

Name (Alter)	50-m-Lauf	Weitsprung	Ballweitwurf
Barbara (11)	9,3	2,93	24,0
Christa (10)	7,9	3,05	27,5
Daniela (11)	8,2	2,65	19,0
Gabi (12)	8,6	2,77	25,0
Hatice (11)	7,6	3,01	17,5
Kerstin (10)	7,9	2,97	24,0
Nadine (12)	8,9	2,69	19,0
Stephanie (11)	8,2	2,73	19,5
Sinje (10)	7,8	2,65	19,0
Vivian (11)	8,8	2,69	22,5

c) Berechne die Gesamtpunktzahl jeder Schülerin und ordne die Einträge in der Tabelle danach. Welche drei Schülerinnen haben die höchste Punktzahl?
Welche Urkunde erhalten die Schülerinnen für ihre Leistung?

Wiederholen – Vertiefen – Vernetzen

1 Eine Pyramide (Fig. 1) hat eine quadratische Grundfläche mit der Seitenlänge 3 cm. Die Seitenflächen sind vier gleiche Dreiecke. Die rote Strecke ist 5 cm lang.
a) Zeichne ein Netz dieser Pyramide
b) Berechne den Oberflächeninhalt der Pyramide.

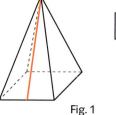
Fig. 1
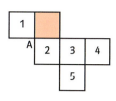
Fig. 2
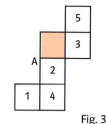
Fig. 3

2 a) Aus den Netzen von Fig. 2 und Fig. 3 werden Würfel gebastelt. Welche Fläche liegt der roten Fläche gegenüber?
b) Übernimm die beiden Netze ins Heft. Übertrage die Buchstaben der Würfelecken von Fig. 4 in die Eckpunkte der Netze. Der Punkt A ist jeweils schon eingetragen.

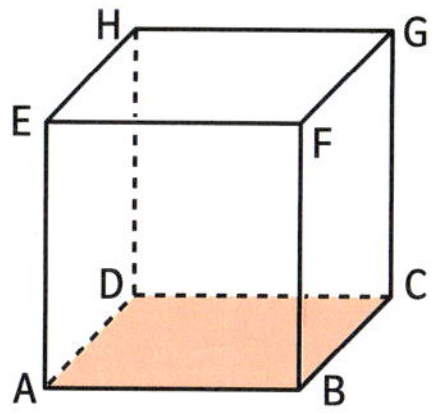

3 Eine intelligente Schnecke sitzt in der Ecke C des Würfels von Fig. 4. Der Würfel hat die Kantenlänge 20 cm. Sie möchte auf kürzestem Weg in die gegenüberliegende Ecke E kriechen. Um herauszufinden, wie lang der kürzeste Weg ist, zeichne ein Netz des Würfels wie in Fig. 5. Verwende den Maßstab 1:10. Das bedeutet: 1 cm in deiner Zeichnung entsprechen 10 cm in der Wirklichkeit.
Übernimm die Buchstaben für die Würfelecken in dein Netz.
Wie lang ist ein Schneckenweg, wenn die Schnecke von C über B und A nach E läuft? Ist es kürzer, wenn sie zunächst direkt von C nach A kriecht? Geht es noch kürzer? Zeichne die kürzeste Schleimspur in dein Würfelnetz ein. Gibt es mehrere Wege, die eine so kurze Länge haben?
Zeichne die kürzesten Wege in einem Schrägbild des Würfels ein.

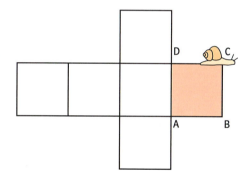
Fig. 4

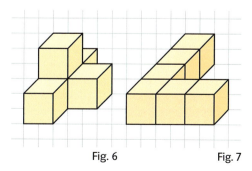
Fig. 5

4 a) Warum nimmt man für Verpackungsschachteln meistens Quader?
b) Warum haben Schränke oft die Form eines Quaders?
c) Warum nimmt man zum Würfeln einen Würfel und keinen anderen Quader?

5 Aus gleichen Würfeln kann man Würfelbauwerke zusammensetzen.
a) Zeichne die Schrägbilder von Fig. 6 und Fig. 7 ab und zeichne die verdeckten Kanten gestrichelt ein.
b) In Fig. 7 ist ein liegendes L dargestellt. Zeichne ein entsprechendes Schrägbild für ein liegendes und aus Würfeln zusammengesetztes F.
c) Erfinde und zeichne Schrägbilder von eigenen Würfelbauwerken aus fünf Würfeln.

Fig. 6   Fig. 7

6 Jeder kleine Würfel in Fig. 8 hat die Kantenlänge 10 cm. Wie viele Liter passen noch in den roten Würfel?

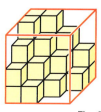
Fig. 8

V Körper 175

Wiederholen – Vertiefen – Vernetzen

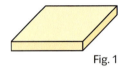

7 Ein Blatt Papier kann man als Rechteck oder als Quader auffassen.
Welche Vorstellung besser passt, hängt von der Situation ab.
Gib in jeder der folgenden Situationen an, ob die Vorstellung als Rechteck oder als Quader besser passt.
a) Julia überlegt sich, ob ihre zwölf Zeichnungen an ihre Pinnwand passen.
b) Theresa überlegt, wie schwer fünf Packungen mit je 1000 Blatt Papier sind.
c) Lena überlegt, ob ihr Geschenkpapier reicht, um ein Buch einzupacken.
d) Bei der EXPO 2000 wurde der japanische Pavillon ganz aus Papier gebaut.

Fig. 1

8 Der Würfel in Figur 1 hat die Kantenlänge 4 cm. Vergleiche seinen Rauminhalt, seinen Oberflächeninhalt und seine Gesamtkantenlänge mit den entsprechenden Größen eines Quaders, der 8 cm lang, 7 cm breit und 1 cm hoch ist.

9 Die Post bietet „praktische Versandkartons" in sechs verschiedenen Größen an:
Das PACKSET gibt es wahlweise in den Größen XS, S, M, L, XL bzw. F für Flaschen.
Im Internet findet Steffi die folgende Tabelle mit Maßen und Preisen:

a) Übertrage die Tabelle in geeigneter Form in ein Tabellenkalulationsprogramm. Berechne den Rauminhalt und den Oberflächeninhalt jeder Paketgröße.
b) Steffi möchte vier quaderförmige Spiele mit den Maßen 22 cm × 14 cm × 5 cm verschicken. Mit welchen Packungsgrößen soll sie verpacken, wenn sie möglichst wenig Leerraum lassen will (auch mehrere Päckchen sind möglich)? Welche Verpackung wäre am preisgünstigsten?

	Name	Innenmaße (cm)	Preis (€)
XS	Extra Small	22,5 × 14,5 × 3,5	1,60
S	Small	25 × 17,5 × 10	1,80
M	Medium	35 × 25 × 12	2,00
L	Large	40 × 25 × 15	2,30
XL	Extra Large	50 × 30 × 20	2,70
F	Flasche	37,5 × 13 × 13	2,50

10 Fig. 2 zeigt Judith Wills neues Zimmer. Das Zimmer ist 2,5 m hoch.
a) Das Zimmer soll mit Teppichboden ausgelegt werden. Wie viele Quadratmeter Teppichboden werden dafür benötigt?
b) Zeichne zwei Schrägbilder des Zimmers aus verschiedenen Blickrichtungen. Wähle einen geeigneten Maßstab.
c) Bevor der Teppichboden ins Zimmer kommt, muss noch der Estrich gelegt werden, der 7 cm hoch sein soll. Wie viel Liter Estrich muss Familie Will dafür kaufen?

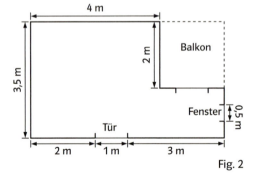

Fig. 2

d) Alle Wände und die Decke sollen mit Raufasertapete tapeziert werden. Wie viele Quadratmeter Tapete benötigt Judith, wenn sie Fenster- und Türflächen nicht abzieht?
e) Wie viele Meter Fußleisten braucht man für Judiths Zimmer?
f) Bei der Planung des Hauses der Familie Will stellte der Architekt eine Liste der auszuführenden Arbeiten auf.
Schreibe die Liste mit den passenden Einheiten auf.

Parkett	46 ☐	Dachrinne	23 ☐
Erdaushub	170 ☐	Rollrasen	2 ☐
Treppengeländer	12 ☐	Warmwasserspeicher	600 ☐

Mein Tisch, mein Körper und ich

Geschichten

Felicitas Hoppe

Ich liebe meinen Tisch über alles, er hat den schönsten Körper der Welt! Er ist fest und aus Holz, elegant und stabil, hat vier runde Beine und obenauf eine dicke Platte. Eine riesige Fläche, viereckig und glatt, auf der ich machen kann, was ich will. Zum Beispiel Landkarten auffalten und Kuchenteig rollen. Dort habe ich Platz zum Würfel werfen oder Murmeln schnipsen. Mein spitzer Kreisel kann sich hier ewig drehen. Früher habe ich auf meinem Tisch mit meinen Klötzen Häuser, Türme und Dächer gebaut. An genau diesem Tisch habe ich neulich sogar meinen großen Bruder im Schachspiel besiegt. Auf meinen Tisch ist Verlass. Er rührt sich nicht von der Stelle, während mein Bruder wild mit den Armen rudert, weil er denkt, dass er mich damit ablenken kann. Aber Pech. An meinem Tisch bleibe immer ich der Sieger! Tischhocker nennt mich deshalb mein Bruder. Ein Körper, der Arme und Beine hat, muss sich bewegen. Aber wer sagt, dass ein Körper beweglich sein muss? Mein Tisch ist immer da und geduldig, nichts geht verloren, während alles was mein Bruder in die Hände bekommt, am nächsten Tag schon verschwunden ist. Mein Tisch dagegen hat Kanten, Ecken und Flächen. In Holz gehauene Geometrie. Das ist sein Geheimnis.

Manchmal nachts, wenn ich nicht schlafen kann, steige ich auf meinen Tisch und betrachte das Zimmer in Ruhe von oben. Das ist die richtige Perspektive. Und ich sage, was ich zu sagen habe, und mein Tisch hört mir zu. Und sofort erscheint mir alles leicht, die Probleme weit weg und die Lösungen nah. Wenn ich Angst habe, lege ich mich unter den Tisch, wie in eine Höhle, und fühle mich sicher. Denn in die Tischplatte über mir habe ich längst einen Fluchtplan geritzt. Und das hat meinem Tisch nichts ausgemacht, er kennt keinen Schmerz.

Und jetzt stellt euch vor, dass es zu regnen beginnt. Es würde die ganze Nacht hindurch regnen. Und stellt euch vor, das Dach ist nicht dicht, und es regnet durchs Dach in die Zimmer hinein. Und während das Wasser steigt und steigt, drehe ich meinen Tisch einfach um: Die Platte nach unten, die Beine nach oben. Und ich setze mich in den Tisch hinein, und mein Tisch wird ein Boot, und mein Körper schmiegt sich in den Körper des Tisches, und wir segeln einfach zur Tür hinaus. Mein Bruder hat Pech, er muss selber schwimmen, weil er sich nicht auf fremde Körper verlässt.

Körper ist nicht gleich Körper
In diesem Text werden Eigenschaften vom Körper eines Tisches mit Eigenschaften eines menschlichen Körpers verglichen. Stelle diese Eigenschaften in einer Tabelle zusammen. Markiere, welche dieser Eigenschaften du in diesem Kapitel auch bei den geometrischen Grundkörpern kennen gelernt hast.

Fläche oder Körper
Die Tischplatte kann man sich als Rechteck oder als Quader vorstellen. Für welche Situation, die im Text genannt wird, ist das Rechteck das passendere Modell, für welche der Quader?

Nicht nur der Tisch...
Schreibe auch eine Geschichte zu einem anderen Körper!

Entdeckungen

Somawürfel

Setzt man zwei Würfel so zusammen, dass zwei Seitenflächen genau aufeinander passen, so erhält man einen „Würfelzwilling". Daraus kann man mit einem dritten Würfel auch einen „Würfeldrilling" bauen.
Dafür gibt es zwei Möglichkeiten (Fig. 1).

Fig. 1

Wie viele „Würfelvierlinge" gibt es nun? Aus einem Drilling kannst du drei verschiedene Würfelvierlinge bauen (siehe Fig. 2).

Bestimme nun selbst alle Würfelvierlinge, die man aus dem anderen Drilling bauen kann (es sind insgesamt 7, davon 5 neue).

Zeichne die Vierlinge im Schrägbild oder baue die Würfeldrillinge und Vierlinge aus kleinen Holzwürfeln zusammen.

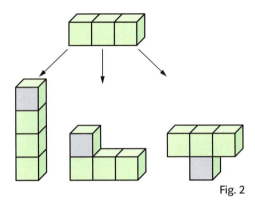
Fig. 2

🧊 Es gibt insgesamt sieben Würfeldrillinge und Würfelvierlinge, die keine Quader sind. Hast du sie alle gefunden?

Fig. 3

🧊 Welches der sieben Teile muss jeweils eingesetzt werden, damit wieder ein vollständiger Würfel entsteht?

Fig. 4

Der dänische Mathematiker und Schriftsteller Piet Hein entdeckte die sieben unregelmäßigen Somateile. Er fand auch heraus, dass sich die Teile zu einem großen Würfel zusammensetzen lassen.

🧊 Die sieben Teile kann man zu einem großen Würfel zusammenbauen. Schaffst du das? Dieser Würfel heißt Somawürfel. Die einzelnen Teile nennt man deshalb auch Somateile.
Es gibt insgesamt über 200 verschiedene Möglichkeiten, den Somawürfel zusammenzusetzen.

Fig. 5

178 V Körper

Somawürfel

Entdeckungen

🟧 Natürlich kann man die Somateile auch dazu nutzen, um andere Körper zu bauen. Dabei müssen nicht immer alle Teile verwendet werden. Das Prisma in Fig. 1 lässt sich aus genau vier Teilen herstellen.
a) Baue das Prisma aus vier Somateilen nach. Zeichne ein Schrägbild des fertigen Prismas.
b) Stelle ein Prisma aus genau zwei (drei) Somateilen zusammen. Zeichne ein Schrägbild des entstandenen Prismas.

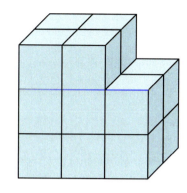

Fig. 1

🟧 Die in Fig. 2 abgebildeten Körper kann man aus allen sieben Teilen zusammensetzen. Wer schafft es, die Körper vorher nur „in Gedanken" zusammenzubauen?

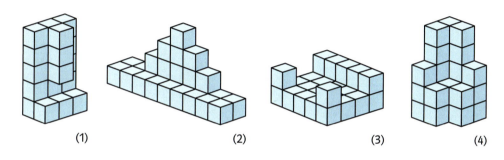

(1) (2) (3) (4)

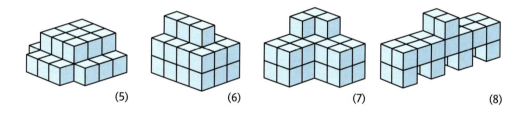

(5) (6) (7) (8)

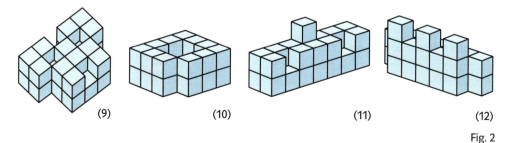

(9) (10) (11) (12)

Fig. 2

🟧 Denkt euch eigene Figuren aus. Zeichnet ein Schrägbild, so dass die einzelnen Somateile nicht mehr erkennbar sind. Fordert eure Mitschülerinnen und Mitschüler auf, die Figuren mithilfe der Zeichnung nachzubauen.

Rückblick

Quader
Ein Quader ist ein Körper, der durch seine Länge a, seine Breite b und seine Höhe c bestimmt wird.
Ein **Schrägbild** vermittelt auf dem Blatt Papier einen räumlichen Eindruck des Quaders.

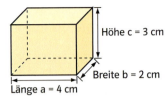

Fig. 1

Netz eines Quaders
Eine andere Möglichkeit einen Quader auf einem Blatt Papier darzustellen, ist ein Netz zu zeichnen. Im Netz sind alle Flächen ohne Verzerrungen dargestellt, aber das Netz vermittelt keinen räumlichen Eindruck. Ein Netz hilft, wenn man den Quader basteln möchte.

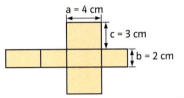

Fig. 2

Oberfläche eines Quaders
Die Oberfläche oder der Oberflächeninhalt eines Quaders ist der Flächeninhalt von allen sechs Rechtecken, die den Quader begrenzen, zusammen. Sie ist doppelt so groß wie Grundfläche, Seitenfläche und Vorderfläche zusammen.
Formel: $O = 2 \cdot a \cdot b + 2 \cdot a \cdot c + 2 \cdot b \cdot c = 2 \cdot (a \cdot b + a \cdot c + b \cdot c)$

Oberfläche:
$O = 2 \cdot (4\,cm \cdot 2\,cm + 2\,cm \cdot 3\,cm$
$\quad + 4\,cm \cdot 3\,cm)$
$= 2 \cdot (8\,cm^2 + 6\,cm^2 + 12\,cm^2)$
$= 2 \cdot 26\,cm^2 = 52\,cm^2$

Rauminhalt eines Quaders
Der Rauminhalt oder das Volumen in cm^3 eines Quaders gibt an, wie viele Würfel mit Kantenlänge 1 cm in den Quader passen. Der Rauminhalt ergibt sich, wenn man Länge, Breite und Höhe miteinander multipliziert.
Formel: $V = a \cdot b \cdot c$.

Rauminhalt:
$V = 4\,cm \cdot 2\,cm \cdot 3\,cm$
$\quad = (4 \cdot 2 \cdot 3)\,cm^3 = 24\,cm^3$

Raumeinheiten
Rauminhalte werden in $1\,mm^3$, $1\,cm^3 = 1\,ml$, $1\,dm^3 = 1\,l$ und $1\,m^3$ angegeben.

$1\,m^3 = 1000\,dm^3 = 1000\,l$
$1\,dm^3 = 1\,l = 1000\,cm^3 = 1000\,ml$
$1\,cm^3 = 1\,ml = 1000\,mm^3$

Geometrische Grundkörper
Auch für andere geometrische Grundkörper gibt es Namen. Jeder Körper hat eine bestimmte Anzahl von Ecken, Flächen und Kanten. Körper mit geraden Kanten und Flächen sind Würfel, Quader, Pyramide und Prisma.
Körper mit gewölbten Kanten oder Flächen sind Kegel, Kugel, Zylinder.

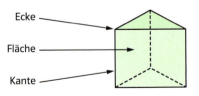

Prisma mit dreieckiger Grundfläche
9 Kanten, 5 Flächen, 6 Ecken

Training

Runde 1

1 Bestimme die Oberfläche und den Rauminhalt des Quaders, dessen Netz in Fig. 1 gezeichnet ist.

2 Zeichne das Schrägbild eines Quaders mit der Länge 4,5 cm, der Breite 3 cm und der Höhe 4 cm.

3 Gib in der nächstkleineren Einheit an und nenne Gegenstände, die zu der Größe passen.
a) 500 cm³   b) 50 l
c) 6 dm²   d) 34,5 m
e) 200 m³   f) 10 a
g) 170 cm   h) 23 ml

4 Berechne den Rauminhalt des in Fig. 2 dargestellten Körpers.

5 Eine Sandkastengrube ist 5 m lang und 2,5 m breit. Sie soll 20 cm hoch mit Sand gefüllt werden. Der Sand wird mit einem Schubkarren angefahren, in den 50 l Sand passen. Wie oft muss man mit dem Schubkarren fahren?

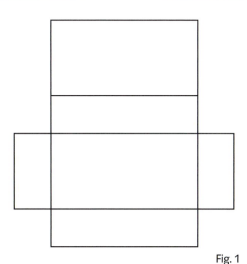
Fig. 1

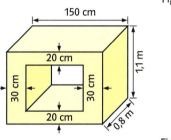
Fig. 2

Runde 2

1 Welches der abgebildeten Netze kann das Netz eines Würfels sein? Begründe.

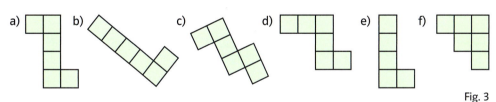
Fig. 3

2 Gib in der in Klammern angegebenen Einheit an.
a) 70 000 cm³ (dm³)   b) 12 m³ (l)   c) 2000 a (ha)   d) 20 km (m)
e) 20 000 ml (dm³)   f) 1200 mm (dm)   g) 3 ha 3 m² (m²)   h) 4 m³ 30 l (l)

3 Der kleinere Quader wird linksbündig auf den größeren gelegt, d.h., die beiden orangen Flächen bilden eine durchgehende Fläche.
a) Zeichne ein Schrägbild des entstandenen Körpers.
b) Berechne den Rauminhalt und die Oberfläche des entstandenen Körpers.

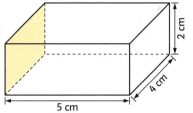 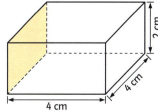
Fig. 4

4 Ein Goldbarren ist 30 cm lang, 12 cm breit und 40 mm hoch. Wie schwer ist er, wenn 1 cm³ Gold ca. 20 g wiegt?

Lösungen auf Seite 211.

Sachthema

Familie Schneider wohnt in dem Winzerstädtchen Hagnau in der Nähe von Meersburg am Bodensee.
Dieses Jahr erhält Herr Schneider in den Sommerferien keinen Urlaub.
Ihr einziger Sohn Thomas ist sehr enttäuscht:
„Sechs Wochen alleine zu Hause!"
Frau Schneider schlägt vor, Thomas' Lieblingskusine Susanne aus München in den Ferien an den Bodensee einzuladen.
Thomas schreibt sofort einen Brief.

Hagnau, den 12.5.2003

Hallo Susi,
stell dir vor, wir können dieses Jahr nicht in Urlaub fahren! Papa hat nicht frei bekommen, aber Mama hatte eine tolle Idee: Willst du im Sommer zwei Wochen zu uns an den Bodensee kommen? Es sind zwar schon fast drei Jahre her, seit du das letzte Mal hier warst, aber damals hatte es dir am See doch gefallen. Wir könnten eine Menge unternehmen: baden, mit dem Schiff fahren, einen Stadtbummel machen, ...
Vielleicht kannst du auch dein Fahrrad mitbringen. Es gibt nämlich viele gute Radwege hier. Ich schicke dir Fotos vom See und würde mich sehr freuen, wenn wir in den Ferien etwas miteinander unternehmen könnten.
Bis hoffentlich bald
dein Thommy

München, 22. Mai 2003

Hi, Thommy,
echt super!
Meine Eltern wollen in den Ferien doch tatsächlich zum Wandern in die Alpen. Ätzend!!! Da gibt es nichts zu überlegen. Natürlich komme ich zu dir an den Bodensee.
Meine Eltern sind auch einverstanden damit. So können sie ohne mich Meckerziege auf die Berge kraxeln. Ich erinnere mich noch gut an den Bodensee. Ist er auch so groß wie der Chiemsee? Dort waren wir letztes Jahr an einem Wochenende zum Segeln.
Bitte schicke mir Informationen über den Bodensee.

Viele Grüße von Susi

182 Sachthema: Ferien am Bodensee

Ferien am Bodensee

Betreff:	Ferien am Bodensee
Absender:	Thomas Schneider <thschneider@fastmail.de>
Empfänger:	<susisch@x-online.de>
Datum:	01. Jun 2003 18:07

Hallo Susi,
große Klasse, dass du kommst! :-)
Über die Größe des Chiemsees weiß ich nichts, aber über den Bodensee habe ich viele Informationen gefunden.
- Der Bodensee besteht aus dem Obersee (500 km² Oberfläche; der Teil westwärts von Meersburg heißt Überlinger See) und dem Untersee (71 km²).
- Es gibt drei Inseln: Mainau, Reichenau, Lindau.
- Drei Länder liegen an seinem 273 km langen Ufer: Deutschland, die Schweiz und Österreich.
- Seine größte Tiefe beträgt 254 m.
- Er hat ein Volumen von ca. 48 km³.
- Durch den See fließt der Rhein. Zufluss bei Bregenz; Abfluss über den Untersee.
- Jährliche Durchflussmenge: 11,5 km³
- Abflussvolumen (bei Konstanz gemessen): im Mittel 365 m³/s

Als Anhang schicke ich dir eine Skizze. Kannst du damit etwas anfangen?

Dein Thommy

1 Bestimme die größte Länge und die größte Breite des Sees. Wie kann man den Flächeninhalt ungefähr überprüfen?

2 Würden alle Einwohner Münchens ausreichen, um eine „Menschenkette" um den Bodensee zu bilden?

3 Untersuche, wie viele Schülerinnen und Schüler ungefähr auf einen Quadratmeter passen.
Wie viele Schülerinnen und Schüler hätten demnach auf dem Bodensee Platz?

Betreff: Ferien am Bodensee
Absender: <susisch@x-online.de>
Empfänger: Thomas Schneider <thschneider@fastmail.de>
Datum: 02. Jun 2003   20:22

Hi, Thommy,
danke für die Zahlen und die Bodensee-Skizze.
Natürlich kann ich damit etwas anfangen. Ich habe ein wenig gemessen, gerechnet und bin dabei auf Folgendes gekommen:
– Der Überlinger See hat einen Flächeninhalt von ca. 65 km²,
– Österreich hat etwas weniger als 30 km Ufer am Bodensee,
– die durchschnittliche Tiefe des Sees beträgt mindestens 80 m,
– der Rhein bei Konstanz ist der einzige Abfluss des Sees.
Da staunst du, was?
Servus
Susi

Betreff: Ferien am Bodensee
Absender: Thomas Schneider <thschneider@fastmail.de>
Empfänger: <susisch@x-online.de>
Datum: 04. Jun 2003   14:55

Hallo Susi,
ich hab's nachgelesen: Du hast Recht!
Wie hast du das gemacht?
Thomas

1 Erkläre, wie Susi zu ihren vier Behauptungen gekommen ist.
Hat sie richtig gemessen und gerechnet?
Findest du weitere Angaben über den Bodensee?

München, 5. Juni 2003
Hi, Thommy,
ich sage nur: Mathematik!
Übrigens habe ich heute in der Zeitung eine interessante Meldung gefunden,
die ich dir mitschicke.
Kannst du mit den Zahlen etwas anfangen?
Tschüs,
deine Susi

75 Jahre „Schwimmende Brücke"
KONSTANZ – Als im Jahr 1928 die erste Fähre von Konstanz nach Meersburg fuhr, waren nur wenige von ihrem Wert überzeugt. Heute, nach 75 Jahren, blicken die Stadtwerke Konstanz stolz auf eine einmalige Erfolgsstory zurück.
Die Fährverbindung ist rund um die Uhr in Betrieb. Auf sieben Fähren werden jedes Jahr 5,3 Millionen Menschen und 1,6 Millionen Autos die 4,2 km über den See befördert. Sie ersparen sich dadurch einen 70 km langen Umweg.
Seit der Eröffnung vor 75 Jahren wurden insgesamt 240 Millionen Passagiere befördert. Aus diesem Anlass ist im Juli ein großes Volksfest geplant.

2 Stelle mit den Zahlenangaben in der Zeitungsmeldung Berechnungen an.

Ferien am Bodensee

Hagnau, 12.6.2003

Liebe Susi,
deine Mathe-Kenntnisse haben mich schon beeindruckt. Aber nach kurzem Nachdenken habe ich mit der Zeitungsmeldung auch einige Berechnungen hinbekommen.
Zunächst ist da ein Fehler: Wenn jährlich 5,3 Millionen Passagiere befördert werden, dann müssten das in 75 Jahren fast 400 Millionen sein. In der Zeitung steht aber: 240 Millionen.
Ich habe auch berechnet, wie viel Benzin durch die Fähren gespart wird, nämlich jedes Jahr 9 Millionen Liter! Ist das nicht toll? Damit könnte man 2 800-mal um die Erde herum fahren.
Viele Grüße
Thommy, das Mathe-Genie

1 Bist du auch der Meinung, dass die Zeitungsmeldung einen Fehler enthält? Wie viele Autos wurden wohl in den 75 Jahren befördert?

2 Wie hat Thomas die Benzinersparnis berechnet?

3 Die Fähren fahren jährlich 70 000-mal über den See. Wie viele Autos und wie viele Personen werden bei jeder Fahrt mitgenommen?

Betreff:	Ferien am Bodensee
Absender:	\<susisch@x-online.de\>
Empfänger:	Thomas Schneider \<thschneider@fastmail.de\>
Datum:	15. Jun 2003 18:36

Hallo Mathe-Genie,
gratuliere zu deinen Rechenkunststücken! Ganz bin ich mit deinen Ergebnissen nicht einverstanden. Aber darüber können wir uns dann in den Ferien streiten.
Du hast in deinem ersten Brief geschrieben, ich solle mein Fahrrad mitbringen. Mach ich gerne. Aber meine Inline-Skates sind mir eigentlich lieber. Hast du auch welche? Dann könnten wir ja eine Radtour und eine Inline-Tour machen. Kannst du mir bitte Unterlagen über mögliche Radtouren schicken? Ich überlege mir dann einen Vorschlag für eine Tour.
Herzliche Grüße
deine Susi

Autofähre Meersburg – Konstanz
  Mittlere Wartezeit: 15 Minuten
  Fahrzeit: ca. 30 Minuten

Kosten für eine Einzelfahrt:
  Erwachsene   1,70 €
  Kinder (bis 15 Jahre)   0,80 €
  Fahrrad oder Mofa
  (ohne Fahrer)   0,90 €

Hagnau, den 21.6.2003

Liebe Susi,
ich schicke dir einen Radwegplan und Fahrpläne von Schiffslinien. Auf deinen Vorschlag bin ich gespannt.
Viele Grüße
Thommy

Konstanz (Innenstadt)
zum Fährhafen (Staad): 4 km

Hagnau – Meersburg: 4,5 km

Schiffsverbindung Wallhausen–Überlingen

Fahrpreise	Hin und zurück	Einfach
Erwachsene	3,00 €	2,00 €
Kinder (6–15 Jahre)	1,50 €	1,00 €
Fahrrad	3,00 €	1,50 €
Tandem	6,00 €	3,00 €

Sommerfahrplan 2003

Wallhausen ab	06:30	07:10	08:10	09:10
Überlingen ab	06:45	07:35	08:35	09:35
Wallhausen ab	10:10	11:10	13:10	14:10
Überlingen ab	10:35	11:35	13:35	14:35
Wallhausen ab	15:10	16:10	17:10	18:10
Überlingen ab	15:35	16:35	17:35	18:35

Friedrichshafen–Romanshorn und zurück

Personen, Einzelreisende	Euro	sFr.
Erwachsene	5,40	8,00
Kinder (6 bis 15 Jahre)	2,70	4,00
Wochenkarten	27,00	40,00
Mehrfahrtenkarten für 10 einfache Fahrten	46,00	68,00
Zweiräder	Euro	sFr.
Fahrrad, Anhänger, Motorfahrrad	3,80	6,00
Fahrrad-Tageskarte	5,80	9,00
Mehrfahrtenkarte für Fahrräder inkl. Personen für 4 Fahrten	27,00	42,00

Fahrplan:
Friedrichshafen ab (Montag bis Samstag): von 5.41 Uhr bis 20.41 Uhr im Abstand von 60 Minuten
Romanshorn ab (Montag bis Samstag): von 5.36 Uhr bis 20.36 Uhr im Abstand von 60 Minuten
Fahrtzeit: jeweils 41 Minuten

Sachthema: Ferien am Bodensee

Ferien am Bodensee

München, 29. Juni 2003

Hallo Thommy,
da hast du dich ja mächtig angestrengt mit den Fahrplänen und den Fahrpreisen.
Mein Vorschlag wäre:
Abfahrt in Hagnau um 10 Uhr in Richtung Meersburg bis Überlingen. Dort Mittagspause. Dann mit der Fähre nach Wallhausen und weiter bis Konstanz. Stadtbummel. Mit der Autofähre nach Meersburg und zurück nach Hagnau.
Sollen wir das Fahrrad nehmen oder die Inliner?
Was meinst du zu meinem Vorschlag?

Viele Grüße
deine Susi

Hagnau, 4.7.2003

Hallo Susi,
dein Tourenvorschlag gefällt mir gut. Allerdings sollten wir das Fahrrad nehmen. Mit den Inlinern schaffe ich diese Strecke kaum.
Papa hat vorgeschlagen, einmal die Anlagen der Bodenseewasserversorgung (BWV) in Sipplingen am Überlinger See zu besichtigen. Er hat dort einen guten Bekannten, der uns sicher einen Termin für eine interessante Führung vermitteln kann. Einverstanden?
Ich habe von ihm schon verschiedene Prospekte erhalten und dir daraus viele Informationen und ein paar Bilder zusammengestellt. Da hast du eine Weile etwas zum Rechnen.
Bitte antworte bald, sodass Papa einen Besichtigungstermin vereinbaren kann.
Dein Thommy

Anlage der BWV auf dem Sipplinger Berg

Wasserentnahme
In einem Wasserschutzgebiet wird das 5 °C kalte Wasser aus 60 m Tiefe über drei verschiedene Leitungen zu den Pumpen geführt.
Die BWV darf pro Sekunde 7750 Liter Wasser aus dem See entnehmen. In einem anderen Prospekt stand: Entnahmerecht 670 000 m³ pro Tag.
Tatsächlich entnimmt die BWV jedes Jahr ungefähr 130 Millionen Kubikmeter Bodenseewasser und versorgt damit ca. 3,7 Millionen Menschen in den verschiedenen Regionen Baden-Württembergs.

1 Wann wären Thomas und Susanne wieder zu Hause, wenn sie die vorgeschlagene Tour mit dem Fahrrad machen würden?
Wie lange ist die Radtour? Was müssten sie für die Fähren bezahlen?

2 Plane eine Radtour über Friedrichshafen, Romanshorn, Konstanz, Meersburg mit Start und Ziel in Hagnau.

3 Plane verschiedene Touren mit dem Fahrrad und mit den Inline-Skatern.

Entnahmestelle der BWV im
Wasserschutzgebiet

Maschinenhalle mit den Rohwasserpumpen

Wassertransport
Das entnommene Wasser muss zu der Aufbereitungsanlage auf dem 310 m höher gelegenen Sipplinger Berg gepumpt werden.
Dazu stehen zwei Leitungen zur Verfügung, durch die jede Sekunde bis zu 9000 Liter Wasser fließen können.
In den beiden Maschinenhallen stehen insgesamt sechs Pumpen. Vier dieser Pumpen haben eine Förderleistung von jeweils 2000 l pro Sekunde. Die beiden anderen können jeweils bis zu 3000 l pro Sekunde fördern.

1 Welchen Höhenunterschied überwindet das Wasser bis zur Aufbereitungsanlage?

2 Beschreibe, was wohl in der Aufbereitungsanlage mit dem Wasser gemacht wird.

3 Wie viel Wasser könnten die sechs Pumpen zusammen pro Sekunde auf den Berg pumpen?
Wieso ist diese Menge wohl größer als die zulässige Entnahmemenge?

4 Welche Pumpen müssen mindestens in Betrieb sein, wenn die durchschnittliche Förderleistung erreicht werden soll?

5 Überprüfe die Angaben über das Entnahmerecht in den beiden Prospekten.

6 Berechne den jährlichen Wasserverbrauch einer Person, die der BWV angeschlossen ist. Wie hoch ist ihr Wasserverbrauch pro Tag?

7 Wie viele Badewannen könnte man jede Sekunde mit dem Wasser füllen, das die BWV entnehmen darf?

8 Nutzt die BWV ihr Entnahmerecht vollständig aus?

München, 12.7.03

Hi, Thommy,

klar bin ich an einer Besichtigung der BWV-Anlagen interessiert. Wenn deine Eltern einverstanden sind, komme ich vom 9. bis zum 23. August zu euch. Mein Zug kommt um 11.22 Uhr am Bahnhof in Friedrichshafen an. Mit diesem Zug bin ich nur 2 Stunden und 38 Minuten unterwegs. Mit den Zahlen, die du mir in den letzten Wochen geschickt hast, kann man ganz interessante Sachen berechnen. Mit dem Wasser aus dem Bodensee könnte man ja ganz Baden-Württemberg ewig versorgen. Nach meinen Berechnungen sinkt der Wasserspiegel des Bodensees täglich nur um ungefähr einen Millimeter, wenn die BWV ihr Entnahmerecht voll ausnützt. Ich könnte mir vorstellen, dass der Wasserspiegel sich aus anderen Gründen sehr viel stärker verändert.

Bis bald
Susi

1 Um wie viel Uhr fährt Susis Zug in München ab?

2 Kann das wirklich stimmen, dass die Wasserentnahme den See am Tag nur um 1 mm absenkt?

3 Wie lange würde das Wasser des Bodensees (ohne Zu- und Abfluss) reichen, wenn die derzeitige Wasserentnahme beibehalten würde?

4 Aus welchen Gründen kann sich der Wasserstand des Sees verändern?

Hagnau am Sonntag, den 20.7.2003

Liebe Susi,

ich freue mich schon riesig auf den 9. August. Wir werden dich um 11.22 Uhr am Bahnhof in Friedrichshafen abholen. Dass der Wasserspiegel des Sees durch die BWV täglich nur um etwa 1 mm absinkt, habe ich auch herausbekommen. Ich habe dabei die Rauminhaltsformel „Grundfläche mal Höhe" verwendet. Der Wasserspiegel des Sees schwankt tatsächlich ziemlich stark. Unser Hafenmeister in Hagnau zeichnet den Pegel in Konstanz seit vielen Jahren sorgfältig auf. Von ihm habe ich den Verlauf im Katastrophenjahr 1999 und im Jahr vorher erhalten.
Wie du siehst, hat sich im Verlauf des Jahres 1999 der Wasserstand um bis zu 3 m verändert. An das Hochwasser vor vier Jahren erinnere ich mich noch sehr gut. Fotos davon schicke ich dir mit. Nur noch drei Tage Schule! Ihr armen Bayern müsst ja noch zwei Schultage länger aushalten.

Halte durch!
Dein Thommy

Sachthema: Ferien am Bodensee 189

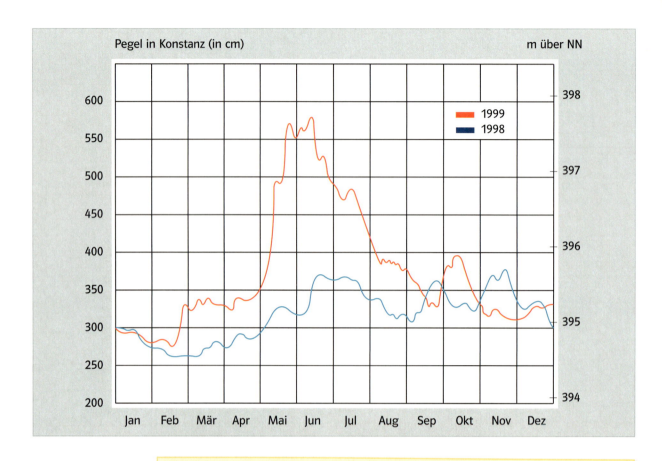

1 Bestimme für die beiden Jahre den Zeitpunkt, an dem der Pegel des Bodensees am höchsten war. Wie hoch war er jeweils?

2 Erläutere, wie Thomas die Veränderung des Pegels um bis zu 3 m bestimmt hat.

3 Um wie viele Zentimeter war der Pegel Ende Mai 1999 höher als ein Jahr vorher?

4 In welchen Monaten war der Wasserstand 1999 niedriger als im Jahr vorher?

5 Warum ist wohl der Wasserstand des Bodensees im Frühsommer am höchsten?

6 Kannst du weitere interessante Informationen aus dem Diagramm ablesen?

Ferien am Bodensee

München, 28.7.2003

Hallo Thommy,
endlich große Ferien! Heute ist für mich der erste Ferientag, den ich gleich genutzt habe, um im Internet nach weiteren interessanten Ausflugszielen am Bodensee zu suchen. Wenn wir noch Zeit haben, würde ich gerne die Pfahlbauten in Unteruhldingen und das Zeppelin-Museum in Friedrichshafen besuchen.

Wie du sicher weißt, sind in Unteruhldingen verschiedene Häuser nachgebaut worden, die auf dicken Holzpfählen im flachen Seeufer stehen. Das älteste nachgebaute Dorf stammt aus der Steinzeit (ca. 3500 v. Chr.). Am besten gefällt mir das Haus des Töpfers. Es hat die Maße 4,6 m × 8,4 m und diente als Wohnhaus für sechs bis acht Personen sowie als Werkstatt für den Töpfer. Da haben wir es mit unseren Wohnungen heute schon etwas gemütlicher! Die Dorfhalle hat eine Grundfläche von 10,50 m × 6,50 m. Wenn man das mit der Olympiahalle in München vergleicht! In den Uferdörfern der Spätbronzezeit (1070–850 v. Chr.) sehen die Häuser schon moderner aus.

Das Foto, das ich dir schicke, zeigt Häuser aus der Bronzezeit.
Im Zeppelin-Museum möchte ich auf jeden Fall das Luftschiff LZ 129 Hindenburg besichtigen. Natürlich kann man nicht die echte Hindenburg sehen. Diese ist am 6. Mai 1937 bei der Landung in Amerika explodiert und verbrannt. Aber einen großen Teil dieses Luftschiffes kann man als Nachbau bestaunen. Die Hindenburg war 245 m lang, konnte etwa 50 Passagiere befördern und hatte eine Höchstgeschwindigkeit von etwa 125 km/h. Sie flog 63-mal nach Nord- und Südamerika. Damals wurde sie als technisches Wunderwerk angesehen und deshalb auch auf Briefmarken dargestellt. Mein Papa schickt dir ein paar davon für deine Sammlung mit.
Ich denke, für die beiden Wochen haben wir jetzt viele tolle Ideen. Schließlich darf das Baden und Faulenzen auch nicht zu kurz kommen.

Bis zum Samstag
deine Susi

1 Wie viele Menschen passten wohl in die Dorfhalle? Vergleiche mit einer dir bekannten Halle.

2 Vor wie vielen Jahren begann die Spätbronzezeit? Wie lange dauerte sie?

3 Vergleiche das Haus des Töpfers mit einem heutigen Haus.

4 Vergleiche die LZ 129 Hindenburg mit einem großen Passagierflugzeug.

5 Welche Geldeinheit gehört zu den Zahlen auf den Briefmarken?

Sachthema

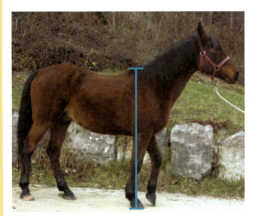

„Hallo, ich heiße Bajo und bin ein Pferd.

Ich bin schon 22 Jahre alt, habe also schon viel Erfahrung. Ich möchte dir ein wenig erzählen, was bei uns im Stall alles los ist.

Wir sind 18 Pferde. Darunter sind Ponys für Kinder und große Reitpferde. Vor meiner Zeit gab es hier noch Ackerpferde. Bei uns im Stall gibt es auch Fohlen. Sie werden im Frühjahr geboren und können dann gleich auf die große Weide. Wusstest du, dass ein Fohlen schon eine Stunde nach der Geburt laufen kann? Und wenn sie erst mal ein paar Tage alt sind, rasen sie herum und wiehern vor Freude. Manchmal scheinte es, als wollten die Fohlen mich über den Haufen rennen. Aber ich lasse mich von ihnen nicht erschrecken."

Mein Steckbrief
Stockmaß: 1,50 m
Gewicht: 380 kg
Hobby: Hafer fressen
Sportart: Wanderreiten

Anzahl der Pferde in Deutschland
(Angaben in Tausend)

Jahr	1950	1955	1960	1965	1970	1975	1980	1985	1990	1995	2000
Anzahl	1570	1038	712	360	252	341	462	628	833	1050	1196

Fig. 1

Wie schnell Pferde und Menschen wachsen
(Höhenangaben in Meter)

Jahr	0	1	2	3	4	5	6	7	8	9
Stockmaß Pferd	1	1,4	1,5	1,56	1,6	1,62	1,63	1,63	1,63	1,63
Größe Mensch	0,5	0,75	0,85	0,95	1,05	1,10	1,16	1,22	1,28	1,32

Jahr	10	11	12	13	14	15	16	17	18
Stockmaß Pferd				Das Pferd ist ausgewachsen.					
Größe Mensch	1,38	1,42	1,48	1,55	1,60	1,65	1,68	1,72	1,75

Fig. 2

1 Führe in deiner Klasse eine Befragung zum Thema Pferd durch und stelle die Ergebnisse übersichtlich dar. Du könntest Fragen wie die folgenden stellen: Wer ist schon geritten? Wer kann drei verschiedene Pferderassen sagen?

2 Stelle die Entwicklung der Anzahl er Pferde (Fig. 1) in einem Diagramm übersichtlich dar.
Erläutere die Gründe für die starken Veränderungen der Pferdeanzahl.

3 Stelle in einem Diagramm dar, wie schnell Menschen und Pferde wachsen (Fig. 2). Gestalte das Diagramm so, dass die Unterschiede beim Wachsen deutlich zu sehen sind.

Sachthema: Rund ums Pferd

Rund ums Pferd

	Größe eines pferdegerechten Stalles
Boxengröße	Großpferde: 12 m²; Boxenwände mindestens 3 m lang. Ponys bis 148 cm Stockmaß: 9 m²; Boxenwände mindestens 2,50 m lang. Ponys bis 120 cm Stockmaß: 6 m²; Boxenwände mindestens 2 m lang.
Luftraum über der Box	Großpferde: 36 m³ Ponys bis 148 cm: 25 m³ Ponys bis 120 cm: 18 m³.
Lichtbedarf	Nicht unter 2 m² Fensterfläche pro Box.
Stallgasse	Bei Aufstallung in einer Reihe: Mindestbreite 2,50 m. Bei Aufstallung in zwei Reihen: Mindestbreite 3 m.

„Morgens bin ich immer als Erster wach. Ich freue mich, wenn die Sonne zu meinem Fenster hereinscheint und ich die Wärme auf meinem Fell fühle. Die jüngeren Pferde schlafen noch und manche von ihnen liegen sogar noch im Stroh. Ich lege mich zum Schlafen nicht mehr gerne hin. Es ist mir nämlich trotz meiner großen Box schon passiert, dass ich beim Liegen in eine Ecke geraten bin und mit meinen steifen Beinen nicht mehr aufstehen konnte.
Mit meinem Stall bin ich zufrieden. Wir Pferde können uns alle gegenseitig sehen. Es gibt genügend frische Luft und Helligkeit. Beides lieben wir Pferde sehr, denn wir sind ja ursprünglich Steppenbewohner.
Die Stallgasse ist so breit, dass wir bequem aneinander vorbeigehen oder uns umdrehen können."

1 Welche der Boxen würdest du für Bajo nehmen?
Box 1: 3 m x 4 m   **Box 2:** 4,50 m x 2,90 m   **Box 3:** 3,5 m x 3,5 m
Die Fenster über den Boxen sind nur einen halben Meter hoch. Wie breit müssen sie sein, damit Bajo genügend Licht hat?

2 Die Zeichnung zeigt den Bauplan für einen Stall mit drei Boxen. Bevor man einen Stall bauen darf, wird vom Veterinäramt kontrolliert, ob alle Anforderungen an einen pfer-degerechten Stall erfüllt sind. Dazu müsssen im Bauplan alle wichtigen Daten aufgeschrieben sein. Das Veterinäramt erstellt zu dem Plan ein Gutachten. Darin wird genau beschrieben, was mit den Anforderungen übereinstimmt und was nicht.
Schreibe ein Gutachten zu dem Bauplan.

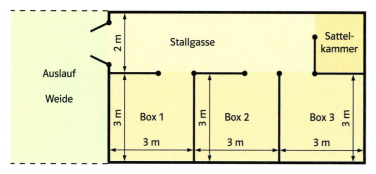

Fig. 1

Bauplan:
Stall für drei Ponys

Bauherr:
Frau Schreiber
Grundfläche: 45 m²
Fensterfläche: 10 m²
Höhe: 2,80 m²
Bauweise: Holz

3 Erstelle einen Bauplan für einen pferde-gerechten Stall mit sechs Boxen, einer Sattel-kammer und einem kleinen Auf-enthaltsraum

Sachthema: Rund ums Pferd   193

„Mein Besitzer achtet darauf, dass ich jeden Tag aus der Box komme. Bewegung ist für uns genauso wichtig wie gutes Fressen. Wenn du übrigens denkst, dass wir Pferde nur geradeaus durch die Gegend rennen, dann hast du dich getäuscht. Wir können uns elegant und fein bewegen. Das üben wir auf der Reitbahn. Dort lernen die Reitschüler von uns, wie man richtig reitet.
Als erfahrenes Pferd bin ich für die Anfänger zuständig. Zuerst reite ich mit ihnen auf dem Hufschlag entlang der Reitbahnbegrenzung. Später kommen Hufschlagfiguren dazu. Wenn der Reitlehrer ruft „Durch die ganze Bahn wechseln", weiß oft niemand, was er damit meint. Nur ich weiß es immer. Und wenn ich einen netten Reiter habe, laufe ich die richtige Hufschlagfigur. Dann lobt ihn der Reitlehrer und der Reiter lobt mich."

1 Zeichne auf ein großes Blatt einen Reitplatz wie auf dem Foto oben auf der nächsten Seite. Trage die Hufschlagpunkte und die richtigen Abmessungen ein.

2 Zeichne auf große Blätter mit Farbe die Hufschlagfiguren aus Fig. 3 und Fig. 4 der nächsten Seite. Benütze zum Zeichnen der Kreise eine Schnur, ein Glas oder eine Tasse. Trage auf den Blättern ein, wie die Hufschlagfiguren heißen.

3 Beantworte durch Rechnen, durch Nachmessen an der Zeichnung oder durch Schätzen. Wie viel Meter sind ungefähr
a) einmal auf dem Hufschlag um die ganze Bahn,
b) durch die Länge der Bahn wechseln (von A nach C),
c) durch die halbe Bahn wechseln,
d) Schlangenlinie durch die ganze Bahn (von A nach C)?

4 Ein Laufspiel
Stellt euch auf dem Hof in Form eines Reitplatzes auf. Vier Schülerinnen und Schüler stehen an den Ecken, andere Schüler stehen an den Hufschlagpunkten und halten die Buchstaben M, B, F, A, K, E, H und C auf einem Blatt Papier vor sich.
Einer von euch ist der Reitlehrer und die anderen sind die Pferde. Der Reitlehrer kommandiert zum Beispiel: Auf dem Hufschlag Trab, durch den Zirkel wechseln usw.
Beginnt langsam und einfach, sonst gibt es schnell ein Durcheinander.
Und denkt dran: Kein Pferd kann immer nur im Galopp gehen.

Rund ums Pferd

Die Hufschlagfiguren auf einen Blick

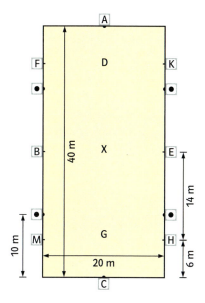

Die Hufschlagpunkte M, B, F, A, K, E, H, C

Fig. 1

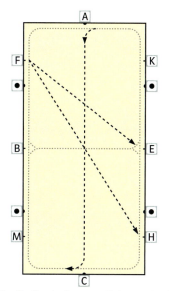

F > H: Durch die ganze Bahn wechseln
F > E: Durch die halbe Bahn wechseln
A > C: Durch die Länge der Bahn wechseln

Fig. 2

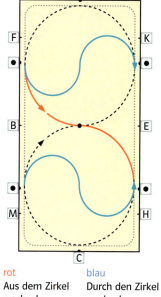

rot — Aus dem Zirkel wechseln
blau — Durch den Zirkel wechseln

Fig. 3

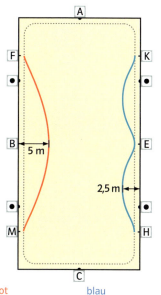

rot — Einfache Schlangenlinie an der langen Seite
blau — Doppelte Schlangenlinie an der langen Seite

Fig. 4

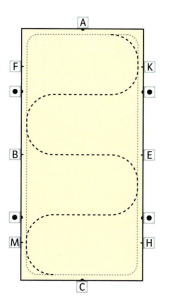

Schlangenlinie durch die ganze Bahn (vier Bogen)

Fig. 5

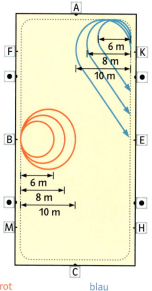

rot — Volte (in verschiedenen Durchmessern)
blau — Kehrtvolte/Kehrtwendung (in verschiedenen Durchmessern)

Fig. 6

Sachthema: Rund ums Pferd   195

„Rate mal, auf was ich mich jedes Mal freue. Auf dem Bild kannst du es sehen. Da bringt der Bauer Kraftfutter. Oft schlagen wir alle mit den Hufen gegen die Boxenwand, weil wir es nicht erwarten können.
Aber zunächst sollte ich dir wohl erklären, was Kraftfutter ist.
Das ist Futter, das viel Kraft gibt, zum Beispiel Hafer oder Gerste. Was ist das bei euch Menschen? Vielleicht Spaghetti mit Tomatensoße oder Schnitzel mit Pommes frites?
Leider bekommen wir vom Kraftfutter nicht so viel, wie wir gerne hätten. Das wäre nämlich gar nicht gesund. Zu einer gesunden Ernährung gehört bei uns viel Heu."

Wenn Pferde zu viel Hafer erhalten, benehmen sie sich manchmal übermütig. Dafür gibt es das Sprichwort:
Den sticht der Hafer.

Hafer, Heu und was es kostet

Durchschnittliche Tagesrationen für Pferde
(Die angegebenen Mengen gelten für 100 kg Lebendgewicht.)

Arbeitsbelastung	keine	leichte	mittlere	schwere
Heu	2 kg	2 kg	1,5 kg	1 kg
Kraftfutter	200 g	400 g	700 g	1 kg

Faustzahlen für das Lebendgewicht eines Pferdes

Stockmaß 1,60 m	Stockmaß 1,50 m	Stockmaß 1,40 m
500 kg	400 kg	300 kg

Kosten für Futter

	Heu	Kraftfutter
Kosten für 1 kg	12 ct	24 ct

1 Bajo muss nur leichte Arbeit verrichten. Aber weil er schon älter ist, erhält er Futter für eine mittlere Arbeitsbelastung. Rechne aus, wie viel Futter Bajo (Stockmaß 150 cm) am Tag erhält.

2 Wie viel kostet das Futter für Bajo in einem Jahr?

3 Ein Pferd soll sein Futter in mehreren kleinen Rationen erhalten. An der Boxentür steht auf einem Futterplan, um welche Zeit welche Menge gefüttert werden muss. Erstelle für Bajo einen Futterplan mit vier täglichen Fütterungszeiten.

4 Das Heu für die Pferde wird im Juli getrocknet und eingelagert. Der Besitzer von Bajo möchte abschätzen, wie viel Lagerraum für das Heu von Bajo gebraucht wird.
Ein Ballen Heu wiegt etwa 15 kg, sechs Ballen beanspruchen einen Lagerraum von 1 m³. Passt das Heu für Bajo in eine leere Box?

196 Sachthema: Rund ums Pferd

Rund ums Pferd

„Im April kommt für mich der schönste Tag des Jahres. An diesem Tag dürfen wir nach dem langen Winter auf die große Weide. Als erstes rennen wir immer rauf und runter, nur so zum Spaß. Dann wälzen wir uns im frischen Gras. Wie gut das riecht!
Nach ein paar Tagen hat jeder von uns seine Freunde und Freundinnen gefunden. Wir vertreiben uns gegenseitig die Fliegen und passen aufeinander auf. Bei uns schlafen nämlich nie alle auf einmal. In jeder Gruppe ist immer einer wach und passt auf, ob eine Gefahr droht."

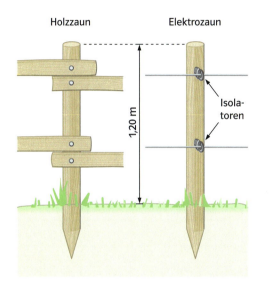

Weiden und Zäune

Flächenbedarf Wenn ein großes Pferd sich im Sommer nur von der Weide ernähren soll, benötigt es insgesamt eine Fläche von 0,5 ha.

Weidezaun Der Abstand der Pfosten soll nicht länger als 4 m sein.
Als Zaun benötigt man zwei Holzlatten oder einen Elektrozaun mit zwei breiten Bändern. Man kann auch eine Holzlatte und ein Elektroband nehmen. Zur Befestigung des Elektrobands benötigt man Isolatoren.

Kosten
1 Pfosten: 3 €
1 Latte: 4 €
25 Isolatoren: 4 €
200-m-Rolle Elektroband: 20 €

1 Ein Landwirt hat zwei Weiden von jeweils etwa 200 m Länge und 120 m Breite. Wie viele Pferde können sich einen ganzen Sommer von den Weiden ernähren?

2 Eine Weide von 200 m Länge und 120 m Breite soll nur mit Latten eingezäunt werden.
a) Wie viele Pfosten und wie viele Latten muss man einkaufen?
b) Was kostet der Zaun?

3 Eine Weide von 200 m Länge und 120 m Breite soll nur mit Elektroband eingezäunt werden. Wie viel muss man einkaufen und wie viel kostet der Zaun?

„Weißt du, welche Menschen ich am besten finde? Sie müssen erstens freundlich zu mir sein und zweitens ... Bevor ich das sage, erzähle ich eine Geschichte.
Junge Pferde haben manchmal Angst, wenn sie sich eingeengt fühlen. Das passiert oft beim Anbinden, weil sie da ihren Kopf nicht mehr frei bewegen können. So ist es mir einmal ergangen. Voll schrecklicher Angst zerrte ich am Strick und verletzte mich. Man hätte mir mit dem Lösen des Anbindeknotens helfen können. Der Knoten klemmte aber, weil ich so daran zerrte. Oh, war das schrecklich! Deshalb sollten zweitens Menschen sich bemühen, Dinge zu lernen, die für den Umgang mit Pferden hilfreich und nützlich sind. Dazu zählt zum Beispiel ein Anbindeknoten, der sich unter starkem Zug leicht lösen lässt."

So kannst du testen, ob der Knoten richtig ist: Einer von euch zieht fest am Strick. Dann muss der Knoten leicht aufgehen, wenn man am anderen Ende zieht.

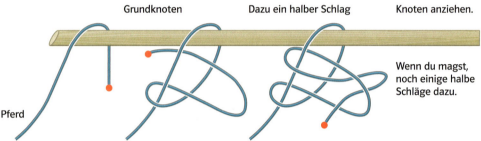

Fig. 1

1 Knüpfe den abgebildeten Knoten. Er ist zum Anbinden von Pferden geeignet.

Terminkalender für Pferde

Hufschmied	Alle 6 Wochen
Impfen	Jedes halbe Jahr
Entwurmen	Jedes viertel Jahr
Abfohltermin	11 Monate nach dem Decktermin

„Es gibt Tage, da habe ich keine Ruhe. Schon frühmorgens kommt der Tierarzt zum Impfen, dann fährt der Hufschmied auf den Hof und Leute kommen zum Reiten. Und wenn die Stuten ihre Fohlen bekommen, schläft der Bauer im Stall und guckt alle halbe Stunde in die Boxen. Es geht zu wie im Taubenschlag.
Und weißt du was? Ich mag es, wenn ein bisschen was los ist."

2 Für jedes Pferd gibt es ein Heft, in das alle wichtigen Termine eingetragen werden. Berechne für Bajo und Lady Blue die fehlenden Termine.

*Die Tragezeit der Stuten von elf Monaten muss man sich gut merken. Die Bauern haben dafür eine Regel:
Eine Stute und eine Maus tragen das Jahr aus.*

(Tragezeit einer Stute: 11 Monate plus Tragezeit einer Maus: 1 Monat ergibt: 12 Monate)

Termine für Bajo (Wallach)

Hufschmied	29. Mai 04
Nächster Termin:	_____
Geimpft	03. März 04
Nächster Termin:	_____
Entwurmt	23. April 04
Nächster Termin:	_____

Termine für Lady Blue (Stute)

Hufschmied	12. Mai 04
Nächster Termin:	_____
Geimpft	18. Februar 04
Nächster Termin:	_____
Entwurmt	23. April 04
Nächster Termin:	_____
Gedeckt	02. Juni 03
Abfohltermin:	_____

Sachthema: Rund ums Pferd

Rund ums Pferd

"Jedes Jahr im Herbst herrscht im Stall emsige Betriebsamkeit. Der jährliche Wanderritt steht bevor. Die Reiterinnen und Reiter putzen das Sattel- und Zaumzeug und untersuchen es auf fehlerhafte Stellen. Wenn man mehrere Tage unterwegs ist, sollte nichts kaputtgehen.

Oft reden die Reiter über die Strecke, die sie reiten wollen, und überlegen, ob die Entfernungen richtig ausgewählt sind. Ein trainiertes erwachsenes Pferd kann man einen ganzen Tag reiten. Ein altes Pferd, wie ich es bin zwar auch, allerdings viel langsamer. Junge Pferde wollen unter dem Reiter oft sehr schnell losrennen und schaden sich damit selbst, weil ihre Knochen und Bänder noch nicht gefestigt sind. Deshalb werden sie wie wir Alten schonend geritten. Ich freue mich jedesmal riesig auf den Wanderritt!"

Geschwindigkeit eines Pferdes

Gangart	Geschwindigkeit in Meter pro Minute
Schritt	120
Trab normal	220
Trab schnell	300
Galopp langsam	300
Galopp schnell	500
Renngalopp	800

Regeln für einen Wanderritt

1. Den größten Teil der Strecke im Schritt gehen.
2. Trabstrecken nicht zu lange wählen. Zehn Minuten am Stück reichen.
3. Selten galoppieren.
4. Wenn man mehrere Tage unterwegs ist, sollte man 50 km am Tag nicht überschreiten (das entspricht etwa 30 km Luftlinie).

Aus der Zeit, in der die Menschen noch den ganzen Tag mit dem Pferd gearbeitet haben, gibt es das Sprichwort: Bergauf schon mich, bergab führ mich, auf der Ebene brauch mich.

1 Wie weit kommt ein Pferd, wenn es acht Stunden im Schritt geritten wird? Wie weit kommt es, wenn es über sechs Stunden abwechselnd 50 Minuten Schritt geritten und anschließend 10 Minuten normal getrabt ist?

2 Plane anhand der Landkarte in Fig. 1 einen fünftägigen Wanderritt. Die Tagesstrecken sollen 25 km in der Luftlinie nicht überschreiten.

Fig. 1

Sachthema: Rund ums Pferd

Lösungen

Kapitel I, Bist du sicher? Seite 17

1
Die Zahl ist 3 084 908. Sie hat 7 Stellen.
Auf Tausender gerundet: 3 085 000.

2
Kleinster Geldbetrag: 335 €. Größter Geldbetrag: 344,99 €.

3
Die Zahl lautet 77 778 888.

Kapitel I, Bist du sicher? Seite 20

1
a) 152 + 34 = 186. Die fehlende Zahl heißt 186.
b) 105 : 7 = 15. Die fehlende Zahl heißt 15.
c) 240 : 12 = 20. Die fehlende Zahl heißt 20.

2
a) 117 − 89 = 28. 117 ist um 28 größer als 89.
b) 99 − 35 = 64. Die Differenz ist 64.
c) 180 : 36 = 5. Man muss durch 5 dividieren.

3
28 + 13 = 41. 18 · 3 = 54. Das Produkt ist größer.

Kapitel I, Bist du sicher? Seite 27

1
a) 6 m = 600 cm
b) 7 kg = 7000 g
c) 6 d = 144 h
d) 12 t = 12 000 kg
e) 17 km = 17 000 m

2
a) 6 kg − 1400 g = 4600 g
b) 4 km 500 m − 900 m = 3 km 600 m
c) 4 d − 80 h = 16 h
d) 2 m 8 cm + 11 dm = 318 cm

3
a) Es dauert 9 h 15 min.
b) 130 cm : 5 = 26 cm. Der Terrier ist 26 cm hoch.

Kapitel I, Bist du sicher? Seite 31

1
a) 3,5 m = 350 cm
b) 4,2 kg = 4200 g
c) 12,6 cm = 126 mm
d) 10,400 km = 10 400 m

2
a) 2,5 t + 4,3 t = 2500 kg + 4300 kg = 6800 kg = 6,8 t
b) 4 · 1,7 m = 4 · 17 dm = 68 dm = 6,8 m
c) 4,8 km − 1,9 km = 4800 m − 1900 m = 2900 m = 2,9 km

3
a) 10,200 km = 10 200 m
b) 10,020 km = 10 020 m
c) 10,002 km = 10 002 m

Kapitel I, Training Runde 1, Seite 49

1
Längen auf 100 km gerundet:
Elbe   1200 km
Rhein   1300 km
Donau   2900 km
Oder   900 km
Weser   400 km

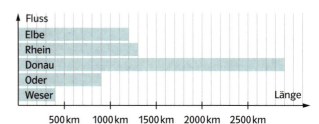
Fig. 1

2
a) ■ = 4   b) ■ = 9   c) ■ = 173   d) ■ = 195

3
a) 3 kg 450 g = 3450 g
b) 4 m 2 dm = 420 cm
c) 300 min = 5 h
d) 6,2 km = 6200 m

4
a) 3 Millionen > 10^6
b) 1,7 t < 3010 kg
c) 220 s < 4 min
d) 0,050 km < 500 m

5
a) 7200 g + 2900 g = 10 100 g = 10,100 kg
b) 170 s − 100 s = 70 s
c) 19 mm + 21 mm = 40 mm = 4 cm
d) 23 000 m − 7800 m = 15 200 m

6
a) Es dauert 7 h 25 min.
b) 5 · 350 kg = 1750 kg. Der Lastwagen darf 5 Kisten transportieren.

7
Gewinn 1: 1 kg entspricht 1000 Münzen; 850 kg entsprechen 850 000 Münzen. Das sind 850 000 ct = 8500 €.
Gewinn 2: Auf 1 m passen 1000 Münzen; auf 200 m passen 200 000 Münzen. Das sind 200 000 ct = 2000 €.
Gewinn 1 ist höher.

Kapitel I, Training Runde 2, Seite 49

1

Die Höhen auf 100 m gerundet:

Kilimandscharo	5900 m
Mount Kosciuszko	2200 m
Montblanc	4800 m
Mount Everest	8900 m
Aconcagua	7000 m

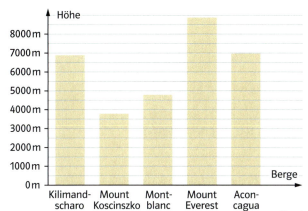
Fig. 1

2
a)

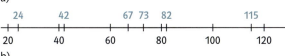
b)

3
a) 12 kg 900 g = 12 900 g   b) 4 km 200 m = 4200 m
c) 5 h = 300 min   d) 3,7 t = 3700 kg

4
a) 112   b) 7   c) 23   d) 350

5
a) 31 mm + 40 mm = 71 mm
b) 10 000 kg − 4600 kg = 5400 kg
c) 24 h + 20 h = 44 h
d) 9 Millionen − 1 Million = 8 Millionen

6
a) 1450 g − 1270 g = 180 g; 1500 g − 1450 g = 50 g.
Bei 1,500 kg ist der Unterschied kleiner.
b) 880 cm : 10 = 88 cm. Jennifer hat die Schrittweite 88 cm.
720 cm : 8 = 90 cm. Max hat die Schrittweite 90 cm. Seine Schrittweite ist größer.

7
a) Der Wert des Produktes hat sich vervierfacht.
Beispiel: 3 · 5 = 15; 6 · 10 = 60.
b) Der Wert der Differenz ändert sich nicht.
Beispiel: 28 − 7 = 21; 26 − 5 = 21.

Kapitel II, Bist du sicher? Seite 54

1

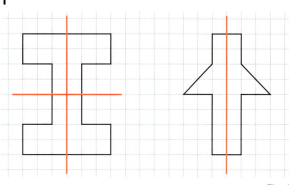
Fig. 2

zwei Symmetrieachsen   eine Symmetrieachse

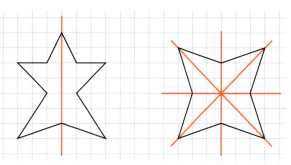
Fig. 3

eine Symmetrieachse   vier Symmetrieachsen

2

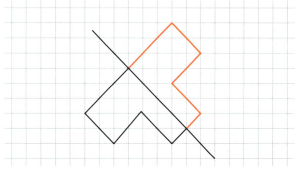
Fig. 4

Lösungen 201

3

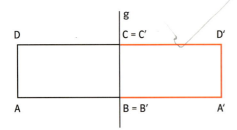

Fig. 1

Kapitel II, Bist du sicher? Seite 65

1
Dieses Parallelogramm ist ein Quadrat.

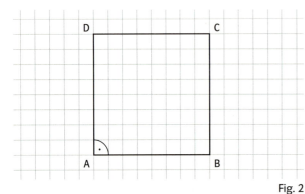

Fig. 2

2
Der Schnittpunkt der Diagonalen ist der Kreismittelpunkt.

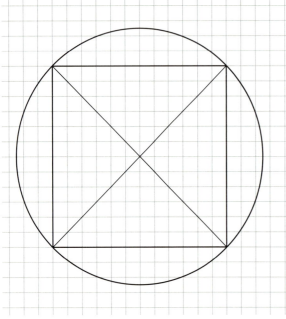

Fig. 3

Kapitel II, Kannst du das noch? Seite 66

12
a) einhundertzwanzigtausend
b) vier Millionen zweihundertdreißigtausendeinhundertsechsundzwanzig
c) 2 300 000, zwei Millionen dreihunderttausend
d) 4 320 000, vier Millionen dreihundertzwanzigtausend

13
a) 3 492 227 b) 800 052

14
a) 25 km = 25 000 m   b) 15 m = 1500 cm
c) 13 000 cm = 130 m   d) 4 kg 23 g = 4023 g
e) 120 000 g = 120 kg   f) 2 t 75 kg = 2075 kg
g) 2 h 26 min = 146 min   h) 5 min 30 s = 330 s

Kapitel II, Bist du sicher? Seite 68

1

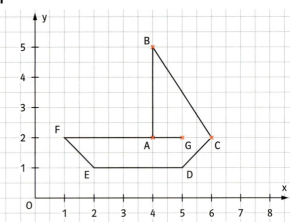

Fig. 4

2
Die Koordinaten des Schnittpunktes S lauten S(6|4).

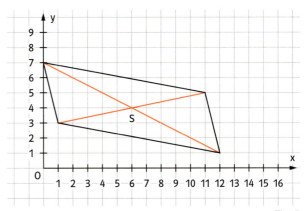

Fig. 5

202 Lösungen

3
Nein, die drei Punkte liegen nicht auf einer Geraden.

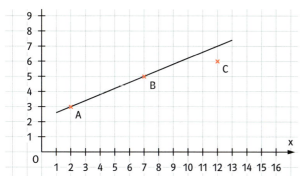
Fig. 1

Kapitel II, Bist du sicher? Seite 76

1
α = 61°   β = 72°   γ = 33°   δ = 22°

2
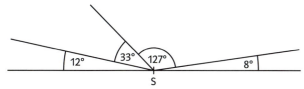
Fig. 2

Es entsteht ein Gesamtwinkel von 180°.

Kapitel II, Kannst du das noch? Seite 77

13
a) 60   b) 175   c) 105   d) 171   e) 121
f) 40   g) 500   h) 192   i) 168   k) 100

14
a) 13 · 9 = 117   b) 159 + 71 = 230   c) 110 − 55 = 55

15
a) 22 400   b) 123 900   c) 43 200   d) 600   e) 762 900

16
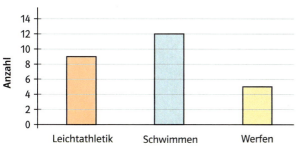
Fig. 3

Kapitel II, Training Runde 1, Seite 87

1
a) 1 Minute entspricht einem Winkel von 360°:60 = 6°;
in 17 Minuten überstreicht der Zeiger einen Winkel von 102°.
b) 240°:6° = 40; 40 Minuten später ist es 6:55 Uhr.

2
α = 73°   β = 15°   γ = 220°   δ = 79°

3
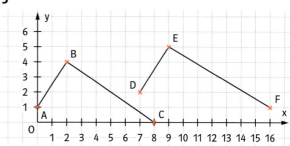
Fig. 4

$\overline{AB} \parallel \overline{DE}$ und $\overline{BC} \parallel \overline{EF}$; $\overline{AB} \perp \overline{BC}$ und $\overline{DE} \perp \overline{EF}$.

4
Gemeinsamkeiten von Parallelogramm und Quadrat:
- gegenüberliegende Seiten sind parallel,
- Diagonalen halbieren einander,
- Figuren sind punktsymmetrisch.

Unterschiede zwischen Parallelogramm und Quadrat:
- Seiten sind im Parallelogramm nicht unbedingt gleichlang,
- Parallelogramm muss keine rechten Winkel haben,
- Parallelogramm muss nicht achsensymmetrisch sein.

5
Parallelogramm
keine Achsensymmetrie
Stern
achsensymmetrisch zu 1. Achse: Gerade durch (7|0) und (7|4)
                          2. Achse: Gerade durch (5,2|1) und (7|2)
                          3. Achse: Gerade durch (5|3,1) und (9|0,8)
Quadrat mit Kreis
achsensymmetrisch zu 1. Achse: Gerade durch (11|0) und (11|4)
                          2. Achse: Gerade durch (9|2) und (13|2)
                          3. Achse: Gerade durch (13|0) und (9|4)
                          4. Achse: Gerade durch (9|0) und (13|4)

Lösungen 203

Kapitel II, Training Runde 2, Seite 87

1

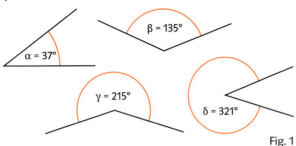

Fig. 1

2
a)

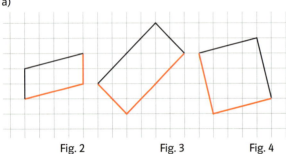

Fig. 2 Fig. 3 Fig. 4

b) Fig. 2 ist ein Parallelogramm.
Fig. 3 ist ein Rechteck.
Fig. 4 ist ein Quadrat.
c) Fig. 2 hat keine Symmetrieachse.
Fig. 3 hat 2 Symmetrieachsen.
Fig. 4 hat 4 Symmetrieachsen.

3
a) Achsensymmetrie zu einer Symmetrieachse
b) Achsensymmetrie zu zwei Symmetrieachsen
c) Achsensymmetrie zu beliebig vielen Symmetrieachsen
d) keine Achsensymmetrie

4

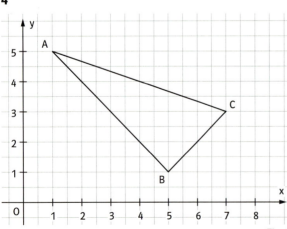

Fig. 5

Die außerhalb liegenden Winkel haben die Größen:
bei A: 333°; bei B: 270°; bei C: 297°.
Die Summe der Winkel ist 333° + 270° + 297° = 900°.

5
Die Vermutung trifft nur zu, wenn das Rechteck ein Quadrat ist. Sonst nicht.

Kapitel III, Bist du sicher? Seite 93

1
a) (3 + 6) · (5 − 2) = 9 · 3 = 27
b) 5 · 3 + 4 · 9 = 15 + 36 = 51
c) 4 · (12 − 2 · 3) = 4 · (12 − 6) = 4 · 6 = 24
d) 12 · 2 + (8 − 5) · 3 = 12 · 2 + 3 · 3 = 24 + 9 = 33

2
a) 15 · [47 − (63 − 46)]
 = 15 · [47 − 17]
 = 15 · 30
 = 450
b) 18 + [120 − 21 · (19 − 16) − 7] · 4 − 12
 = 18 + [120 − 63 − 7] · 4 − 12
 = 18 + 50 · 4 − 12
 = 206

3
a) 7 · (26 − 17) = 7 · 9 = 63
b) (12 + 3) + 3 · (7 + 2) = 15 + 3 · 9 = 42

4
12 · 9 € + 3 · 12 € = 144 €
Kim spart im einem Jahr 144 €.

Kapitel III, Bist du sicher? Seite 98

1

a) 4326   b)   212   c)   89
    3251   8314   1678
  + 2422   76419   26
    ————   ————   40202
    9999   3888   5
                1112   34
               88833   123
                          —————
                          42034

2

      966
     3412
 + 2368110
       11
  ———————
  2372488

204 Lösungen

3

a)
```
  21 000 g
     500 g
    3000 g
     210 g
  24 710 g = 24 kg 710 g
```

b)
```
    1535 ct
  + 2387 ct
    3922 ct = 39,22 €
```

c)
```
    165 min
     90 min
  +  90 min
    345 min = 5 h 45 min
```

2

$1 h = 60 \cdot 60 s = 3600 s$
$1 \text{ Tag} = 24 h = 24 \cdot 3600 s = 86 400 s$
$1 \text{ Jahr} = 365 \text{ Tage} = 365 \cdot 86 400 s = 31 536 000 s$

```
  24 · 3600                365 · 86 400
    72                       2920
+ 14400                      2190
  86400                  + 146000
                           31536000
```

Eine Stunde hat 3600 Sekunden, ein Tag hat 86 400 Sekunden und ein Jahr (kein Schaltjahr) hat 31 536 000 Sekunden.

3

```
18 · 2 · 24 = 36 · 24
                72
           +   144
               864
```

In dem Saal finden 864 Personen Platz.

Kapitel III, Bist du sicher? Seite 101

1

a)
```
    6745
  − 1234
    5511
```

b)
```
    7712
  − 3606
    4106
```

c)
```
   330167
  − 41163
   289004
```

d)
```
   209901
  − 119010
    90891
```

2

```
  513625201
− 361413193
  152212008
```

3

a)
```
   17525 g
  − 3618 g
   13907 g = 13 kg 907 g
```

b)
```
    9535 ct
  − 4397 ct
    5138 ct = 51,38 €
```

c)
```
    765 min
  − 476 min
    289 min = 4 h 49 min
```

Kapitel III, Bist du sicher? Seite 107

1

a) Überschlag: $325 : 25 \approx 300 : 30 = 10$
```
  325 : 25 = 13        Probe:   13 · 25
− 25                            26
  75                          +  65
− 75                           325
   0
```

b) Überschlag: $8910 : 135 \approx 9000 : 100 = 90$
```
  8910 : 135 = 66      Probe:   66 · 135
− 810                           66
  810                         + 198
− 810                         + 330
   0                           8910
```

c) Überschlag: $8635 : 380 \approx 8000 : 400 = 20$
```
  8635 : 380 = 22 Rest 275   Probe:  380 · 22
− 760                                760
 1035                              +₁760
− 760                               8360
  275                              +  275
                                    8635
```

d) Überschlag: $27531 : 260 \approx 26000 : 260 = 100$
```
  27531 : 260 = 105 Rest 231  Probe: 105 · 260
− 260                                210
  153                              + 6300
    0                               27300
  1531                            +   231
− 1300                              27531
   231
```

Kapitel III, Bist du sicher? Seite 104

1

a)
```
49 · 12
49
+  98
   1
  588
```

b)
```
153 · 805
12240
+   765
    1
  123165
```

c)
```
930 · 107
9300
+ 6510
  99510
```

d)
```
70707 · 6008
42424200
+  565656
    1
  424807656
```

Lösungen **205**

2

$$2771 : 163 = 17$$
$$- 163$$
$$\overline{1141}$$
$$- 1141$$
$$\overline{0}$$

Man muss 2771 durch 17 teilen, um 163 zu erhalten.

3

$$1000 : 6 = 166 \text{ Rest } 4$$
$$- 6$$
$$\overline{40}$$
$$- 36$$
$$\overline{40}$$
$$- 36$$
$$\overline{4}$$

Es können 166 Kästen gefüllt werden. 4 Flaschen bleiben übrig.

Kapitel III, Bist du sicher? Seite 111

1

81 kg + 62 kg + 43 kg + 31 kg = 217 kg
450 kg − 217 kg = 233 kg
Das Auto darf mit weiteren 233 kg beladen werden.

2

Anzahl Wassertropfen in einem Jahr:
60 · 60 · 24 · 365 = 31 536 000.

$$31536000 : 30000 = 1051 \quad \text{Rest } 6000$$
$$- 30000$$
$$\overline{15360}$$
$$- 0$$
$$\overline{153600}$$
$$- 150000$$
$$\overline{3600}$$
$$- 3000$$
$$\overline{6000}$$

Anzahl Eimer ≈ 1051 : 10 = 105 R 1
Max könnte ca. 105 10-l-Eimer füllen.

Kapitel III, Kannst du das noch? Seite 111

15

a) + b) individuelle Lösungen

16

a) 6 m 50 cm
b) 8 kg 200 g
c) 1 t 100 kg
d) 53 cm − 2 cm 9 mm = 50 cm 1 mm
e) 6400 kg + 3326 kg = 9726 kg = 9 t 726 kg
f) 532 mm − 86 mm = 446 mm = 44 cm 6 mm

Kapitel III, Bist du sicher? Seite 113

1

a: Seitenlänge eines Quadrats
4 · a = Umfang Quadrat

2

p: Anzahl der Glühbirnen
Gesamtpreis der Glühbirnen in ct = 99 · p

3

k: Anzahl der Stunden
in Cent: Rechnungshöhe pro Monat = 300 + 20 · k
in Euro: Rechnungshöhe pro Monat = 3 + 0,20 · k

Kapitel III, Kannst du das noch? Seite 115

7

a) Vergleichsgegenstand: Geodreieck; Das Schulheft ist etwa anderthalb mal so breit wie ein Geodreieck lang, also ca. 20 cm. Das Schulheft ist etwa anderthalb mal so lang wie breit, also ca. 30 cm. Zum Vergleich die genauen Maße eines DIN A-4 Blattes: 21,0 cm Breite, 29,7 cm Länge.
b) Kassel ist von Frankfurt etwa 200 km entfernt. Die Entfernung von Frankfurt nach Hamburg ist etwa zweieinhalb mal so groß und kann daher mit ca. 500 km geschätzt werden.
c) Legt man eine Höhe von ca. 3 m je Stockwerk zugrunde, so ist ein Einfamilienhaus mit Erdgeschoss und Dachgeschoss ca. 2 · 3 m = 6 m hoch.

Kapitel III, Training Runde 1, Seite 125

1

a) 4 · (12 − 4) + 3 · 5 + 6 = 4 · 8 + 15 + 6 = 53
b) (15 + 3 · 3) − (5 · 4 + 2) = (15 + 9) − (20 + 2) = 2
c) 2 · [60 : (6 − 2) + 4] = 2 · [60 : 4 + 4] = 2 · 19 = 38
d) 5 kg + 400 g + 9 kg + 200 g = 5000 g + 400 g + 9000 g + 200 g = 14 600 g = 14 kg 600 g
e) 2 km 420 m + 7 km 370 m + 30 km 7 m:

$$2420 \text{ m}$$
$$+ 7370 \text{ m}$$
$$+ 30007 \text{ m}$$
$$\overline{39797 \text{ m}} = 39 \text{ km } 797 \text{ m}$$

f) 92,57 € − 35,69 €

$$9257 \text{ ct}$$
$$- 3569 \text{ ct}$$
$$\overline{5688 \text{ ct}} = 56,88 €$$

2

a)
$$8643$$
$$+ 5432$$
$$\underline{11}$$
$$14075$$

b)
$$654321$$
$$- 209877$$
$$\underline{1111}$$
$$444444$$

c) 271 · 369
$$813$$
$$1626$$
$$+ 2439$$
$$\overline{99999}$$

206 Lösungen

d) $1476 : 12 = 123$
$\underline{-\ 12}$
$\quad 27$
$\underline{-\ 24}$
$\quad\ \ 36$
$\underline{\ -\ 36}$
$\qquad 0$

e) $54321 : 25 = 2172$ Rest 21
$\underline{-\ 50}$
$\quad 43$
$\underline{-\ 25}$
$\quad 182$
$\underline{-\ 175}$
$\qquad 71$
$\underline{\ -\ 50}$
$\qquad 21$

3

$32 \cdot 26 + 3 \cdot (17 + 12)$
$= 832 + 3 \cdot 29$
$= 832 + 87 = 919$

$\begin{array}{r} 32 \cdot 26 \\ \hline 64 \\ +\ 192 \\ \hline 832 \end{array}$

4

$250\,g + 1\,kg + 3\,kg + 200\,g$
$= 250\,g + 1000\,g + 3000\,g + 200\,g = 4450\,g = 4\,kg\,450\,g$
Der Inhalt des Einkaufskorbes wiegt 4 kg 450 g.

5

Vergebene Karten: $(635 - 7) + 24 = 628 + 24 = 652$
Noch vorhandene Karten:
$\begin{array}{r} 1125 \\ -\ 652 \\ 1 \\ \hline 473 \end{array}$

Käufer an der Abendkasse: 637
$\begin{array}{r} 637 \\ -\ 473 \\ 1 \\ \hline 164 \end{array}$

An der Abendkasse bekommen 164 Menschen keine Karten mehr.

6

Ratenzahlung:
$\begin{array}{r} 12 \cdot 91 \\ \hline 108 \\ +\ 12 \\ \hline 1092 \end{array}$
$\begin{array}{r} 1092\ € \\ -\ 985\ € \\ 1 \\ \hline 107\ € \end{array}$

$12 \cdot 91\,€ - 985\,€ = 107\,€$
Man spart bei der Barzahlung 107 €.

7

Jahrgangsstufe 5: $9 \cdot 12 = 108$; Jahrgangsstufe 6: $6 \cdot 16 = 96$
$108 + 96 = 204$; $204 : 12 = 17$
Jede Riege bestand aus 17 Schülerinnen und Schülern.

Kapitel III, Training Runde 2, Seite 125

1

a) $(15 - 9) \cdot 3 + 8 \cdot 4 + 7 = 6 \cdot 3 + 32 + 7 = 18 + 39 = 57$
b) $(25 - 3 \cdot 4) - (5 \cdot 4 - 17) = (25 - 12) - (20 - 17) = 13 - 3 = 10$
c) $20 : [5 \cdot (6 - 2) - 16] = 20 : [5 \cdot 4 - 16] = 20 : 4 = 5$
d) $3\,kg + 600\,g + 5\,kg + 500\,g = 3000\,g + 600\,g + 5000\,g + 500\,g$
$= 9100\,g = 9\,kg\,100\,g$
c) $6\,kg\,372\,g - 4\,kg\,251\,g$:
$\begin{array}{r} 6372\,g \\ -\ 4251\,g \\ \hline 2121\,g = 2\,kg\,121\,g \end{array}$
f) $15\,h\,23\,min - 8\,h\,45\,min$ Nebenrechnungen:
$= 923\,min - 525\,min$ $15 \cdot 60 = 900$; $\begin{array}{r} 923 \\ -\ 525 \\ 11 \\ \hline 398 \end{array}$
$= 398\,min$ $8 \cdot 60 = 480$
$= 6\,h\,38\,min$

2

a) $\begin{array}{r} 9657 \\ -\ 3232 \\ \hline 6425 \end{array}$

b) $\begin{array}{r} 542351 \\ +\ 4832 \\ 1 \\ \hline 547183 \end{array}$

c) $\begin{array}{r} 168 \cdot 1443 \\ \hline 168 \\ 672 \\ 672 \\ +\ 504 \\ 1\,2\,1 \\ \hline 242424 \end{array}$

d) $2340 : 15 = 156$
$\underline{-\ 15}$
$\quad 84$
$\underline{-\ 75}$
$\quad\ \ 90$
$\underline{\ -\ 90}$
$\qquad 0$

e) $64258 : 255 = 251$ Rest 253
$\underline{-\ 510}$
$\quad 1325$
$\underline{-\ 1275}$
$\qquad 508$
$\underline{\ -\ 255}$
$\qquad 253$

3

a) Flügelschlag der Hummel pro Sekunde: $3600 : 20 = 180$.
$180 < 245$. Die Arbeitsbiene schlägt im gleichen Zeitraum öfter mit den Flügeln.
b) $10\,min = 60 \cdot 10\,s = 600\,s$.
Flügelschlag der Hummel in 10 min: $180 \cdot 600 = 108\,000$.
Flügelschlag der Arbeitsbiene in 10 min: $245 \cdot 600 = 147\,000$.

4

a) $3 \cdot x = 54$; $54 : 3 = 18$
Die gesuchte Zahl heißt 18.
b) x: Anzahl der vertelefonierten Einheiten
Lösung durch Rückwärtsrechnen
$4600 = 1300 + 3 \cdot x$
$3300 = 3 \cdot x$
$1100 = x$
1100 Einheiten wurden verbraucht.

Lösungen **207**

5
Besucher insgesamt: 184 + (69 − 43) + 12 = 222
Freie Stühle:
```
  436
− 222
─────
  214
```
214 Stühle bleiben leer.

6
Kosten für 24er-Filme: (18 : 3) · 8 € = 6 · 8 € = 48 €
Kosten für 36er-Filme: (15 : 3) · 9,50 € = 5 · 9,50 € = 47,50 €
48 € + 47,50 € = 95,50 €
```
9550 : 21 = 454 Rest 16
− 84
────
 115
− 105
────
  100
 − 84
 ────
   16
```
454 ct = 4,54 €
Jedes Mitglied der Foto-AG muss 4,55 € bezahlen. 16 ct können nicht gleichmäßig aufgeteilt werden.

Kapitel IV, Kannst du das noch? Seite 130

8
a), b)

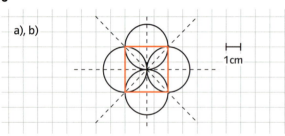

Fig. 1

9
a), b), c)

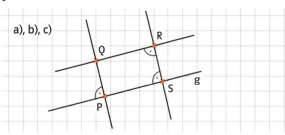

Fig. 2

10
12 011 495
auf Hunderter gerundet: 12 011 500
auf Tausender gerundet: 12 011 000

Kapitel IV, Bist du sicher? Seite 133

1
a) $7 m^2$ = $700 dm^2$ = $70 000 cm^2$
b) $40 000 mm^2$ = $400 cm^2$ = $4 dm^2$
c) $12 km^2$ 85 ha = 1285 ha
d) 83 ha 5 a = 8305 a

2
a) $1320 dm^2$ b) 135 ha
c) $2868 mm^2$ d) $300 m^2$ = 3 a
e) $5 dm^2$ f) $175 m^2$ = 1 a $75 m^2$

Kapitel IV, Bist du sicher? Seite 136

1
a) A = $600 cm^2$ = $6 dm^2$ b) A = $360 mm^2$

2
a) b = (120 : 15) m = 8 m   b) a = (400 : 25) m = 16 m

3
Flächeninhalt: (32 · 15) m^2 = 480 m^2
Kosten: 480 · 225 € = 108 000 €

Kapitel IV, Kannst du das noch? Seite 139

12
1 080 800: Eine Million achtzigtausendachthundert
108 800: Einhundertachttausendachthundert
1 800 008: Eine Million achthunderttausendundacht
10^6: Zehn hoch sechs bzw. eine Million
888 888: Achthundertachtundachtzigtausendachthundertachtundachtzig
1 008 888: Eine Million achttausendachthundertachtundachtzig
108 800 < 888 888 < 10^6 < 1 008 888 < 1 080 800 < 1 800 008

13
a) 2 · 20 = 40   b) 60 · 3 = 180
c) 10 · 5 + 20 · 12 = 290   d) 100 · 15 = 1500
e) 4 · (8 + 12 + 5) = 100   f) 2 · 56 = 112

14
a) 2125   b) 2340   c) 7470

Kapitel IV, Bist du sicher? Seite 143

1
Umfang ≈ 10,8 cm

2
a) Umfang: 23,6 cm
b) Neue Länge: (40 : 5) cm = 8 cm
Neuer Umfang: 26 cm

Kapitel IV, Training Runde 1, Seite 151

1
a) $7\,cm^2 = 700\,mm^2$ b) $5\,ha = 500\,a$
c) $12\,km^2 = 1200\,ha$ d) $3\,km^2 = 30\,000\,a$
e) $7\,cm = 70\,mm$ f) $3\,m^2\,5\,dm^2 = 305\,dm^2$
g) $3\,m\,5\,dm = 35\,dm$ h) $4\,ha\,33\,a = 43\,300\,m^2$

2
a) $648\,dm^2$ b) $552\,dm^2$ c) $12\,dm$ d) $509\,a$
e) $695\,dm^2$ f) $65\,dm$ g) $460\,ha$ h) $200\,a = 2\,ha$

3
a) $A = 6\,cm^2$, $U = 12\,cm$
b) $A = 6\,cm^2$, $U = 14\,cm$
c) $A = 6\,cm^2$, $U = 11,2\,cm$

4
a) Flächeninhalt: $15 \cdot 8\,m^2 = 120\,m^2$
Umfang: $2 \cdot (15\,m + 8\,m) = 46\,m$
b) Neuer Flächeninhalt: $160\,m^2$; neue Länge: $(160:8)\,m = 20\,m$.
Seine Länge wird um $5\,m$ größer, sein Umfang um $10\,m$.

5
a) Länge der zweiten Seite: $2,5\,cm$

Fig. 1

b) Mehrere Möglichkeiten, z. B. Parallelogramm mit $a = 5\,cm$ und $b = 2\,cm$.

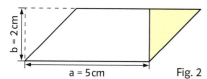

Fig. 2

Rechtwinkliges Dreieck mit den Seitenlängen $4\,cm$ und $5\,cm$.

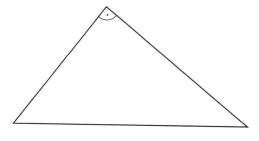

Fig. 1

Kapitel IV, Training Runde 2, Seite 151

1
a) Rechteck:
$A = 2,8\,cm \cdot 1,5\,cm = 4,2\,cm^2$
$U = 2 \cdot (2,8\,cm + 1,5\,cm) = 8,6\,cm$
Trapez:
$A = 1,5\,cm \cdot 2\,cm + (1,5\,cm \cdot 1\,cm) : 2 = 3,75\,cm^2$
$U = 3\,cm + 1,5\,cm + 2\,cm + 1,8\,cm = 8,3\,cm$
Dreieck: (das Dreieck ist rechtwinklig)
$A = 3\,cm \cdot 1,6\,cm = 2,4\,cm^2$
$U = 3\,cm + 1,6\,cm + 3,5\,cm = 8,1\,cm$

2
a) $104\,a$ b) $4555\,mm^2$ c) $505\,mm$ d) $150\,cm^2$

3
a) Gesamter Flächeninhalt:
$6 \cdot 2 \cdot 200 \cdot 82\,cm^2 = 196\,800\,cm^2 = 1968\,dm^2 \approx 20\,m^2$
b) Er muss 2 Dosen Farbe kaufen.

4
a) Anzahl der Pflastersteine: $600 \cdot 400 = 240\,000$
b) Gewicht der Pflastersteine:
$240\,000 \cdot 1,5\,kg = 360\,000\,kg = 360\,t$
Anzahl LKW-Ladungen: $360 : 20 = 18$

5
a) Der Flächeninhalt verdoppelt sich.
b) Der Flächeninhalt verdoppelt sich.

6
$A = 4\,cm \cdot 1,5\,cm + (2,5\,cm \cdot 2,5\,cm) : 2 + (1,5\,cm \cdot 1,5\,cm) : 2$
$= 6\,cm^2 + 3,125\,cm^2 + 1,125\,cm^2 = 10,25\,cm^2$

Kapitel V, Kannst du das noch? Seite 157

15
a) $A = 6\,cm^2$, $U = 12\,cm$ b) $D(8|5)$, $A = 12\,cm^2$, $U = 16\,cm$

16
a)

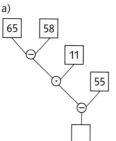

Fig. 2

Ergebnis: 22

b)

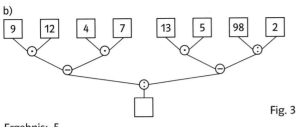

Fig. 3

Ergebnis: 5

c)

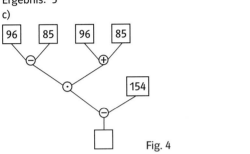

Fig. 4

Ergebnis: 1837

d)

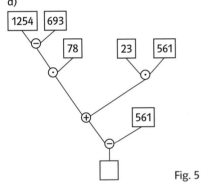

Fig. 5

Ergebnis: 56 100

e)

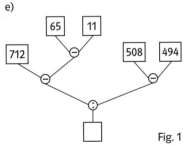

Fig. 1

Ergebnis: 47

Kapitel V, Bist du sicher? Seite 160

1

a)

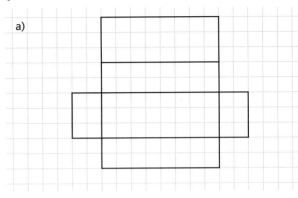

Fig. 2

b) Gesamtkantenlänge 26 cm
c) Oberflächeninhalt 23 cm^2

Kapitel V, Bist du sicher? Seite 165

1
a) 114 cm^3 b) 34 cm^3

2
a) Volumen 140 cm^3; Oberflächeninhalt 166 cm^2
b) Volumen 192 cm^3; Oberflächeninhalt 272 cm^2

Kapitel V, Bist du sicher? Seite 169

1
a) 7000 l = 7 000 000 ml   b) 340 cm^3
c) 6034 l   d) 4 015 000 mm^3

2
a) 10 500 l   b) 500 l   c) 25 l

3
a) 840 dm^3 b) 154 cm^3

Kapitel V, Kannst du das noch? Seite 170

16
a) 71 · (18 + 15) = 2343
b) 25 · 43 − (654 + 233) = 188
c) 345 : 15 + (623 − 582) = 64
d) (63 + 42) : (63 − 42) = 5

Kapitel V, Training Runde 1, Seite 181

1
Oberflächeninhalt 28 cm²; Rauminhalt 8 cm³

2

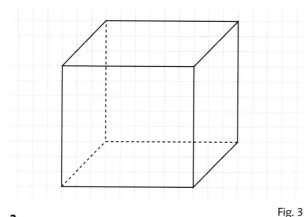

Fig. 3

3
a) 500 000 mm³ — Tetrapack (halber Liter); Federtasche
b) 50 000 ml — Mülleimer; Koffer
c) 600 cm² — DIN-A4-Blatt
d) 345 dm — Höhe Kirchturm; Weite Schlagballwurf
e) 200 000 l — Klassenzimmer
f) 1000 m² — Fläche Schwimmerbecken Freibad; großer Garten
g) 1700 mm — Größe eines Erwachsenen
h) 23 000 mm³ — Streichholzschachtel

4
816 dm³

5
V = 50 dm · 25 dm · 2 dm = 2500 dm
Man muss 50-mal mit dem Schubkarren fahren.

Kapitel V, Training Runde 2, Seite 181

1
a) Würfelnetz
b) Kein Würfelnetz, da 5 Quadrate in einer Reihe liegen.
c) Würfelnetz
d) Kein Würfelnetz, die Seiten A und E müssten im Würfel beide gegenüber von der Seite C liegen.

Fig. 1   Fig. 2

e) Kein Würfelnetz, da nur fünf Flächen vorhanden sind.
f) Kein Würfelnetz, da A und F beide C gegenüberliegen.

2
a) 70 dm³   b) 12 000 l   c) 20 ha   d) 20 000 m
e) 20 dm³   f) 12 dm   g) 30 003 m²   h) 4030 l

3
a)

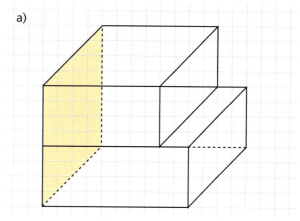

Fig. 3

b) Volumen 72 cm³; Oberflächeninhalt 108 cm²

4
V = 1440 cm³; der Goldbarren wiegt 28 800 g = 28,8 kg.

Rechentraining

Kapitel 1

Kopfrechenaufgaben

1
a) 27 + 13   b) 45 + 25   c) 78 + 22   d) 64 + 36   e) 205 + 95
f) 909 + 91   g) 487 + 23   h) 630 + 470   i) 777 + 333   j) 34 – 23
k) 42 – 33   l) 177 – 78   m) 555 – 444   n) 1010 – 101   o) 808 – 88

2
a) 107 – 100   b) 110 – 99   c) 133 – 99   d) 120 + 100   e) 267 + 99
f) 344 + 96   g) 599 + 101   h) 504 – 101   i) 999 – 699   j) 655 + 245
k) 387 – 18   l) 777 + 233   m) 3003 – 2999   n) 6999 + 101   o) 3099 – 109

3
a) $7 \cdot 4$ b) $6 \cdot 5 \cdot 2$ c) $15 \cdot 3 \cdot 2$ d) $3 \cdot 5 \cdot 7$ e) $24 \cdot 3$
f) $4 \cdot 15 \cdot 8$ g) $22 \cdot 3$ h) $6 \cdot 5 \cdot 4$ i) $8 \cdot 2 \cdot 3$ j) $10 \cdot 17$
k) $32 \cdot 10$ l) $17 \cdot 100$ m) $5 \cdot 2 \cdot 18$ n) $37 \cdot 10 \cdot 10$ o) $16 \cdot 1000$

4
a) $10 \cdot 10 \cdot 10 \cdot 10$ b) $10 \cdot 10\,000$ c) $100 \cdot 100 \cdot 100$ d) $10 \cdot 100 \cdot 123$
e) $5 \cdot 2 \cdot 5 \cdot 2$ f) $25 \cdot 4 \cdot 4 \cdot 25$ g) $10 \cdot 675 \cdot 10$ h) $100 \cdot 6351$

5 Dividiere.
a) 54 durch 2; 3; 6; 9; 18; 27; 54
b) 72 durch 2; 3; 4; 8; 9; 12; 36; 72
c) 84 durch 2; 3; 6; 7; 12; 14; 21; 42
d) 103 durch 2; 4; 5; 10; 20; 25; 50

6 Berechne.
a) 27:9; 35:7; 52:13; 55:11; 42:7; 34:17; 65:13; 56:14; 72:12; 49:7
b) 45:15; 64:8; 66:6; 88:11; 54:9; 68:4; 75:15; 80:16; 36:18; 56:4
c) 10:5; 10:1; 10:10; 100:10; 1:1; 100:100; 100:20; 25:5; 75:25
d) 1000:4; 1000:8; 2000:4; 2000:8; 2000:16; 4000:4; 4000:8; 4000:16; 4000:32

Rechnen mit Größen

1 Berechne. Wandle zuerst in gleiche Maßeinheiten um.
a) 43 dm + 25 cm   b) 72 dm + 75 cm   c) 104 dm + 700 cm   d) 2 m + 245 cm
e) 12 m + 205 cm   f) 100 m + 1000 cm   g) 15 cm + 5 mm   h) 105 cm + 35 mm

2
a) 23 m – 95 cm   b) 105 m – 345 cm   c) 766 m – 4500 cm   d) 13 km – 550 m
e) 99 km – 1350 m   f) 100 km – 9500 m   g) 16 m – 5 mm   h) 99 m – 99 mm

3 Wandle um.
a) in **g**: 6 kg; 15 kg 625 g; 7 kg 80 g; 2 t; 1700 mg; 5 kg 5 g; 6 t 40 kg; 400 kg 4 g
b) in **kg**: 2 t; 22 t; 222 t; 8 t 436 kg; 80 t 136 kg; 9 t 90 kg; 980 000 g
c) in **mg**: 4 g; 40 g; 17 g 425 mg; 2 kg; 65 g 50 mg; 6 g 6 mg; 3 kg 30 mg
d) in **t**: 3000 kg; 17 000 kg; 70 000 kg; 980 000 kg

4 Berechne.
a) 35 kg + 12 kg 500 g + 13 kg 750 g
b) 99 kg 90 g + 9 kg 60 g + 7 kg 50 g
c) 33 kg 50 g + 11 kg 10 g + 10 kg
d) 14 t 900 kg + 750 kg + 10 550 kg

5 Berechne die Zeitspanne zwischen
a) 14.10 Uhr und 14.55 Uhr,
b) 17.17 Uhr und 17.58 Uhr,
c) 18.50 Uhr und 19.40 Uhr,
d) 13.45 Uhr und 15.15 Uhr.

Rechentraining

Kapitel III

Schriftliches Addieren

1
a) $\begin{array}{r} 318 \\ + 471 \end{array}$
b) $\begin{array}{r} 534 \\ + 245 \end{array}$
c) $\begin{array}{r} 864 \\ + 32 \end{array}$
d) $\begin{array}{r} 743 \\ + 56 \end{array}$
e) $\begin{array}{r} 51 \\ + 315 \end{array}$

2
a) $\begin{array}{r} 1087 \\ + 2452 \end{array}$
b) $\begin{array}{r} 7436 \\ + 1598 \end{array}$
c) $\begin{array}{r} 48762 \\ + 73459 \end{array}$
d) $\begin{array}{r} 4097 \\ + 7913 \end{array}$
e) $\begin{array}{r} 50099 \\ + 50201 \end{array}$

3
a) $\begin{array}{r} 3472 \\ + 7352 \\ + 19372 \end{array}$
b) $\begin{array}{r} 243 \\ + 2340 \\ + 9991 \end{array}$
c) $\begin{array}{r} 3048 \\ + 772 \\ + 2784 \end{array}$
d) $\begin{array}{r} 7438 \\ + 1502 \\ + 769 \end{array}$
e) $\begin{array}{r} 57082 \\ + 38925 \\ + 4273 \end{array}$

4
a) 99 + 87
b) 56 + 74
c) 77 + 33
d) 765 + 978
e) 888 + 976
f) 497 + 555
g) 999 + 999
h) 998 + 899

5
a) 87 365 + 76 599 + 76 543 + 23 456
b) 1 020 304 + 918 283 + 55 + 7
c) 10 + 100 + 1000 + 10 000
d) 67 + 677 + 6777 + 67 777
e) 99 998 + 89 625 + 1 + 100 001
f) 8 372 683 + 45 + 352 637 + 101 + 34 523 + 3

6 Berechne die fehlenden Zahlen.

a)

5378	+	376	+	8024	=	☐
+		+		+		+
47	+	7480	+	523	=	☐
+		+		+		+
763	+	87	+	97	=	☐
+		+		+		+
2832	+	2643	+	1516	=	☐
☐	+	☐	+	☐	=	☐

b)

8087	+	343	+	4906	=	☐
+		+		+		+
93	+	6798	+	793	=	☐
+		+		+		+
5319	+	72	+	8318	=	☐
+		+		+		+
7781	+	2937	+	2182	=	☐
☐	+	☐	+	☐	=	☐

Schriftliches Subtrahieren

1
a) $\begin{array}{r} 348 \\ - 127 \end{array}$
b) $\begin{array}{r} 956 \\ - 325 \end{array}$
c) $\begin{array}{r} 2349 \\ - 1235 \end{array}$
d) $\begin{array}{r} 34968 \\ - 22956 \end{array}$
e) $\begin{array}{r} 56987 \\ - 5851 \end{array}$

2
a) $\begin{array}{r} 8409 \\ - 6503 \end{array}$
b) $\begin{array}{r} 40589 \\ - 38692 \end{array}$
c) $\begin{array}{r} 4921 \\ - 2312 \end{array}$
d) $\begin{array}{r} 84213 \\ - 79856 \end{array}$
e) $\begin{array}{r} 38216 \\ - 30497 \end{array}$

3
a) $\begin{array}{r} 6789 \\ - 1234 \\ - 3135 \end{array}$
b) $\begin{array}{r} 8567 \\ - 110 \\ - 3231 \end{array}$
c) $\begin{array}{r} 9999 \\ - 3242 \\ - 1010 \end{array}$
d) $\begin{array}{r} 789687 \\ - 3021 \\ - 60105 \end{array}$
e) $\begin{array}{r} 543756 \\ - 320514 \\ - 112011 \end{array}$

4
a) 9675 − 7430
b) 5465 − 4396
c) 96 329 − 88 937
d) 56 045 − 43 048
e) 600 204 − 59 806
f) 280 000 − 234 567
g) 382 916 − 34 620
h) 10 010 − 9989
i) 74 201 − 63 756
j) 76 543 − 66 544
k) 52 810 − 34 707
l) 53 821 − 49 090

5
a) 345 − 119 − 205
b) 887 − 669 − 33
c) 2346 − 1735 − 499
d) 9999 − 6386 − 2362
e) 70 707 − 3030 − 40 404 − 1010
f) 345 957 − 5647 − 5 − 45 − 30 031
g) 564 738 − 167 563 − 67 − 4563 − 1

Rechentraining **213**

Rechentraining

Kapitel III

Vermischte Übungen – Rechenausdrücke

1 a) 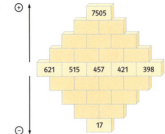 b)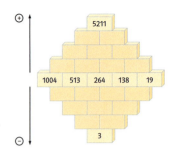

2 Gliedere und berechne.
a) 54 + (62 − 38)
b) 65 − (18 + 23)
c) (76 + 23) − (48 − 33)
d) (78 − 43) − (18 + 13)
e) (96 − 17) − (36 + 17)
f) 14 + [86 − (39 + 17 − 5)] + 18
g) [36 − (58 − 29) + 34] − 17 + 28
h) 64 − 27 + [29 − (48 − 39)] − 18
i) 51 − 14 − [61 + (54 − 48) − 57]
j) [(44 − 17) + 15] − 24 + (51 − 27)

3 Gliedere und berechne.
a) 78 − [27 + (14 − 8)]
b) 83 + [54 − (38 − 17)]
c) (35 − 18) − [27 − (28 − 9)]
d) [53 − (18 + 5)] − (18 − 2)
e) (352 + 1386) − (4562 − 3943)
f) (3758 − 2846) + (2756 − 497)
g) 6846 − [2856 − (375 + 967)]

4 Berechne.
a) 297 − [(53 − 23) + (12 + 24)]
b) 837 + [(35 + 47) − (83 − 62)]
c) (94 + 23) − [(86 − 17) − (35 − 19)]
d) (25 − 8) + [(43 + 7) − (58 − 19)]
e) 2867 − (354 + 857) + (24 − 19)
f) 6794 − [4839 − (236 + 4010)]

5 a) 78 − 27 − (34 − 28 − 3 + 15 − 11)
b) 56 − (45 − 36 + 17) + 16 − 24
c) 95 − (23 − 16 + 5) + (54 − 32)
d) 87 − (36 + 14) − (52 − 48)
e) 325 − [(75 − 23) − 11]
f) 425 − [(196 − 11) − (27 + 13)]

6 Berechne.
a) (3417 − 1079) + (6814 − 3019)
b) (52 535 − 17 818) + (84 191 − 18 907)
c) (2019 − 637) − (418 − 328)
d) 4160 − [2019 − (483 − 216)]
e) (3471 − 970) − [3239 − (831 + 491)]
f) [4531 − (2143 − 1824)] − 329
g) [8321 − (1413 + 1801)] − 271
h) 4359 − [2186 − (1417 − 934)]

7 a) (6731 − 4128) − [815 − (217 + 186)]
b) (3624 − 2981) − [(315 − 218) + 12]
c) [(4117 − 326) − (411 + 17)] − 361
d) 5426 − [(357 − 186) − (253 − 199)]
e) [217 − (31 + 16)] − [95 − (73 − 6)]
f) 86 − [73 − (52 − 43)] − [52 − (43 − 5)]

8 Berechne die nachfolgenden Terme. Berechne danach den Term, den du erhältst, wenn du alle Klammern einfach weglässt. Bei welchen der Aufgaben darf man die Klammern weglassen, ohne dass sich das Ergebnis ändert?
a) (612 + 413) + (512 + 753)
b) (519 − 112) − (225 − 87)
c) (624 − 423) + (396 − 134)
d) (714 + 83) − (124 + 96)
e) 825 − [413 − (51 − 17)]
f) 831 + [215 + (96 − 84)]
g) (714 − 132) − [286 − (73 + 11)]
h) (896 − 413) − [175 + (26 − 13)]

Rechentraining

Kapitel III

Schriftliches Multiplizieren

1   a) $1321 \cdot 4$ b) $4763 \cdot 8$ c) $21321 \cdot 3$ d) $87764 \cdot 9$
e) $3219 \cdot 3$ f) $3874 \cdot 7$ g) $53142 \cdot 5$ h) $93477 \cdot 8$

2   a) $31 \cdot 22$ b) $27 \cdot 36$ c) $142 \cdot 12$ d) $831 \cdot 42$
e) $749 \cdot 67$ f) $322 \cdot 31$ g) $957 \cdot 96$ h) $843 \cdot 49$

3   a) $1523 \cdot 26$ b) $9537 \cdot 63$ c) $21322 \cdot 24$ d) $45285 \cdot 37$
e) $21 \cdot 215$ f) $83 \cdot 937$ g) $231 \cdot 314$ h) $876 \cdot 835$

4   a) $2134 \cdot 921$ b) $1842 \cdot 834$ c) $3654 \cdot 617$ d) $7236 \cdot 378$
e) $5839 \cdot 798$ f) $8765 \cdot 575$ g) $32123 \cdot 322$ h) $23214 \cdot 414$

5   a) $307 \cdot 132$ b) $805 \cdot 153$ c) $2031 \cdot 148$ d) $7024 \cdot 943$
e) $930 \cdot 107$ f) $406 \cdot 930$ g) $2301 \cdot 409$ h) $8007 \cdot 130$

6   a) $12 \cdot 4 \cdot 7$ b) $5 \cdot 62 \cdot 8$ c) $6 \cdot 6 \cdot 37$ d) $34 \cdot 22 \cdot 5$
e) $83 \cdot 9 \cdot 46$ f) $7 \cdot 29 \cdot 93$ g) $49 \cdot 11 \cdot 23$ h) $81 \cdot 24 \cdot 39$

7   a) $25 \cdot 13 \cdot 2$ b) $125 \cdot 32 \cdot 4$ c) $423 \cdot 25 \cdot 8$ d) $250 \cdot 150 \cdot 8 \cdot 7$
e) $25 \cdot 5 \cdot 34 \cdot 8 \cdot 2$ f) $125 \cdot 15 \cdot 40 \cdot 4$ g) $250 \cdot 31 \cdot 4$ h) $16 \cdot 625 \cdot 14$

Schriftliches Dividieren

1   a) $752 : 8$ b) $745 : 5$ c) $873 : 9$ d) $329 : 7$
e) $2478 : 6$ f) $1521 : 3$ g) $6543 : 9$ h) $4459 : 7$

2   a) $616 : 11$ b) $513 : 19$ c) $516 : 12$ d) $4092 : 31$
e) $6795 : 15$ f) $935 : 85$ g) $7436 : 26$ h) $1411 : 83$

3   a) $5768 : 103$ b) $9552 : 398$ c) $9386 : 247$ d) $9568 : 736$
e) $10591 : 119$ f) $25530 : 555$ g) $48564 : 852$ h) $40426 : 697$

4   Überschlage zunächst und achte auf die Nullen im Ergebnis.
a) $7605 : 15$ b) $13354 : 22$ c) $15730 : 26$ d) $48080 : 16$
e) $39052 : 13$ f) $2580516 : 43$ g) $224336 : 56$ h) $772212 : 203$

5   a) $74 : 3$ b) $93 : 8$ c) $931 : 2$ d) $723 : 5$
e) $2318 : 4$ f) $8180 : 8$ g) $3714 : 7$ h) $1947 : 5$

6   a) $243 : 11$ b) $824 : 39$ c) $4387 : 98$ d) $2636 : 26$
e) $41396 : 55$ f) $815 : 19$ g) $466 : 23$ h) $9213 : 52$

7   a) $3289 : 151$ b) $7481 : 956$ c) $23871 : 695$ d) $19879 : 627$
e) $625714 : 312$ f) $578319 : 289$ g) $8343 : 253$ h) $5892 : 496$

Rechentraining   215

Rechentraining

Kapitel III

Vermischte Übungen – Rechenausdrücke

1 a) Übertrage in dein Heft und fülle aus.

·	17	76	402	687
12				
31				
239				
807				

b) Übertrage in dein Heft und berechne.

:	12	39	48	104	156
1248					
7488					
24 336					

2 Berechne.
a) $(17 + 33) \cdot 7$
b) $3 + 6 \cdot (25 + 75)$
c) $(18 - 3 \cdot 4) \cdot 15$
d) $4 \cdot 7 + 12 : 2 - (28 - 12)$
e) $(2 + 19 \cdot 3) \cdot (25 - 23)$
f) $135 - 3 \cdot (6 + 4 \cdot 3)$
g) $100 - 72 : (16 - 4) + 9 \cdot (4 + 5)$

3 Berechne.
a) $4 \cdot (12 + 3) - 6 \cdot 2$
b) $9 + 3 \cdot 8 - (14 + 6)$
c) $14 \cdot 3 + 2 \cdot (8 + 4)$
d) $17 \cdot 2 + (8 - 5) \cdot 3$
e) $15 + 5 \cdot 4 - (20 - 15)$

4 a) $(25 - 5) : (3 + 2)$
b) $(25 + 5) : (7 + 8)$
c) $(28 + 12) : (2 \cdot 4)$
d) $[(28 + 12) : 4] \cdot 2$
e) $28 + (12 : 4) \cdot 2$
f) $(2 \cdot 8) : (2 \cdot 2)$
g) $2 \cdot [(8 : 2) \cdot 2]$
h) $3 \cdot [(10 : 5) \cdot 4]$
i) $[3 \cdot (10 - 5)] \cdot 4$

5 Gliedere und berechne.
a) $(6 \cdot 7 - 6 \cdot 6) + 12 : 4$
b) $5 \cdot 9 - (3 \cdot 4 + 2 \cdot 8)$
c) $72 : 9 + (36 : 6 - 28 : 7)$
d) $[72 : (12 - 4)] \cdot 2$
e) $36 + (96 : 12 - 3 \cdot 2)$
f) $36 + 36 : (12 - 3 \cdot 2)$
g) $84 - [72 : (42 - 34) + 22]$
h) $40 + (13 + 21 : 3) \cdot (9 - 48 : 8)$
i) $(45 \cdot 2 - 18 \cdot 3) + 2 \cdot (4 + 3 \cdot 7)$

6 a) $(25 + 35) : (78 - 66)$
b) $(13 \cdot 6) : (96 - 70)$
c) $(54 : 6) : (27 : 9)$
d) $(42 + 49) : 13 + 5 \cdot 17$
e) $[5 \cdot 14 - (108 : 27 + 7 \cdot 8)] + 123$
f) $18 - (92 - 4 \cdot 3) : (3 \cdot 14 - 8 \cdot 4)$

7 a) $(15 + 5 \cdot 2) - (15 - 5 : 5)$
b) $[(15 + 5) \cdot 2 - 15 - 5] : 5$
c) $(15 + 5) \cdot 2 - (15 - 5) : 5$
d) $(15 + 5 \cdot 2 - 15 - 5) : 5$
e) $[(15 + 5) \cdot 2 - 15] - 5 : 5$

8 a) $(264 + 7 \cdot 144) - 72 : 12$
b) $(264 + 7) \cdot 144 - 72 : 12$
c) $264 + (7 \cdot 144 - 72 : 12)$
d) $264 + [7 \cdot (144 - 72) : 12]$
e) $264 + (7 \cdot 144 - 72) : 12$
f) $(264 + 7 \cdot 144 - 72) : 12$

9 Berechne.
a) $(42\,400 + 47\,628) : 317$
b) $(21\,209 + 39\,751) : 508$
c) $(86\,022 - 5727) : 265$
d) $896\,880 : (708 + 302)$
e) $910 : 14 + 729 : 27 + 240 : 30$
f) $105 : 21 + 450 : 18 + 378 : 54$
g) $1225 : 25 + 4131 : 81 - 6390 : 71$
h) $7072 : 68 + 3838 : 19 - 588 : 98$
i) $34 \cdot 62 + 1674 : 62 + 6936 : 17$
j) $85 \cdot 58 + 3344 : 76 - 3198 : 26$

Rechentraining – Lösungen

Kopfrechenaufgaben

1

a) 40	b) 70	c) 100	d) 100
e) 300	f) 1000	g) 510	h) 1100
i) 1110	j) 11	k) 9	l) 99
m) 111	n) 909	o) 720	

2

a) 7	b) 11	c) 34	d) 220
e) 366	f) 440	g) 700	h) 403
i) 300	j) 900	k) 369	l) 1010
m) 4	n) 7100	o) 2990	

3

a) 28	b) 60	c) 90	d) 105
e) 72	f) 480	g) 66	h) 120
i) 48	j) 170	k) 320	l) 1700
m) 180	n) 3700	o) 16 000	

4

a) 10 000	b) 100 000	c) 1 000 000	d) 123 000
e) 100	f) 10 000	g) 67 500	h) 635 100

5
a) 27; 18; 9; 6; 3; 2; 1   b) 36; 24; 18; 9; 8; 6; 2; 1
c) 42; 28; 14; 12; 7; 6; 4; 2   d) nicht ohne Rest möglich

6
a) 3; 5; 4; 5; 6; 2; 5; 4; 6; 7   b) 3; 8; 11; 8; 6; 17; 5; 5; 2; 14
c) 2; 10; 1; 10; 1; 1; 5; 5; 3
d) 250; 125; 500; 250; 125; 1000; 500; 250; 125

Rechnen mit Größen

1

a) 455 cm	b) 795 cm	c) 1740 cm	d) 445 cm
e) 1405 cm	f) 11 000 cm	g) 155 mm	h) 1085 mm

2

a) 2205 cm	b) 10 155 cm	c) 72 100 cm	d) 12 450 m
e) 97 650 m	f) 90 500 m	g) 15 995 mm	h) 98 901 mm

3
a) in g: 6000 g; 15 625 g; 7080 g; 2 000 000 g; 1,7 g; 5005 g;
   6 040 000 g; 400 004 g
b) in kg: 2000 kg; 22 000 kg; 222 000 kg; 8436 kg;
   80 136 kg; 9090 kg; 980 kg
c) in mg: 4000 mg; 40 000 mg; 17 425 mg; 2 000 000 mg;
   65 050 mg; 6006 mg; 3 000 030 mg
d) in t: 3 t; 17 t; 70 t; 980 t

4

a) 61,250 kg	b) 115,200 kg	c) 54,060 kg	d) 26,200 t

5

a) 45 min	b) 41 min	c) 50 min	d) 90 min

Schriftliches Addieren

1

a) 789	b) 779	c) 896	d) 799
e) 366			

2

a) 3539	b) 9034	c) 122 221	d) 12 010
e) 100 300			

3

a) 30 196	b) 12 574	c) 6604	d) 9709
e) 100 280			

4

a) 186	b) 130	c) 110	d) 1743
e) 1864	f) 1052	g) 1998	h) 1897

5

a) 263 963	b) 1 938 649	c) 11 110	d) 75 298
e) 289 625	f) 8 759 992		

6
von oben nach unten/links nach rechts:
a) 13 778; 8050; 947; 6991; 9020; 10 586; 10 160; 29 766
b) 13 336; 7684; 13 709; 12 900; 21 280; 10 150; 16 199;
   47 629

Schriftliches Subtrahieren

1

a) 221	b) 631	c) 1114	d) 12 012
e) 51 136			

2

a) 1906	b) 1897	c) 2609	d) 4357
e) 7719			

3

a) 2420	b) 5226	c) 5747	d) 726 561
e) 111 231			

4

a) 2245	b) 1069	c) 7392	d) 12 997

Rechentraining – Lösungen

e) 540398   f) 45433   g) 348296   h) 21
i) 10445   j) 9999   k) 18103   l) 4731

5

a) 21   b) 185   c) 112   d) 1251
e) 26263   f) 310229   g) 392544

Vermischte Übungen – Rechenausdrücke

1

von links oben nach rechts unten:
a) 3958; 3547; 2108; 1850; 1697; 1136; 972; 878; 819; 106; 58; 36; 23; 48; 22; 13; 26; 9
b) 3473; 1738; 2294; 1179; 559; 1517; 777; 402; 157; 491; 249; 126; 119; 242; 123; 7; 119; 116

2

a) 78   b) 24   c) 84   d) 4
e) 26   f) 67   g) 52   h) 39
i) 27   j) 42

3

a) 45   b) 116   c) 9   d) 14
e) 1119   f) 3171   g) 5332

4

a) 231   b) 898   c) 64   d) 28
e) 1661   f) 6201

5

a) 44   b) 22   c) 105   d) 33
e) 284   f) 280

6

a) 6133   b) 100001   c) 1292   d) 2408
e) 584   f) 3883   g) 4836   h) 2656

7

a) 2191   b) 534   c) 3002   d) 5309
e) 142   f) 8

8

Aufgabe	a)	b)	c)	d)	e)	f)	g)	h)
mit ( )	2290	269	463	577	446	1058	380	295
ohne ( )	2290	95	463	769	344	1058	234	321
weglassen?	ja	nein	ja	nein	nein	ja	nein	nein

Schriftliches Multiplizieren

1

a) 5284   b) 38104   c) 63963   d) 789876
e) 9657   f) 27118   g) 265710   h) 747816

2

a) 682   b) 972   c) 1704   d) 34902
e) 50183   f) 9982   g) 91872   h) 41307

3

a) 39598   b) 600831   c) 511728   d) 1675545
e) 4515   f) 77771   g) 72534   h) 731460

4

a) 1965414   b) 1536228   c) 2254518   d) 2735208
e) 4659522   f) 5039875   g) 10343606   h) 9610596

5

a) 40524   b) 123165   c) 300588   d) 6623632
e) 99510   f) 377580   g) 941109   h) 1040910

6

a) 336   b) 2480   c) 1332   d) 3740
e) 34362   f) 18879   g) 12397   h) 75816

7

a) 650   b) 16000   c) 84600   d) 2100000
e) 68000   f) 300000   g) 31000   h) 140000

Schriftliches Dividieren

1

a) 94   b) 149   c) 97   d) 47
e) 413   f) 507   g) 727   h) 637

2

a) 56   b) 27   c) 43   d) 132
e) 453   f) 11   g) 286   h) 17

3

a) 56   b) 24   c) 38   d) 13
e) 89   f) 46   g) 57   h) 58

4

a) 507   b) 607   c) 605   d) 3005
e) 3004   f) 60012   g) 4006   h) 3804

5

a) $24 + 2:3$ b) $11 + 5:8$ c) $465 + 1:2$ d) $144 + 3:5$
e) $579 + 2:4$ f) $1022 + 4:8$ g) $530 + 4:7$ h) $389 + 2:5$

Rechentraining – Lösungen

6
a) 22 + 1 : 11
b) 21 + 5 : 39
c) 44 + 75 : 98
d) 101 + 10 : 26
e) 752 + 36 : 55
f) 42 + 17 : 19
g) 20 + 6 : 23
h) 177 + 9 : 52

7
a) 21 + 118 : 151
b) 7 + 789 : 956
c) 34 + 241 : 695
d) 31 + 442 : 627
e) 2005 + 154 : 312
f) 2001 + 30 : 289
g) 32 + 247 : 253
h) 11 + 436 : 496

Vermischte Übungen – Rechenausdrücke

1
a) erste Zeile: 204; 912; 4824; 8244;
   zweite Zeile: 527; 2356; 12 462; 21 297;
   dritte Zeile: 4063; 18 164; 96 078; 164 193;
   vierte Zeile: 13 719; 61 332; 324 414; 554 409
b) erste Zeile: 104; 32; 26; 12; 8;
   zweite Zeile: 624; 192; 156; 72; 48;
   dritte Zeile: 2028; 624; 507; 234; 156

2
a) 350
b) 603
c) 90
d) 18
e) 118
f) 81
g) 175

3
a) 48
b) 13
c) 66
d) 43
e) 30

4
a) 4
b) 2
c) 5
d) 20
e) 34
f) 4
g) 16
h) 24
i) 60

5
a) 9
b) 17
c) 10
d) 18
e) 38
f) 42
g) 53
h) 100
i) 204

6
a) 5
b) 3
c) 3
d) 92
e) 133
f) 10

7
a) 11
b) 4
c) 38
d) 1
e) 24

8
a) 1266
b) 39 018
c) 1266
d) 306
e) 342
f) 100

9
a) 284
b) 120
c) 303
d) 888
e) 100
f) 37
g) 10
h) 300
i) 2543
j) 4851

Register

A

abrunden 16
Abstand 60
Abstand paralleler Geraden 60
Abstand von Punkt und Gerade 60
Abstand zweier Punkte 60
achsensymmetrisch 52, 53
addieren 18, 45, 90, 94
Addieren, mehrfaches 94
Addieren, schriftliches 96
Addieren im Zweiersystem 97
Addition 90
äußere Klammer 90
Alpha 70
Ar 131
Assoziativgesetz 94
aufrunden 16
automatisch ausfüllen 171

B

Balkendiagramm 10, 48
Beta 70
Billiarde 14
Billion 14
Breite 158

C

Ch'iu-chien, Chang 173
Cubus 163

D

Daten 36
darstellen 10
Darstellen von Zahlen 10
Deckfläche 158
Delta 70
Dezimalsystem 14, 32
Dezimeter 22
Diagonale 63
Diagramm 10
Diagramm-Assistent 38
Differenz 18
DIN (Deutsche Industrie-Norm) 22
DIN-A4-Blatt 22
Distributivgesetz 95
dividieren 18, 90, 94
Dividieren, schriftliches 105

Divison 90
Division durch Null 18, 95
Drachen 63
Drehwinkel 70
Dreieck 63
Dualsystem 32
Dürer, Albrecht 118
Durchmesser 63

E

Ebene 66
Ecke 155
Eckpunkt 63
Eingabetaste 116
Eingabezeile 37
Entfernung 60
Ergänzungsverfahren 99, 100

F

Faktor 18
Feet 28
Figur 52
Figuren 63
Fläche 155
Flächeneinheit 131
Flächeninhalt 128
Flächeninhalt eines Recktecks 134
Flächeninhalte
    veranschaulichen 140
Flächeninhalt verschiedener
    Figuren 137
Flächen vergleichen 128
Form 154
Formel kopieren 171
Fünfeck 63
Fünfersystem 32

G

Gallon 28
Gamma 70
geeignetes Runden 16
Geodreieck 74
geometrische Grundkörper 154
Gerade 56
geschickt Klammern setzen 94
geschicktes Probieren 114
geschickte Reihenfolge 94

gestreckter Winkel 74
Gewicht 22, 25, 29
Gleichung 114
Grad 72
Gramm 22
Größe 22, 23, 25
Größenangabe 22
Größe eines Winkels 72
Größen messen 22
Größen schätzen 22
Größen umrechnen 25
Größen vergleichen 25
größer 14
Größerzeichen 26
Grundfläche 158
Grundrechenarten 18
Grundzahl 32

H

Halbgerade 56
Halbkugel 155
Hektar 131
Hieroglyphen 44
Höhe 158
horizontal 59
Hufschlag 194
Hufschlagfigur 193, 194

I

innere Klammer 90

K

Kante 155
Kantenmodell 157, 159
Karte 144
Kegel 154
Kerbholz 44
Kilometer 22
Kilogramm 22
Klammer, äußere 90
Klammer, innere 90
kleiner 14
Kleinerzeichen 26
Körper 154
Kommaschreibweise 29, 30
Kommutativgesetz 94
Koordinatensystem 67

Kopfrechnen 19, 94
Kreis 63, 72
Kreisdiagramm 38
Kreisfläche 63
Kreislinie 63
Kubikdezimeter 167
Kubikmeter 167
Kubikmillimeter 167
Kubikzentimeter 163, 167
Kugel 154

L

Länge 22, 25, 29, 158
Linienbrett 122
Liter 167
Lösung der Gleichung 114
Lösungsschritte bei
    Sachaufgaben 108
Lot 59
lotrecht 59

M

magisches Quadrat 117
markieren 37
Maßeinheit 22
Masse 22
Maßstab 22, 47, 144
Maßzahl 22
messen 22, 23
Messen von Größen 22, 23
Messen von Winkeln 74
Messergebnis 22
Meter 22
Milligramm 22
Milliliter 193
Millimeter 22
Minute 22
Mittelpunkt 63
Multiplikation 90
multiplizieren 18, 90, 94, 95
Multiplizieren, mehrfaches 94
Multiplizieren mit den Fingern 123
Multiplizieren, schriftliches 102
Multiplizieren im Zweiersystem 103

N

Nachfolger 15
natürliche Zahlen 14
Neper, John 122
Netz 155

O

Oberfläche 158
Oberflächeninhalt des Quaders 158
orthogonal 56
orthogonal zueinander 56

P

parallel 56
Parallelogramm 63, 64
parallel zueinander 56
Pfund 26
Prisma 154, 155
Produkt 18
Punktrechnung 90
Pyramide 154

Q

Quader 154, 158
Quadrat 63, 64
Quadratdezimeter 131
Quadratkiolmeter 131
Quadratmeter 131
Quadratmillimeter 131
Quadratzentimeter 131
Quersumme 100
Quotient 18

R

Radius 63
Raumeinheiten 167
Rauminhalt eines Quaders 163, 164
Raute 63
Rechenausdruck 90, 112
Rechenbaum 90
Rechenmaschine 122
Rechenschritte Reihenfolge 90
Rechenvorteile 94
Rechnen mit Rauminhalten 167
Rechteck 63, 64

R

rechter Winkel 56, 74
Ries, Adam 122
Ring 154
römische Zahlzeichen 34
rückwärts rechnen 114
runden 16
Runden, geeignetes 16
Rundungsstelle 16

S

Säulendiagramm 10
schätzen 22, 23
Schätzen von Größen 22, 23
Scheitelpunkt 70
Schenkel 70
Schickard, Wilhelm 122
Schnittpunkt 56
Schrägbild 161
Sechseck 63
Seite 63
Sekunde 22
senkrecht 56, 59
senkrecht zueinander 56, 59
sortieren 174
Spalte 36
Spiegelachse 53
spiegeln 53
Stellenwertsystem 32
Stellenwerttafel 29, 32
Stockmaß 218
Strahl 56
Strecke 56
Strichliste 10
Strichrechnung 90
Stunde 22
subtrahieren 18, 45, 90, 94
Subtrahieren, schriftliches 99
Subtraktion 90
Subtraktionsverfahren 99
Summand 18
Summe 18
Symmetrie 52
Symmetrieachse 52, 53

T

Tabelle 10
Tabellenblatt 36
Tabellenkalkulation 36, 116
Tabellenkalkulationsprogamm 11,
    36, 116, 171
Tag 22
Tangram 82
Term 114
Tonne 22
Trapez 63
Trilliarde 14
Trillion 14

U

Überschlagsrechnung 102, 105
Übertrag 96
Umfang 142
Umfrage 11
Umrechnen von Größen 25

V

Variable 112
Verbindungsgesetz 94
Vergleichen von Größen 25
Vergleichen von Zahlen 10
Vertauschungsgesetz 94
vertikal 59
Viereck 63
Volumen 163
Vorgänger 15

W

waagerecht 59
Winkel 70
Winkelgröße 72
Winkel messen 74
Winkel zeichnen 74
Würfel 154

X

x-Achse 67
x-Koordinate 67

Y

y-Achse 67
Yard 28
Yards 149
y-Koordinate 67

Z

zählen 10, 14
Zahlen darstellen 10, 14
Zahlen, natürliche 14
Zahlenstrahl 14
Zahlen vergleichen 10
Zahlzeichen 34
Zehnersystem 14, 32
Zeichnen von Winkeln 74
Zeile 36
Zeitdauer 22, 25, 30
Zelle 36
Zellen formatieren 118
Zentimeter 22
Zentner 27
Ziffer 14, 44
Zoll 28
Zweiersystem 32
Zylinder 154

Bildquellen

S. U1.1–U1.2: Klett-Archiv, Stuttgart – S. 4.1: Corbis (Kevin Fleming), Düsseldorf – S. 4.2: Corbis (masterfile/Rommel), Düsseldorf – S. 4.3: Picture-Alliance (pa/picture press), Frankfurt – S. 5.1: Bilderberg (Grames), Hamburg – S. 5.2–3: Picture-Alliance (epa/Martyn Hayhow/Rodemann), Frankfurt – S. 5.4: bodenseebilder.de, Konstanz – S. 5.5: IMAGO (Eisend), Berlin – S. 8.1–3: Comstock, Luxemburg – S. 8.4: Corbis (R.B. Studio), Düsseldorf – S. 8.5–7: Comstock, Luxemburg – S. 8.8: Klett-Archiv (Dieter Gebhardt), Stuttgart – S. 8.9: Mauritius (age), Mittenwald – S. 8.10–12: Klett-Archiv, Stuttgart – S. 9.1: Corbis (Raoul Minsart), Düsseldorf – S. 9.2: Getty Images (FoodPix), München – S. 9.3: Getty Images (image bank), München – S. 10.1: Klett-Archiv (Simianer & Blühdorn), Stuttgart – S. 10.2: IMAGO (K-P Wolf), Berlin – S. 10.3: Corbis, Düsseldorf – S. 10.4: ullstein bild (Barth), Berlin – S. 14: Silvestris, Dießen – S. 16: RTL NEWMEDIA GmbH, Köln – S. 18: Corbis (Richard List), Düsseldorf – S. 20: Alfred Limbrunner, Dachau – S. 21: Okapia (Hans Reinhard), Frankfurt – S. 22: Mauritius (age), Mittenwald – S. 24: Getty Images (Stuart Franklin), München – S. 25.1: Action Press (Hans–Jürgen Jakubeit), Hamburg – S. 25.2: IMAGO (Niehoff), Berlin – S. 25.3: Silvestris (F. Pölking), Dießen – S. 28: IMAGO (Camera 4), Berlin – S. 30: Corbis (Sea World of California), Düsseldorf – S. 34: IMAGO (Sämmer), Berlin – S. 35: kassel tourist GmbH, Kassel – S. 39.1: Okapia (Dale Robert Franz), Frankfurt – S. 39.2–3: Corel Corporation, Unterschleissheim – S. 39.4: Fotosearch RF, Waukesha, WI – S. 41: Winfried Sander, Leimbach – S. 42.1: Picture–Alliance (dpa), Frankfurt – S. 42.2: Corbis (Sygma), Düsseldorf – S. 42.3: Corbis (George Hall), Düsseldorf – S. 43.1: Klett-Archiv (Simianer & Blühdorn), Stuttgart – S. 43.2: IMAGO (Niehoff), Berlin – S. 44.1: Corbis (Kevin Fleming), Düsseldorf – S. 44.2: AKG (Erich Lessing), Berlin – S. 50.1: Getty Images (photonica/Sean Justice), Hamburg – S. 50.2: Fotofinder (Blickwinkel), Berlin – S. 50.6: Astrofoto, Sörth – S. 51.1: Avenue Images GmbH (Comstock), Hamburg – S. 51.2: Avenue Images GmbH (Corbis RF), Hamburg – S. 52.1: Helga Lade (BAV), Frankfurt – S. 52.2: Mauritius (age), Mittenwald – S. 52.3: ZEFA (masterfile/Rommel), Düsseldorf – S. 52.4: Mauritius (Mayen), Mittenwald – S. 52.5–10: Klett-Archiv (Simianer & Blühdorn), Stuttgart – S. 53: Klett-Archiv (Simianer & Blühdorn), Stuttgart – S. 55.1: MEV, Augsburg – S. 55.2: Corbis (Martin B. Withers) – Frank Lane Picture Agency – S. 55.3: Corbis (Martin B. Withers), Düsseldorf – S. 55.4: Corbis (Craig Tuttle), Düsseldorf – S. 57: IMAGO (imagebroker/Adler), Berlin – S. 59: Silvestris, Dießen – S. 61: Getty Images RF (Eyewire), München – S. 63.1: Mauritius (A. Bartel), Mittenwald – S. 63.2: Klett-Archiv, Stuttgart – S. 63.3: Mauritius (Simone), Mittenwald – S. 63.4: Medienzentrum Wuppertal – S. 64: Klett-Archiv (Simianer & Blühdorn), Stuttgart – S. 65: Bilderberg (Grames), Hamburg – S. 66.1: archivberlin (J. Henkelmann), Berlin – S. 66.2: Bibliothèque municipale de Caen – S. 67: Prof. Dr. Ingo Weidig, Landau – S. 74.1: Otto Bock Healthcare GmbH, Duderstadt – S. 74.2–5: Klett-Archiv (Martin Bellstedt), Stuttgart – S. 75.1–2: Klett-Archiv (Martin Bellstedt), Stuttgart – S. 77: Fotosearch RF (PhotoDisc), Waukesha, WI – S. 78.1–4: Klett-Archiv (Simianer & Blühdorn), Stuttgart – S. 80.1: Getty Images, München – S. 80.2: Picture–Alliance (dpa), Frankfurt – S. 81: Getty Images (Stone), München – S. 82.1–4: Klett-Archiv (Simianer & Blühdorn), Stuttgart – S. 83.1–9: Klett-Archiv (Simianer & Blühdorn), Stuttgart – S. 84: Prof. Dr. Horst Müller, Dortmund – S. 85: Klett-Archiv (Simianer & Blühdorn), Stuttgart – S. 88.1: Picture-Alliance (pa/picture press/Ja), Frankfurt – S. 88.2: Corbis (Bettmann), Düsseldorf – S. 88.3: Deutsches Museum, München – S. 88.4: Corbis (Bettmann), Düsseldorf – S. 89.1: Getty Images (photonica/Jan von Holleben), Hamburg – S. 89.2: Corbis, Düsseldorf – S. 89.3: Corbis (Bettmann), Düsseldorf – S. 98.1: Reinhard–Tierfoto, Heiligkreuzsteinach – S. 98.2: MEV, Augsburg – S. 101: Picture-Alliance (dpa/Peter Kneffel), Frankfurt – S. 104.1: Fotofinder (argus/Mike Schroeder), Berlin – S. 104.2: Astrofoto, Sörth – S. 104.3: Fotosearch RF, Waukesha, WI – S. 105: Dieter Gebhardt, Asperg – S. 107: ullstein bild, Berlin – S. 111: Corbis (Terres du Sud/Corbis), Düsseldorf – S. 114: Mauritius, Mittenwald – S. 116: Klett-Archiv (Simianer & Blühdorn), Stuttgart – S. 118: AKG, Berlin – S. 119: Mauritius (Hackenberg), Mittenwald – S. 120: Avenue Images GmbH (Corbis RF), Hamburg – S. 122.1: AKG, Berlin – S. 122.2–3: Deutsches Museum, München – S. 123.1–2: Klett-Archiv (Simianer & Blühdorn), Stuttgart – S. 126: Artothek © VG Bild–Kunst, Bonn 2005), Weilheim – S. 127.1: © Succession H. Matisse/VG Bild–Kunst, Bonn 2004 – S. 127.2: The Bridgeman Art Library, London / (c) VG Bild–Kunst, Bonn 2004 – S. 131: MEV, Augsburg – S. 139.1: Hallwag Medien, Bern – S. 139.2: Klett–Perthes Verlag, Gotha – S. 140: MEV, Augsburg – S. 141.1: Corbis (Jose Fuste Raga), Düsseldorf – S. 141.2: Astrofoto (ESA), Sörth – S. 146.1: IMAGO (Ulrike Schulz), Berlin – S. 146.2: Klett-Archiv, Stuttgart – S. 148.1: Klett-Archiv (Steinle), Stuttgart – S. 148.2: IMAGO (Rust), Berlin – S. 149.1–2: MEV, Augsburg – S. 149.3: Picture–Alliance (epa/Martyn Hayhow), Frankfurt – S. 152.1: Getty Images (Gail Shumway), München – S. 152.2: DaimlerChrysler AG, Stuttgart – S. 153.1: Picture–Alliance (Rodemann), Frankfurt – S. 153.2: Corbis (Bettmann), Düsseldorf – S. 154.1: Klett-Archiv (Frieder Haug), Stuttgart – S. 154.2: Klett-Archiv (KD Busch Fotostudio), Stuttgart – S. 156.1: Mauritius, Mittenwald – S. 156.2: Corbis (Jose Fuste Raga), Düsseldorf – S. 157: Klett-Archiv (Simianer & Blühdorn), Stuttgart – S. 163.1: Picture–Alliance (Hapag–Lloyd), Frankfurt – S. 163.2: Das Fotoarchiv (Jochen Tack), Essen – S. 164.1: Fotofinder (Hudelist/vsl/mediacolors), Berlin – S. 164.2: Klett-Archiv (Cira Moro), Stuttgart – S. 170: Corbis (Amos Nachoum), Düsseldorf – S. 173: Fotosearch RF (BrandXPictures), Waukesha, WI – S. 174: Bongarts (Vivien Venzke), Hamburg – S. 176: Deutsche Post World Net, Bonn – S. 178: Klett-Archiv, Stuttgart – S. 182.1: bodenseebilder.de, Konstanz – S. 182.2: Corbis (Tom Stewart), Düsseldorf – S. 182.3: MEV, Augsburg – S. 184: bodenseebilder.de, Konstanz – S. 187: Zweckverband Bodensee–Wasserversorgung, Stuttgart – S. 188.1–2: Zweckverband Bodensee–Wasserversorgung, Stuttgart – S. 189: Tourist–Information, Hagnau am Bodensee – S. 191.1: bodenseebilder.de, Konstanz – S. 191.2: Postwertzeichenarchiv, Bonn – S. 192: Klett-Archiv (Hans Freudigmann), Stuttgart – S. 193: Klett-Archiv (Hans Freudigmann), Stuttgart – S. 194: FRANCKH–Kosmos, Stuttgart – S. 196: Klett-Archiv (Hans Freudigmann), Stuttgart – S. 197: Pferdefotoarchiv Lothar Lenz, Dohr – S. 199: IMAGO (Eisend), Berlin

Nicht in allen Fällen war es uns möglich, den Rechteinhaber ausfindig zu machen.
Berechtigte Ansprüche werden selbstverständlich im Rahmen der üblichen Vereinbarungen abgegolten.